普通高等教育"十一五"国家级规划教材
全国水利水电高职教研会推荐教材

中国水利概论

（第2版）

主　编　杨邦柱　郭振宇
副主编　解爱国　张保同
主　审　叶　舟　拜存有

黄河水利出版社
·郑州·

内容提要

本书是普通高等教育“十一五”国家级规划教材，是按照国家对高职高专人才培训的规格要求及高职高专教学特点编写完成的。本书系统地介绍了中国水利事业的发展概况，包括中国的水资源、自然环境与水利、中国水利的发展、中国水系的开发利用、中国水资源存在的问题与对策，重点介绍了中国七大水系以及西南、东南沿海诸河流的流域概况、开发现状以及存在的问题和远景规划。读者通过本书可以系统地了解到中国水利的过去、现在和未来，提高对水利事业的认识。本书可作为高职高专水利类专业的基础教材、普通院校的选修课程教材，也可供关心、热爱中国水利事业的人士阅读参考。

图书在版编目(CIP)数据

中国水利概论/杨邦柱，郭振宇主编. —2 版. —郑州：黄河水利出版社，2009.6 (2017.6 修订版重印)
普通高等教育“十一五”国家级规划教材
ISBN 978-7-80734-601-2

Ⅰ.中… Ⅱ.①杨…②郭… Ⅲ.水利工程-中国-高等学校：技术学校-教材 Ⅳ.TV-12

中国版本图书馆 CIP 数据核字(2009)第 083139 号

组稿编辑：王路平 电话：0371-66022212 E-mail：hhslwlp@163.com

出 版 社：黄河水利出版社 网址：www.yrcp.com
地址：河南省郑州市顺河路黄委会综合楼 14 层 邮政编码：450003
发行单位：黄河水利出版社
发行部电话：0371-66026940、66020550、66028024、66022620(传真)
E-mail：hhslcbs@126.com
承印单位：郑州龙洋印务有限公司
开本：787 mm×1 092 mm 1/16
印张：10
字数：230 千字 印数：14 001—15 000
版次：2003 年 12 月第 1 版 印次：2017 年 6 月第 5 次印刷
2009 年 6 月第 2 版
2014 年 9 月修订

定价：20.00 元

再版前言

本书是普通高等教育“十一五”国家级规划教材，是根据《国务院关于大力发展职业教育的决定》、教育部《关于全面提高高等职业教育教学质量的若干意见》等文件精神，以及教育部对普通高等教育“十一五”国家级规划教材建设的具体要求组织编写的。

水利事业是我国国民经济的支柱产业和基础产业。水资源是基础性的自然资源和战略性的经济资源，是生态与环境的重要控制性要素。为了解决水资源存在的问题，国家加大了对水利事业的投入，三峡工程的建设，南水北调东线、中线工程的陆续上马，在广大青年中掀起了献身水利事业的热潮。编写《中国水利概论》旨在系统地介绍中国水利概况，提高青年学生对水利事业的认识。

本书主要介绍中国各大江河的流域概况，中国水利建设的发展过程、现状、存在的问题以及远景规划。全书共分五章，主要内容包括中国的水资源、自然环境与水利、中国水利的发展、中国水系的开发利用、中国水资源存在的问题与对策。

本书编写人员如下：黄河水利职业技术学院杨邦柱、郭振宇，山西水利职业技术学院解爱国、张茹，河南水利与环境职业学院张保同，杨凌职业技术学院张宏。本书由杨邦柱、郭振宇担任主编，杨邦柱负责全书统稿；由解爱国、张保同担任副主编；由浙江同济科技职业学院叶舟、杨凌职业技术学院拜存有担任主审。

本书在修订过程中，黄河水利职业技术学院焦爱萍博士收集、整理了大量的文献资料，对本书的顺利出版做出了贡献。

本书在编写过程中，参考了大量文献，在此对文献的撰写者表示衷心的感谢。由于编者的水平有限，书中错误、疏漏与不足之处在所难免，恳请广大读者批评指正。

编　者

2014 年 9 月

目　录

第一章　中国的水资源

第一节　水资源的概念及其特点

水是生命的源泉,是影响社会发展和人类进步的重要物质,是生态环境系统中最活跃和影响最广泛的因素,是工、农、牧、副业等生产中最重要的资源。当前我国正处在工业化和城镇化快速发展的阶段,在人口不断增长,工农业生产迅速发展和人民生活水平日益提高的情况下,进一步认识水资源在国民经济中的地位和作用,以便更好地合理开发、利用、管理、保护和节约水资源,具有重要的现实意义。

一、水资源的概念及水的用途

(一)水资源的概念

水资源一词很早即已出现,其含义随着时代的前进而不断丰富和完善。在《英国大百科全书》中,水资源被定义为"全部自然界任何形态的水,包括气态水、液态水和固态水"。在联合国教科文组织和世界气象组织共同制定的《水资源评价活动:国家评价手册》中,把水资源定义为可以利用或有可能被利用的水源,具有足够数量和可用的质量,并能在某一地点为满足某种用途而可被利用。

因此,水资源可以理解为在人类长期的生存、生活和生产过程中所需要的各种水,既包括数量和质量的含义,又包括它的使用价值和经济价值。

水资源概念有广义和狭义之分。狭义水资源是指人类能够直接利用的淡水。换句话说,是指自然界水循环过程中,大气降水落到地面后形成径流,流入江河、湖泊、沼泽和水库中的地表水,以及渗入地下的地下水。人们通常把它用来满足工业用水、农业用水和生活用水的需求,一般以径流量来表示水资源的数量。广义水资源是指人类能够直接或间接利用的各种水和水中物质,只要能作为生产资料和生活资料,在社会生产中具有使用价值和经济价值的水。它包括地球上所有的淡水和咸水,既包括天然的水,又包括工程措施蓄水、引水、提水和植物措施涵养的水。

(二)水的用途

水的用途很广,主要用于日常生活、工业、农业灌溉、水力发电、航运、渔业、旅游等方面。水与一个国家的国民经济发展状况、工业和农业等特殊部门在国民经济中的重要程度,水的使用效率和社会变化、风俗习惯等有密切的关系。从全球来说,农业是最大的用水部门,其用水量占总耗水量的80%。

水是一种可再生的、可重复使用的资源。但由于水在时间上和空间上的分配极不均匀,因此世界上不少国家和地区已经出现水源不足和用水紧张的局面。可见,加强水资源的合理利用和科学管理,对人类社会的发展意义重大。

二、水资源的特点

（一）储量的有限性

地球表面大约有 71% 的面积上覆盖着水。据估算，地球上水的总体积为 14.6 亿 km^3，其中海洋湖泊等咸水占 97.3%，淡水只占 2.7%。淡水中有 77.2% 的贮藏在极地冰川中，约 22.4% 的为地下水和壤中水（约 2/3 的位于地表以下 750 多 m 的深处），约 0.35% 的在湖泊和沼泽中，0.01% 的在大气中，江河中的淡水不足 0.01%。全世界实际利用的江河、湖泊中的全部地表水，估计还不到可利用淡水量的 0.5%，然而这部分淡水正是人类使用的基本水资源。

目前世界上一些国家和地区已开始面临缺水，今后的情况将更加严峻。总之，水资源量是有限的，并非取之不尽、用之不竭的。

（二）补给的循环性

水是一种动态资源，具有循环性。水循环是一个庞大的天然水资源系统，水汽以雨水的形式从空中降落到陆地上，经地面或地下流向下游，汇入海洋，再经太阳辐射蒸发回到大气层中，这样循环往复，使地表和地下的淡水处在水循环系统中，源源不断地获得大气降水的补给，水便可以不断供给人类利用和满足生态环境平衡的需要。

（三）时空分布的不均匀性

水资源循环过程在自然界中具有一定的时间和空间分布。全球年径流量为 46 848 km^3，其中：亚洲为 14 410 km^3，占全球年径流量的 31%；南美洲为 11 760 km^3，占 25%；北美洲为 8 200 km^3，占 17%；非洲为 4 570 km^3，占 10%；欧洲为 3 210 km^3，占 7%；大洋洲为 2 388 km^3，占 5%；南极洲为 2 310 km^3，占 5%。

同一地区在不同时间水资源的分布也不均匀，年际之间有枯水年和丰水年，年内有枯水期和丰水期。

（四）用途的不可替代性

地球在漫长的地质年代里，经历过多次骇人听闻的大灾难。台风、龙卷风、海啸、地震、火山等可以在几小时，甚至在几分钟内就把整个城市摧毁，使千百万人丧生。在这些灾害发生的整个自然过程中均有水的参与。一切生物体内都含有水。没有氧气可以有生命存在，但是没有水便没有生命。如果缺乏水，植物就要枯萎，动物就要死亡，物种就会绝迹，人类就不能生存。因此，水是维护动植物生命和人类生存所不可替代的物质。

水资源在国民经济建设的各行各业中占有重要地位，没有水各项建设事业就不可能有发展前景。水既是生活资料，又是生产资料，工业生产、农业生产和人们日常生活都要消耗大量的水。水是推动人类进步和社会发展的不可替代的资源。

陆地上川流不息的溪涧江河，碧波荡漾的湖泊，飞流而下的瀑布，它们赋予了大自然丰富多彩的壮丽奇观。因此，水又是自然环境和生态环境美丽景色不可替代的物质。

（五）利害双重性

水是重要的自然资源，当一个地区水资源数量适宜且时空分布均匀，将为区域经济发展、自然环境的良性循环和人类社会进步发挥重大作用。然而，在水量过多或过少的地区，往往又产生各种各样的自然灾害：水量过多容易造成洪水泛滥，内涝渍水；水量过少容易形成干旱等自然灾害。

水资源开发利用不当同样为祸人类。水利工程设计不当，管理不善，造成垮坝事故，引起土壤次生盐碱化，有的甚至引起生态环境发生重大变化；工业废水、生活污水、有毒农药的施用等容易造成水质污染，环境恶化；过量抽取地下水会造成地面下沉、诱发地震等。这些都是违背自然规律、水资源利用不合理引起的灾害。

自然灾害或人为引起的灾害，都会严重威胁人类的生命和财产安全，造成严重的经济损失。因此，水资源开发应实行综合开发，合理利用，兴利除害，保护环境。

第二节　中国的水资源概况

一、中国的水资源现状

水作为一种资源，主要表现在水量、水质和水能三个方面。自然界的水虽然很多，但大部分不能直接用于生活和工业、农业等生产。从保护自然环境和维护生态平衡的角度看，一般不宜动用静态储水，而适宜取用逐年可以得到恢复和更新的动态水，即参加循环的水量，它们包括河川径流、浅层地下水和土壤水。全球陆地上的循环水量平均每年只有119 000 亿 m^3，人类各种可用水量只有不超过这个数量，水才能成为取之不尽、用之不竭的自然资源。随着人口的增长、社会经济的发展和人民生活水平的不断提高，水的问题日益为世界各国所重视。

中国多年平均年水资源总量为 28 124 亿 m^3，其中多年平均年河川径流量为 27 115 亿 m^3，多年平均年地下水资源量为 8 288 亿 m^3，居世界第六位。由于中国人口众多，故人均水资源占有量低。目前人均占有水资源量约为 2 200 m^3，仅为世界平均值的1/4。按国际上现行标准，人均年拥有水资源量在 1 000 ~ 2 000 m^3 时会出现缺水现象，少于 1 000 m^3 时会出现严重缺水的局面，中国黄河、淮河、海河流域年人均水资源占有量为350 ~ 750 m^3，这些地区的用水紧张的状况将长期存在。可见，中国的水资源并不丰富。

中国地域辽阔，由于南北纬度的差异，东西距海远近的悬殊，加之地形变化复杂，全国降水量的地区分布极不均匀，总的趋势是由东南向西北递减。秦岭、淮河以南年降水量一般在 800 mm 以上，属于湿润地区，其中台湾东北部最大年降水量达 6 569 mm，是中国降水量最多的地区。秦岭、淮河以北年降水量一般小于 800 mm，属于干旱和半干旱地区，其中新疆南部塔里木盆地和青海西部柴达木盆地年降水量不足 25 mm，是中国降水量最少的地区。

受季风气候的影响，中国降水的年际变化很大，年内分配也很不均匀，且降水越少的地区年际和年内的变化也越大。中国南部地区最大年降水量一般是最小年降水量的 2 ~ 4 倍，北部地区一般是 3 ~ 6 倍，且常有连续丰水年和连续枯水年出现。中国多数地区的雨季为 4 个月，南部在 3 ~ 6 月或 4 ~ 7 月，此 4 个月的降水量占年降水量的 50% ~ 60%；北部雨季多为 6 ~ 9 月，4 个月的降水量占年降水量的 70% ~80%。中国最大月降水量比最小月降水量一般都多十几倍甚至几十倍。

降水是中国河川径流最主要的补给来源，所以中国河川径流量的时空分布和降水量的时空分布有着基本一致的规律和特点，河川径流的年际和年内变化与降水量的年际和年内变化有着十分密切的对应关系。降水量多的湿润地区，一般也是河川径流量充沛的丰水地区，降水量少的干旱地区往往也是河川径流量贫乏的缺水地区。南部地区最大年径流量一般为最小年径流量的2~4倍，北部地区一般为3~8倍。多数地区连续最大4个月的径流量一般占全年径流量的60%~80%。

中国水资源的地区分布不均匀，南多北少，东多西少，相差悬殊，与人口、耕地、矿产和经济的分布不相匹配。根据1993年资料统计，北方五片（松辽河、海河、黄河、淮河和内陆河片）人口占全国总人口的46.5%，耕地占全国的65.3%，GDP（国内生产总值）占全国的45.2%，水资源只占全国的19%；南方四片（长江、珠江、东南诸河、西南诸河片）人口占全国的53.5%，耕地占全国的34.7%，GDP占全国的54.8%，而水资源量为全国的81%。北方五片人均水资源占有量为1 127 m^3，仅为南方四片人均占有量的1/3。中国华北和东北南部地区水资源紧缺，供不应求的矛盾非常突出。广大西北地区水资源贫乏，在经济有了较大发展后，水资源将成为制约经济发展的重要因素。

由于中国的水资源并不丰富，因此无论是发展农业、工业，还是进行城市建设规划，都应首先考虑水资源的现状和开发的可能性，不能不顾水资源条件而盲目发展。水资源是国家的财富，属全民所有，不受行政区划和部门的干扰。对水资源的开发，一定要统一规划、综合治理、综合利用、综合经营，为整个国民经济的发展服务，这是兴办水利事业的基本原则。对发电、防洪、灌溉、水运、给水等要统筹规划，全面安排，按照各部门的需要，制定最优开发方案，尽量减少它们之间的矛盾，最大限度地照顾各方要求，使水资源得到最有效的利用，使国民经济所得到的总效益最大。

二、中国的水旱灾害

中国降水量和水资源量年际变化悬殊和年内高度集中的特点，给开发利用水资源带来了困难，同时又成为水旱灾害频繁发生的根本原因。据史料记载，从公元前206年（西汉初）到1949年的2 155年间，中国共发生过较大的水灾1 029次，较大的旱灾1 056次，几乎年年有灾。清光绪三年到五年（1877~1879年）晋、冀、鲁、豫连续3年大旱，仅受饥饿而死者即达1 300万人。1928年的特大旱灾，影响到华北、西北和西南地区的13个省、535个县，灾民达1.2亿人。1840~1949年的100余年间，是中国历史上水旱灾害最严重的一个时期。由于黄河决口夺淮入海，长江与洞庭湖水系遭破坏，水利设施连年失修，一到汛期，洪水肆虐，灾民遍野；一遇大旱，赤地千里，民不聊生。

1933年黄河大水，大堤决口50多处，受灾面积1.1万km^2，灾民364万人，死亡1.8万人，经济损失2.3亿银元；1935年黄河大水造成江苏、山东27个县受淹，灾民340万人。长江洪水于1860年和1870年，先后冲开了南岸藕池口和松滋口，使洞庭湖区遭受了毁灭性灾害，冲开了北岸监利以下的堤防，淹没了江汉平原；1931年长江发生了全流域大洪水，平原湖区几乎全部受灾，灾民2 800万人，死亡14.5万人，损失13.5亿银元；1935年汉水、澧水发生特大洪水，长江中下游地区6省受灾，受灾面积2.9万km^2，灾民1 000余万人，死亡14万余人。另外，全国其他江河洪水造成的损失也相当严重。1998年长江中下游地区发生特大洪水，直接经济损失达2 000多亿元。

1876～1879年大旱，旱灾覆盖了山西、河北、山东、河南、陕西，并波及江苏、安徽、四川、甘肃等省，在总面积100多万 km^2 的土地上，树木枯槁，青草绝迹，赤地千里；1920年华北大旱，灾民2 000多万人，饿死50多万人；1928年大旱遍及华北、西北、西南13个省，灾民1.2亿人；1942～1943年的大旱灾，仅河南一省就饿死上百万人。在新中国成立后的前40年中，全国每年水旱灾害受灾面积4亿多亩（1亩 = 1/15 hm^2，下同），占耕地面积的近30%，其中每年旱灾面积约3亿亩，水灾面积1亿多亩；受灾面积超过4亿亩的严重旱灾平均每4年发生1次。对农业生产影响最大的连续干旱，如1959～1961年全国多数地区的连续3年干旱，每年受旱面积都在5亿亩以上。1978年全国受旱范围广、持续时间长，受旱面积达6亿亩，成灾面积2.7亿亩，是有史以来的最高值。中国各地都有可能发生旱灾，其中松辽平原、黄淮海平原、黄土高原、四川盆地东部以及云贵高原至广东湛江一带，旱灾次数较多，灾情也比较严重，全国约有70%的受灾面积发生在这些地区。在中国的旱灾中，以黄淮海平原旱灾最为严重，其受旱面积约占全国受旱面积的一半以上。

从以上全国水旱灾害严重、频繁的现状可知，治理江河、防治水旱灾害，对于稳定社会、恢复生产、发展经济都具有非常重要的意义。

新中国成立以来，党和政府对水利事业高度重视，治水方略不断完善。毛泽东同志早在1934年就作出"水利是农业的命脉"的论断，新中国成立后，对江河治理作出许多重大决策，"要把黄河的事情办好"、"一定要把淮河修好"、"一定要根治海河"的号召，极大地鼓舞了全国人民的治水热情。邓小平同志对水利工作非常关心，多次视察黄河、长江，作出过许多重要指示。江泽民同志对水利极为关注，多次亲临水利建设和防汛抗洪第一线，作出过一系列重要指示。1991年江泽民同志指出："水利是农业的命脉，是国民经济的基础设施，也是国民经济和社会安定的重要保障。大灾之后要大治。大力兴修水利是顺乎民心、合乎民意、造福当代、惠及子孙的伟大事业。"党的十四届五中全会通过的《中共中央关于制定国民经济和社会发展"九五"计划和2010年远景目标的建议》，把水利放在基础设施建设的首位。党的十五届三中全会通过的《中共中央关于农业和农村工作若干重大问题的决定》中指出："洪涝灾害历来是中华民族的心腹大患，水资源短缺越来越成为我国农业和经济社会发展的制约因素，必须引起全党高度重视。要增强全民族的水患意识，动员全社会力量把兴修水利这件安民兴邦的大事抓紧抓好。"

随着中国社会经济的不断发展，水利作为国民经济和社会发展的重要基础设施，其地位和作用必定越来越突出。

三、中国目前水资源供需状况

（一）供水状况

截至2007年底，全国已建成水库85 412座，水库总库容6 354亿 m^3。其中，大型水库493座，总库容4 836亿 m^3；中型水库3 110座，总库容883亿 m^3。全国蓄、引、提等水利工程年供水能力达到7 441亿 m^3，其中蓄水工程、引水工程、泵站工程和机电井工程的供水能力分别占总供水能力的38.5%、34.3%、13.8%和13.4%。为解决区域间水资源分布不均问题，缓解重点缺水地区的水资源供需矛盾，已建成引滦入津、引黄入卫、引黄济青以及苏北引江工程等一批跨流域调水工程。

根据2007年河道外用水资料统计，全国总供水量5 818.7亿m^3。其中，地表水源供水量占81.2%，地下水源供水量占18.4%，其他水源供水量（指污水处理回用、集雨工程供水）占0.4%。另外，全国直接利用海水共计332亿m^3。全国总用水量达5 818.7亿m^3，其中农业用水（含林牧渔用水）占61.9%，工业用水占24.1%，生活用水（含牲畜用水）占12.2%。2007年各水资源一级区供用水量见表1-1。

表1-1　2007年各水资源一级区供用水量　　（单位：亿m^3）

水资源一级区	供水量				用水量				
	地表水	地下水	其他	总供水量	生活	工业	农业	生态	总用水量
全国	4 723.5	1 069.5	25.7	5 818.7	710.4	1 404.1	3 598.5	105.7	5 818.7
南方四区	3 118.7	136.0	11.5	3 266.2	457.4	1 065.5	1 689.8	53.5	3 266.2
北方六区	1 604.8	933.5	14.2	2 552.5	253.0	338.6	1 908.7	52.2	2 552.5
松花江	231.0	169.7	0.0	400.7	31.4	78.7	288.2	2.4	400.7
辽河	88.3	113.6	2.4	204.3	31.2	29.7	140.4	3.1	204.3
海河	128.3	251.0	5.8	385.1	56.3	52.0	269.3	7.5	385.1
黄河	249.1	129.5	2.5	381.1	39.9	61.5	274.5	5.2	381.1
淮河	387.8	164.7	1.9	554.4	78.4	99.6	370.0	6.4	554.4
长江	1 853.4	80.5	5.7	1 939.6	245.8	728.6	932.7	32.4	1 939.6
其中：太湖	389.1	1.5	0.0	390.7	44.0	233.0	93.2	20.5	390.7
东南诸河	327.3	9.6	1.1	338.0	47.1	118.4	163.9	8.7	338.0
珠江	832.6	42.8	4.5	879.9	154.6	210.8	502.4	12.1	879.9
西南诸河	105.4	3.1	0.2	108.7	9.9	7.7	90.8	0.3	108.7
西北诸河	520.3	105.0	1.6	626.9	15.8	17.1	566.4	27.6	626.9

注：1. 资料来源于《2007年中国水资源公报》；

2. 表中数字未包括香港、澳门特别行政区和台湾省的供用水量。

（二）用水状况

2007年，全国人均用水量为442 m^3，万元国内生产总值（当年价格）用水量为229 m^3。城镇人均生活用水量为221 L/d（含公共用水），农村居民人均生活用水量为71 L/d，农田实灌面积亩均用水量为434 m^3，万元工业增加值（当年价）用水量为131 m^3。

四、中国水资源的开发、利用与管理

（一）中国水资源的开发与利用

中国水资源开发利用历史悠久。从上古时代起，中国劳动人民就致力于水旱灾害的防御，几千年来，建设了大运河、都江堰、灵渠等一批著名的水资源利用工程，且这些工程在抵御水旱灾害方面发挥了重要作用。但是到了19世纪，由于帝国主义列强入侵以及连年战争，近代水利处于停滞状态。直到1930年前后，中国才有一些近代水利工程。但是由于国民党反动统治及日军侵略,已有的水利设施年久失修、破烂不堪。1949 年中华人民共和国成立后,在中国共产党的领导下,全国人民进行了大规模的水利建设,水利事业得到迅速发展,防洪除涝、农田灌溉、城乡供水、水土保持、水产养殖、水力发电、航运等都取得了很大成就。

中国的水资源开发利用发展过程大致可分为如下三个发展阶段。

1. 初期阶段

这一阶段的主要特点是:对水资源进行单目标开发,主要是灌溉、航运、防洪等。其决策的依据也常限于某一地区或局部的直接利益,很少进行以整条河流或整个流域为目标的开发利用规划。由于在初期阶段,水资源可利用量远大于社会经济发展对水的需求量,给人们的印象是,水是“取之不尽,用之不竭”的。

这一阶段大致可从有文字记载的大禹治水开始,到新中国成立为止。虽然中国历史上在水资源开发利用中取得不少成就,但到 1949 年,旧中国遗留下来的水利工程已寥寥无几,即便是留下来的也残缺不全。据统计:当时全国江河堤防和沿海海塘总长只有 4.2 万 km,且残破不堪,防洪标准很低;全国超过 1 亿 m^3 容积的大型水库只有 6 座(包括中朝界河上的水丰水电站),容积 0.1 亿 ~ 1.0 亿 m^3 的中型水库也只有 17 座(其中有两座是 20 世纪 50 年代续建完成的);灌溉面积 1 600 万 hm^2(2.4 亿亩),且保证程度不高。用于防洪的工程设施很少,水电设施更少,水土流失严重,不少土地盐碱化、沙化。

2. 第二阶段

这一阶段水资源的开发利用目标由单一目标发展到多目标的综合利用,开始强调水资源统一规划、兴利除害、综合利用。在技术方法方面,通过规划与一定数量的方案比较,来确定流域或区域的开发方式,提出工程措施的实施程序。但水资源开发的侧重点和规划目标以及评价方法,大多以区域经济的需求为前提,以工程或方案的技术经济指标最优为依据,未涉及经济以外的其他方面,如节约用水、水资源保护、生态环境、合理配置等问题。在这一阶段中,由于大规模的水资源开发利用工程的建设,可利用水资源量与社会经济发展的各项用水逐步趋于平衡,或天然水体环境容量与排水的污染负荷逐渐趋于平衡,仅个别地区在枯水年份、枯水期出现供需不平衡的缺水现象。

这一阶段可从新中国成立开始,到 20 世纪 70 年代末,中国北方一些地区开始出现缺水现象为计算期。这一阶段中国进行了大规模的水资源开发治理,水资源开发利用程度提高,供水能力增强,农田灌溉面积扩大,为中国经济和社会快速发展提供了保障。据统计,1949 年全国总供水量 1 031 亿 m^3,其中农业供水量 1 001 亿 m^3,工业和城市供水量仅 30 亿 m^3,年人均用水量 187 m^3;1959 年全国总供水量达 1 938 亿 m^3,其中农业供水占 94.6%,工业和城市供水占 5.4%,年人均用水量 316 m^3;1980 年全国总供水量 3 912 亿 m^3,其中农业供水占 88%,工业和城市供水占 12%,年人均用水量 450 m^3。在此期间,全国灌溉面积由 1949 年的 2.4 亿亩增加到 6.7 亿亩,解决了 4 000 万人和 2 100 万头牲畜饮水困难;全国水电装机容量由 1949 年的 16 万 kW 发展到 2 100 万 kW,其中小水电装机容量为 757 万 kW;内河通航里程由 1949 年的 7.36 万 km,至 1978 年时,已发展到 13.6 万 km。

在此期间,中国的水污染防治工作也开始进行,1973 年,全国开展了以工业点源为重点的水污染治理工作，先后在全国建了4万多套工业废污水处理装置。以后又进行了以城市为重点的区域环境综合治理，水污染治理范围从分散的工矿企业点源扩展到几十至几百平方千米的区域治理，且水污染防治工作取得了一定的成效。

3. 第三阶段

在这一阶段，水资源开发利用开始强调要与水土资源规划和国民经济生产力布局及产业结构的调整等紧密结合，进行统一的管理和可持续的开发利用。规划目标要求从宏观上统筹考虑社会、经济、环境等各个方面的因素，做到水资源开发、保护和管理的有机结合，使水资源与人口、经济、环境协调发展，通过合理开发、区域调配、节约利用、有效保护，实现水资源总供给与总需求的基本平衡。

这一阶段从20世纪70年代末、80年代初开始直到现在。在此阶段，由于人口的迅速增长和经济的快速发展，对水资源的需求量越来越大，或者因水污染的影响，表现出较为普遍的缺水现象，尤其在华北地区和部分沿海城市，随着人口的增加和经济的发展，水资源紧缺现象日趋严重，并出现愈来愈严重的水环境问题，如水污染、地下水超采、海水入侵等。这一阶段中，水的问题日益引起人们的广泛关注，水的资源意识、水的有限性认识为大家所接受。为解决以城市为重点的严重缺水问题，重点兴建了一批供水骨干工程，开展了全民节水工作，使一些城市水资源供需矛盾有所缓解。

在此期间，中国的水污染防治工作得到了相应的发展。特别是通过淮河、太湖等严重污染的教训，在水污染治理工作中认识到，水污染的防治工作必须兼顾上下游、左右岸、干支流，要以流域为单元进行综合防治，贯彻"节污水之流（减少污染负荷），开清水之源（增加河流的稀释自净能力）"的治理污染的原则。在管理上采取流域与区域相结合，团结治水，共同治污。同时充分利用水利工程设施，合理调度水，提高水体的自净能力。从1976年起，我国逐步成立了以流域为单元的流域水资源保护机构，并制定了流域水污染防治条例和有关法规。在综合治理水污染方面，遵循"谁造成污染，谁承担责任"的原则，并把水污染综合防治作为流域总体开发规划的组成部分，纳入社会经济发展规划。重点保护饮用水水源，改善水质，实行计划用水、节约用水的方针。根据河流、湖泊、水库的不同功能要求和水质标准，制定流域水资源保护规划并组织实施。同时积极发展生态农业，防治水土流失，控制面源污染，改善生态环境。

（二）中国水资源管理

中国水资源管理工作从20世纪80年代以来逐步加强，水资源管理体系现已初步建立，主要表现在以下几点。

1. 初步建立了水资源管理的法规体系

水资源的法规体系包括《中华人民共和国水法》（以下简称《水法》）等有关水资源开发、利用、管理、保护的法律和法规。1988年经全国人大常委会审议通过，正式颁布了《中华人民共和国水法》。《水法》是总结中国几十年的经验、教训，为加强水资源开发、利用、保护、管理而制定的一部水的基本大法，是水资源管理的基本准则，是水资源科学管理方案得以实施的保证。《水法》的颁布与实施，标志着中国水资源管理步入了法制化的轨道。《中华人民共和国水法》在2002年8月29日由中华人民共和国第九届全国人民代表大会常务委员会第二十九次会议修订通过。

在《水法》颁布的前后，我国于1979年颁布了《中华人民共和国环境保护法（试行）》，1984年颁布了《中华人民共和国水污染防治法》及其实施细则，还制定了水环境基础标准、质量标准、排放标准、方法标准，这些都有力地推动了中国水污染防治工作的开展。

我国1991年6月29日第七届全国人民代表大会常务委员会第二十次会议通过了《中华人民共和国水土保持法》。1997年颁布了《中华人民共和国防洪法》。

2. 建立了水行政管理机构与体系

1988年3月，国家撤销水利电力部，重新组建水利部作为国务院的水行政主管部门，负责全国水资源统一管理工作。依据《水法》规定和水利部的职责，水利部又明确了七大流域机构作为水利部的派出机构，在流域范围内代表水利部行使水行政管理职能。各省（区、市）人民政府也相继明确了省水利部门为各省级政府的水行政主管部门，市、县两级的水资源管理机构也相继成立，从而使全国水行政管理体系基本建立。

依据《水法》规定和水行政管理部门的职责，1989年确定了各级水行政主管部门水资源统一管理的目标，即：统一管理地表水、地下水水量与水质，江河湖库水域与岸线；统一进行水的立法、调查评价、规划、水量调配，制定水的长期供求计划，实施取水许可制度以及其他重要的水行政管理工作；依法促进水资源的综合开发利用，并对开发利用和保护实行统一的监察管理；组织地区间、行业间水事活动，协调水事纠纷；节约用水的监督管理；推进流域管理与区域管理相结合的制度。同时，面向社会各用水行业，实行全面服务。

我国最早的水务管理体制改革从深圳开始。在城市发展的实践和连续发生的旱涝灾害中，深圳市政府首先认识到水资源分割管理的弊端和水务统一管理的重要性，借鉴香港地区水务管理的经验，于1993年7月组建了深圳水务局，对城乡涉水事务进行统一管理，收到了明显成效。改革开放以来，作为基础性的自然资源和战略性的经济资源，水资源越来越成为经济社会发展的主要制约因素，水资源分割管理的体制越来越不适应生产力发展的要求。1998年中央政府机构改革后，积极倡导并推动了以城乡水务统一管理为重点的水资源管理体制改革。

3. 开展了水资源评价和水中长期供求计划工作

1980年由水利部牵头组织完成的"中国第一次水资源评价"及"中国水资源利用"，第一次查明了全国水资源的数量、质量与时空变化规律，同时把地面水、地下水作为一个统一的水资源来分析，避免以往重复估算造成的失误。水资源评价工作使人们的观念有了转变，对水有了数量的概念，明确水是一个有限的不可替代的重要资源。

1989年开展了北方缺水的7省（市）水中长期供求计划工作，为在全国范围内开展水中长期供求计划工作做了前期准备。1997年完成的"全国水中长期供求计划"工作，以全社会和国民经济发展的宏观指标为依据，调查统计了1993年全国各省（区、市）和各流域水资源开发利用的实际状况，分析预测了2000年和2010年社会经济各部门的需水要求，今后可能出现的不同供需水情况和缺水状况，系统地考虑了缺水对整个社会和经济的影响以及供水工程建设的资金来源，分析研究了中国供水工程发展战略布局，为国家制定国民经济和社会发展计划，各流域和各省（区、市）确定其水利发展计划与规划提供了依据。

4. 进行水资源宏观分配，制定了部分流域分水方案

1983年沿黄9省（区）和北京市、天津市，根据各自省（区、市）国民经济发展战略规

划的要求，向黄河水利委员会提出了到2000年工农业需水747亿m^3的要求。而黄河多年平均年河川径流量仅为580亿m^3，扣除冲沙入海水量，年最大可利用水资源量仅370亿m^3。经反复协商，综合平衡，于1987年提出了分配方案。1987年国务院办公厅转发的国家计委和水电部《关于黄河可供水量分配方案报告的通知》，是中国首次由中央政府批准的黄河可供水量分配方案。1998年进一步完善黄河可供水量分配方案，区分丰、平、枯水平年来水情况下各省（区、市）的分配水量，同时编制不同保证率内各时段的水量分配控制指标，并要求各省（区、市）在此基础上制定工农业发展规模。1989年国务院批准了海河流域漳河分水方案，1998年批准了黑河干流（含黎园河）水量分配方案等。

由于我国南方水资源丰富，北方水资源贫乏，南水北调成为国内大范围水量调配的必然手段。南水北调通过东、中、西三条调水线路，将长江、淮河、黄河及海河有机联系起来，形成中国水资源南北调配、东西互济的格局。南水北调工程将在较大程度上突破制约我国北方国土资源利用、经济社会发展及生态环境保护的瓶颈，整体提升我国北方水土资源的承载能力，对支撑我国经济社会可持续发展具有基础意义。

5. 实施取水许可制度

取水许可制度是国家加强对水资源管理的一项重要措施，也是水资源管理的一项基本制度。其基本原则是，凡利用水利工程或者机械提水设施直接从江河、湖泊或者地下取水的一切单位和个人，都应当按照国务院颁发的《取水许可制度实施办法》和水利部颁发的《取水许可申请审批程序规定》，获得取水许可证方能取水。

1990年水利部开始组织实施取水许可制度基础工作，要求查清各地水资源开发利用的现状，并对其合理性进行评价，为实施取水许可制度奠定了基础；1993年国务院颁布《取水许可制度实施办法》后，水利部发布了《取水许可申请审批程序规定》及授予各流域机构取水许可管理权限的通知等，全国各流域机构和各省（区、市）分别制定了取水许可的管理细则，并在全国范围内开展了取水登记、发证工作，使取水许可管理工作步入轨道。

取水许可制度的推行，明确提出“水权”、“水使用权”，使水资源合理分配、有效利用有了可操作的行政措施，有效制止了不合理引用，促进了高效用水。

自1996年起，水利部组织开展了以取水许可年审、计划用水、节约用水为基本内容的取水许可监督管理工作，加大了对取用水全过程监督管理力度，进一步规范了取水户的取用水行为。截止到2007年底，全国取水许可证保有量58万套，共批准许可水量35 459亿m^3。

6. 实行水资源有偿使用制度

为了促进水资源的合理利用和节约利用，从1982年开始，我国首先在大中城市实施水资源有偿使用制度，对直接从城市地下取水的用户征收水资源费。到目前为止，全国已有24个省（区、市）制定并颁布了水资源费征收管理办法，已有2 000个市县开始征收水资源费，2007年全国征收水资源费已超过55亿元。水资源费的征收，对维护水资源国有资产、促进资源合理配置和节约用水发挥了良好作用，并为建立全国统一的水资源有偿使用制度奠定了基础。

7. 建立全国用水统计与公报制度

自1995年开始，水利部试行北方17省（区、市）水资源公报及部分省开展的用水统计年报制度,对水资源的有效利用及资源合理配置起到了促进作用。1998 年水利部决定在全国各省(区、市)开展水资源公报编制工作,按年度发布省级和全国的水资源公报。该项工作是水资源统一规划、管理和保护的基础工作,是编制水供求计划和国民经济及社会发展规划的重要依据。

8. 加强水资源保护,形成了具有中国特色的水环境评价制度

中国的水污染防治工作从抓污染源调查、监测开始,逐步开展了主要江河的水质评价工作、稀释自净规律的研究、污染源和水质污染预测,到综合防治规划与管理,基本形成了具有中国特色的水环境评价制度。

从 20 世纪 70 年代开始,全国已进行了两次水资源质量评价,完成了全国七大江河排污水量调查统计,对全国污染严重的水体分别进行了综合防治规划并逐步实施,全国七大流域机构都已结合流域规划的修正补充进行了水资源保护规划,流域水污染保护条例正在加紧起草。在环境影响评价和环境保护方面,对单项工程的环境影响评价已由叙述分析发展到采用数学模型进行定量化计算,由单项工程对环境影响的评价延伸到流域治理工程群对环境影响的评价,并将工程建设对环境的影响评价工作纳入基本建设程序,使之具有了法律的强制性。以上工作为工程项目布局、建设和管理提供了环境保护所必须的参考数据。

第三节　水能资源概况

水能资源是河川径流所具有的天然资源,是能源的重要组成部分。水力发电就是利用河流中蕴藏的水能来生产电能。中国的水能资源非常丰富,水能资源总量位居世界首位。

一、水力发电的特点

(一)水力发电的优越性

水力发电是利用江河中水流的流量和落差来发电的,最常用的方法是在河流上建筑拦河坝,将分散在河段上的水能资源集中起来,然后靠引水管道引取具有压力能的水流去驱动设在厂房中的水轮发电机组,在机组的转动过程中,将水能转变为电能。水力发电具有很多优越性:

(1)不耗燃料,成本低廉。建设水电站除修建发电厂房和安装发电设备以外,还要修建挡水、引水、泄洪等水工建筑物。水电站建成投产以后不需要消耗燃料,运行和维修费用很低,工程使用寿命很长,总的劳动生产率较高,且不需要运输发电所用的材料,所以发电成本比火电、核电低得多。

(2)水火互济,调峰灵活。电力用户的用电量时刻都在变化,因此电网中的日负荷有高峰也有低谷,日平均负荷线以上的负荷为峰荷,低谷线以下的负荷为基荷,介于二者之间的为腰荷。火电站、核电站从开机到正常运行通常需要几个小时,宜于担负基荷运行;而水电站启动灵活,1 ~2 min 就能从停机状态达到满负荷运行、并网供电,便于调整出力,在与火电联网运行中是担负峰荷与腰荷的可靠电源。联入电网的水电站则利用调度灵

活，宜于担任调峰、调频，事故备用等优点，与火电站配合运行，互相补充。

(3)综合利用，多方得益。如果水电站枢纽具有容量较大的水库，除发电外，还可以兼顾防洪、灌溉、航运、供水、旅游、水产养殖等，发挥综合利用效益。

(4)水能资源取之不尽，用之不竭。煤、石油、天然气、铀等矿物资源是不可再生的，越用越少。水能资源则是随水循环(降水→径流→蒸发→降水)周而复始地不断再生的能源，取之不尽，用之不竭。太阳能、风能、潮汐能等也是再生能源，但大规模地开发利用的技术不如水力发电成熟，并且成本很高，发电不稳定，因此目前还不能大量利用。

(5)电站环境优美，能源洁净。水电站多建在僻静的山谷之中，远离城市、厂矿。大坝上游形成的水库，碧波荡漾，水体清洁，没有环境污染，空气清新，环境幽静，湖光山色，可以成为风景游览区。

(二)水力发电的不利因素

水电开发受自然条件的制约，存在以下不利因素：

(1)水能资源只能就地开发，不少地区的水能资源很丰富，但由于当地经济不发达，交通不便，难以充分开发和利用。大部分水电站至负荷中心或与电网连接点距离遥远，需要修建昂贵的输变电工程。

(2)水电站的出力随河水流量的变化而变化，中国大部分河川径流的年内和年际变化较大，水电站丰枯期的出力也随之发生变化。为了较好地利用水能资源，在有条件的地方需要修建一些调节水库，但修水库淹没土地多，人口搬迁困难。水电建设需要进行充分的前期工作，建设资金较多，建设周期较长。

(3)水力发电工程建设对生态环境有着不可忽视的影响。主要包括移民问题，对泥沙和河道的影响，对气候、水文、地质、土壤、水体、鱼类和生物物种的影响，以及对文物景观、人群健康的影响等。例如，水库修建后改变了下游河道的流量过程，往往会使下游河道水位大幅度下降甚至断流，并引起周围地下水位下降，从而带来一系列的环境生态问题。

二、中国的水能资源

(一)丰富的水能资源

中国幅员辽阔，江河纵横，湖泊众多，水能蕴藏量极为丰富。我国水能资源理论蕴藏量折合年发电量61 900亿kWh。经济可开发年发电量约17 600亿kWh，相当于世界水资源量的12%，列世界首位。

中国不仅有得天独厚的大江大河水能资源，而且还具有丰富的小水电资源和潮汐水能资源。据统计，全国小水电资源理论蕴藏量为1.57亿kW，相当于年发电量13 700亿kWh。其中，可开发的小水电资源为0.7亿kW，相当于年发电量2 500亿kWh。中国小水电资源，不仅蕴藏量大，而且分布面广，全国2 300多个县中，有1 104个县的小水电可开发资源超过1万kW，并且这些小水电资源多集中于国家电网供电范围以外的地方，开发条件非常有利。

中国大陆海岸线，北起辽宁的鸭绿江口，南至广西的北仑河口，全长约18 000 km，分属辽宁、河北、天津、山东、江苏、上海、浙江、福建、广东、广西等省(区、市)，可开发的潮汐水能资源约2 100万kW，年发电量580亿kWh。

(二)中国水能资源的特点

中国水能资源除总量丰富外,还具有以下特点:

(1)水能资源在地区分布上很不平衡,主要集中在经济相对滞后的西部,尤其是西南。经济比较发达的东北、华北和华东3个地区,其水能资源合计只占全国可开发水能资源的6.8%,水能资源相对较少。尤其是华东地区,可开发的水能资源很少,加之人口密度大,开发受到水库淹没制约,不能充分利用。东北地区待开发的大型水电资源中相当一大部分位于国际河流上,其开发需要通过国际协商才能确定。华北地区水能资源的开发首先要满足供水的需要。中南地区的水能资源较东部丰富,占全国可开发水能资源的15.5%,经济也比较发达,对水电开发比较有利。西北地区可开发的水能资源占全国的9.9%,其中黄河上游干流是水电富矿区,到20世纪80年代末已开发了相当大的一部分。西南地区集中了全国可开发水能资源的67.8%,绝大多数巨型水电站都位于这个地区,由于地区经济发展水平的限制以及其他一些原因,只开发了极小部分。

(2)中国河流主要由降雨形成径流,年内水量分配很不均匀。洪水期流量过大,常常形成水患;枯水期流量过小,常常无法满足工农业用水需求。因此在水电开发时,一定要充分调节水量,统一考虑防洪、发电、灌溉、供水、航运等综合利用功能。

(3)水电资源集中但开发利用程度低,东西开发差异极大。中国水电资源相对集中在一些高山大河地区,不少水电站的装机容量超过100万kW,三峡水电站装机容量达1 820万kW,在金沙江上修建的溪落渡水电站装机容量也将超过1 000万kW。规划中的雅鲁藏布江下游的墨脱水电站,计划开凿35 km长的隧洞,引水2 000 m^3/s以上,落差可超过2 000 m,电站装机容量可达4 500万kW。这些大型水电站,水头高、单机容量大,带来很多技术难题,且淹没损失大,移民数量多,在人口较密地区尤为突出。

2004年,我国水电开发率为18.5%,尚有很大的发展空间。21世纪我国水电发展方针是,重点推进水电流域开发,使水电开发率有大幅提高,加快大型水电建设,因地制宜地开发中小型电站。

三、中国水能资源开发

中国的第一座水电站——云南石龙坝水电站建成于1912年。抗日战争时期,虽在内地建设了一些水电站,但都是规模极小的水电站。仅在日本侵占东北时期,修建了丰满(未全部建成)和水丰(在中朝边境鸭绿江上,与朝鲜合建)两座大型水电站和镜泊湖中型水电站,在台湾修建了日月潭第一、第二中型水电站。在中华人民共和国成立前夕,丰满水电站遭到了严重破坏。1949年全国水电发电设备容量仅为16万kW(不包括台湾省,下同)。新中国成立后,修复并续建丰满等水电站,并着手修建一批新的水电站。20世纪50年代对永定河、古田溪、龙溪河、以礼河、猫跳河等河流进行了梯级开发,修建了淮河流域的淠史河水电站群。20世纪50年代后期开工建设的水电站有40余座,其中大型水电站有新安江、新丰江、柘溪、丹江口、刘家峡、盐锅峡、三门峡等。1950~1970年间,包括水电在内的电力工业受整个经济的影响,发展速度减缓。自1970年起,电力工业又迅速发展,大中小型水电站装机容量迅速增长,先后建成了乌江渡、葛洲坝、龙羊峡等各具特色的大型和巨型水电站。

在20世纪70年代增加的水电装机容量中,中小型水电站占了较大比重。到80年代,大型水电站有一定增长,而中小型水电站的增长值降低,水电发展明显地落后于整个电力工业的发展。90年代以来,中国水电装机年平均增长343万kW,年平均增长率为8%。到1998年底,全国水电装机容量为6 506万kW,年发电量为2 043亿kWh。继美国、加拿大之后,居世界第3位,在建规模约4 600万kW。全国水电装机和发电量已占全国电力总装机和年发电量的23.4%和17.8%。2003年,中国水电总装机容量达9 490万kW。2004年9月,以黄河上游公伯峡水电站首台机组投产发电为标志,中国水电总装机容量突破1亿kW。2007年底,中国水电装机容量达1.48亿kW,超越美国跃居世界第一。

中国水电开发方针是大、中、小并举,以大型为骨干。在20世纪70年代末进行的全国水力资源普查工作中,规定装机容量大于25万kW的水电站为大型水电站。根据当时的统计,全国单站容量25万kW以上的大型水电站有203座;单站容量在500 kW以上可开发水力资源中的装机容量和年发电量比重分别达74.4%和75.5%,单站容量在200万kW以上的特大型或巨型水电站有33处,占全国可开发水能资源容量和电量的37.8%和47.4%。这些巨型水电站绝大多数分布在西南地区。

四、中国水电发展规划和亟待解决的问题

(一)水电发展规划

20世纪70年代,根据中国能源开发规划,有关部门提出了开发10个水电基地的设想,即在那些水力资源丰富、开发条件良好的河流或河段上,比较集中地开发建设10个大型水电基地,作为20世纪末到21世纪初的骨干电源,以后又增加2个水电基地,共计12个水电基地。由于中国水能资源丰富,开发利用程度较低,所以水能开发利用有着宏伟的前景。据1977~1980年第三次水能资源普查,把水量丰富、水能集中的河流作为水电开发的重点基地,中国近期和远期规划可开发的水电基地有如下12个:

(1)黄河上、中游水电基地。黄河上游,从龙羊峡至青铜峡全长918 km,水流落差1 317 m,可建15座水电站,总装机容量1 246万kW;黄河中游可建10座水电站,装机容量600万kW。

(2)红水河水电基地。红水河属于珠江水系的西江上游,可建10座水电站,装机容量600万kW。

(3)长江上游水电基地。长江上游规划4座水电站,已建成葛洲坝水电站,装机容量271.5万kW;三峡水电站装机容量1 820万kW,2008年底已全部投入运行。

(4)金沙江水电基地。可建8座水电站,装机容量5 100万kW,其中有4座是500万~1 000万kW的巨型水电站。

(5)雅砻江水电基地。可建11座水电站,装机容量1 910万kW。

(6)大渡河水电基地。可建16座水电站,装机容量1 760万kW。

(7)乌江水电基地。可建8座水电站,装机容量624万kW。

(8)澜沧江水电基地。可建15座水电站,装机容量2 073万kW。

(9)湘、鄂、赣水电基地。湖南规划73座水电站,装机容量841万kW;湖北规划27

座水电站，装机容量523万kW；江西规划37座水电站，装机容量366万kW。

(10)浙闽地区水电基地。浙江规划22座水电站，装机容量313万kW；福建规划43座水电站，装机容量467万kW。

(11)东北水电基地。规划67座水电站，可装机容量1 024万kW。

(12)雅鲁藏布江墨脱水电基地。位于墨脱县境内的大河湾，若用40 km的隧洞引水，可装机容量4 000多万kW，是世界第一大水电站。

12个大型水电基地可装机容量约为20 535.75万kW，年发电量9 465.54亿kWh。

从经济发展需要和动力资源条件看，中国大力发展水电势在必行。21世纪，我国水电发展按规划分两步走。

第一步是2001～2010年，这期间，三峡、龙滩、小湾、公伯峡、水布垭等一大批水电站将建成发电。到2010年，也就是中国开始水电建设100年时，水电装机容量达到$(1.4\sim1.5)\times10^4$万kW，超过美国，居世界第一，实现从资源第一大国到生产第一大国的转变。水电装机的比例提高到30%左右。

第二步是2011～2050年，基本完成水电的开发，开发率达到90%左右。这时装机容量约4.3×10^4万kW，以3 800万kW的墨脱电站为代表的十几座500万kW以上的巨型电站基本开发完毕。西电东送的规模超过1.5×10^4万kW，东中部受电区的抽水蓄能电站将得到大规模的发展，大库容的蓄能电站建设为东部沿海风电的大量开发创造了有利条件。中国的水电开发技术将随着水电建设事业的发展达到世界领先水平。

(二)水电发展亟待解决的问题

中国的水电发展虽取得了很大的成就，但是，从整个电力发展和优化电力结构来看，其发展速度仍相对较慢，还存在一些亟待解决的问题是：

(1)水电比重逐年下降，电力结构日趋不合理。水电在全国电力中的比例，从装机容量来看，“四五”末曾经达到30.9%，以后逐年下降，特别是“七五”、“八五”下降幅度较大，到1996年下降到17.3%左右，电力结构不合理的矛盾日益突出，给电网安全、优质供电带来很大的压力。

(2)近年来开工规模不足，规划目标难以实现。由于近年来水电项目开工严重不足，按电力发展规划确定的2000～2010年水电装机容量目标难以实现。

(3)现行政策制约了水电的发展。近年来国家出台的财政税收等经济政策，没有考虑水电的特点，加重了水电的负担，使得水电发展处于不利的地位。由于水电造价高，抑制了投资者的积极性。

(4)电力市场供需缓解，独立水电厂和电网调度的矛盾加剧。

水电特别是大型水电项目投资集中、建设周期长，如果没有国家政策支持，大型水电的开发是不可能的。同时，水电特别是大型水电受到各种因素的制约，必须进入到一个很大的电网系统中去，甚至是进入全国性的电网里面，才能被消化吸收，才能发挥最高的效益，才能进行真正意义上的滚动开发。因此，必须确立水电在中国能源结构中的战略地位，在项目安排和资金投向上真正把水电放在优先发展的位置，把大力发展水电的方针和政策落到实处：一方面大型水电开发项目应由国家统筹规划，统筹安排；另一方面必须集中一定的资金，作为水电开发的启动资金；此外，还应制定有利于水电发展的税收政策，实行合理的电价政策，将收益用于水电建设。鼓励和支持地方政府、企业和个人以合资或入股的形式开发建设中小型水电站；制定相应政策法规，使水电工程建设投资由受益方合理分摊。

第四节 中国水资源开发利用成就与前景展望

特殊的自然地理条件，决定了除水害、兴水利历来是中国治国安邦的大事。水利兴则天下定，仓廪实，百业兴。历代善治国者均以治水为重。然而，从1840年鸦片战争开始，随着中国逐步沦为半封建半殖民地社会，列强入侵，连年战争，到1949年新中国成立前，中国已是山河破碎，河流水系紊乱，水利基础设施非常薄弱，水旱灾害十分频繁。中华人民共和国成立后，党和政府对水利高度重视，领导全国各族人民，进行了大规模水利建设，取得了举世瞩目的成就。

一、新中国水利发展历程

新中国成立后的水利发展大体上可分为如下7个时期。

（一）三年恢复和第一个五年计划时期（1949～1957年）

新中国成立初期，全国水旱灾害频繁，尤其是黄淮海地区灾情更为严重。1949～1952年，水灾不断，灾民从整个苏北到淮北有几千万。此时，国家首要的任务是恢复生产、安定社会。控制水旱灾害成为一项极为重要的工作。每年国家动员上千万的人进行水利建设，恢复水利工程。水利工作的方针任务是：防治水害，兴修水利。重点是防洪排涝，整治河道，恢复灌区。在受洪水威胁的地区着重于防洪排水，在干旱地区着重于开渠灌溉，以发展农业生产，达到发展生产力的目的；依照国家经济建设计划和人民的需要，根据不同的情况和人力、财力及技术等条件，分轻重缓急，有计划、有步骤地恢复并发展各项水利事业；统筹规划，相互配合，统一领导，统一水政；对各河的治本工作，首先研究各重要水系原有的治本计划，以此为基础制订新的计划；积极充实水利机构，有计划地培养人才，提高水利建设的科技水平。以上方针任务，使新中国成立后的水利事业得到全面发展。

这个时期，水利工程得到了全面恢复和发展，对农业和国民经济的发展起到了良好的作用。所开展的水利工程重点建设包括：大规模治理淮河，修建官厅水库以减轻永定河对北京的威胁，修建大伙房水库减轻浑河、太子河对沈阳的压力，整修独流减河等解决海河的出路问题，修建了荆江分洪工程、汉江下游的杜家台分洪工程。黄河下游堤防进行了全面整修加固；洞庭湖、鄱阳湖、太湖、珠江三角洲等圩区加强圩堤建设，提高防洪排涝能力。全国灌溉面积发展到了4亿亩。这些水利工程极大地缓解了水旱灾害严重的局面，对安定社会、恢复生产起到了巨大作用。另外，从1953年起，全面开展了江河流域规划的制定工作，各省（区、市）还进行了大量的中小河流的规划，这些都为以后的发展打下了基础。

（二）"大跃进"时期（1958～1960年）

这一时期全国范围内兴起了大炼钢铁、大办水利的运动。水利工作提出了以小型工程为主、以蓄水为主、以社队自办为主的"三主方针"，兴起了大规模兴修水利的群众运动，在许多地方取得了相当好的成绩，建设了大量工程。1957～1961年建设了治理黄河的三门峡水利枢纽工程，同期建设了我国第一座自行设计、自制设备、自主建设的大型水力发电站——新安江水电站。按照1961年的统计,"大跃进"期间修建的900多座大中型水库,主要集中在淮河、海河和辽河流域,使灌溉面积从4亿亩增加到5亿亩,且对当时的防洪、抗旱、排涝起到了很大的作用。

这一时期水利建设尽管取得很大成绩,但也存在严重的片面性,主要是片面地强调小型工程、蓄水工程和群众自办的作用,忽视甚至否定小型与大型、蓄水与排水、群众自办与国家指导的辩证统一关系,在水利建设中规模过大,留下了许多半拉子工程,许多工程质量很差,留下了许多后遗症。例如,"大跃进"期间由于兴建水利工程而搬迁的大约300万移民,大多数没有得到很好的安置,遗留问题严重;再如,由于盲目地建设蓄水和灌溉工程而忽视了排水工程,一度在黄淮海平原造成严重的涝碱灾害和排水纠纷等。

(三)三年调整和第三个五年计划时期(1961~1966年)

经过1961~1963年对"大跃进"遗留问题的调整,再加上1963年、1964年海河流域的大水,水利工作得到了迅速恢复。为了解决粮食问题,全国开始大搞农田基本建设。水利工作提出了"发扬大寨精神,大搞小型,全面配套,狠抓管理,更好地为农业增产服务",简称"大、小、全、管、好"的"三五"工作方针,要求纠正"四重四轻"即重建轻管、重大轻小、重骨干轻配套、重工程轻实效的缺点,建设高产稳产农田,并积极解决"大跃进"中的遗留问题。这一时期使水利工作重新走上健康发展的道路,为这一时期的农业和国民经济的恢复与发展做出了贡献。

(四)"文化大革命"时期(1966~1976年)

随着人口的增长,粮食问题成了中国的重大问题。鉴于此,全国展开了大规模的农田水利基本建设。这一时期,在全国开展的"农业学大寨"运动中,群众性水利建设事业得到了发展。通过建设旱涝保收、高产稳产农田,将治水和改土相结合,山、水、田、林、路综合治理,大量地平整土地,耕地园田化、坡地改梯田、农田防护林建设等都取得了很大成绩,农业生产条件得到改善,许多地方的粮食产量得到大幅度提高。黄淮海平原初步解决了旱涝碱灾害,粮食生产达到自给有余,扭转了中国历史上"南粮北调"的局面。对大江大河的治理包括:对海河进行了治理,加大了排洪入海能力;在淮河和辽河上继续修建控制性水库,长江上修建了丹江口水库,对黄河三门峡水库的泥沙问题进行了处理,葛洲坝水利枢纽开工建设,同时大规模整治疏浚了黄淮海平原的排水河道。这一时期灌溉面积增加到了7亿多亩。

这一时期,水利的正常管理同其他行业一样,也遭到大破坏,各级水利机构被撤销,大部人员被下放,特别是科技力量受到严重摧残,教育中断,基础工作停顿,规章制度废弛,管理工作混乱。统计表明,水库垮坝最多、最严重的是1973年,全国中小水库垮坝500余座。1975年,河南省遭受特大洪水,板桥、石漫滩两座大型水库溃坝,使下游地区遭受毁灭性的灾难。1976年唐山地震,陡河、密云等水库出险,水利管理遭到空前浩劫。在农田基本建设中,有不少形式主义和瞎指挥,造成浪费;许多地方的农民劳动积累工分担过多,影响了生活水平的提高;有些地方的水利建设,再次违反基本建设程序,造成新的遗留问题。

(五)"文化大革命"后到20世纪80年代末的改革开放时期(1977~1989年)

20世纪80年代是中国改革开放、经济体制转变的时期。在拨乱反正、清理"左"的思想影响后,水利工作也进行了相应的反思和探索。随着农村人民公社的解体和中央地方财政的分开,原来主要靠农民义务修水利和中央财政投入办水利的模式已经无法适应形势的变化。通过深入探讨,得出了水利一定要办的认识。水利工作的任务主要包括:合理开发利用和保护水资源,防治水害,充分发挥水资源的综合效益,适应国民经济发展和人民生活的需要。水利工作的方针是:加强经营管理,讲究经济效益。其改革方向是"转轨变型,全面服务",即:从以服务农业为主转到为社会经济全面服务的思想,从不讲投入产出转到以提高经济效益为中心的轨道,从单一生产型转到综合经营型。在水利工程管理中,推行"两个支柱,一把钥匙",即:以水费收入和综合经营为两个支柱,以加强经济责任制为一把钥匙。力图通过改革,使水利工作逐步建立起良性运行的机制。这一时期,为适应行政管理体制改革和加强水行政管理的要求,水利依法管理的意识逐步增强。1988 年是水利法制建设具有里程碑意义的一年,以《中华人民共和国水法》颁布为标志,水利法制建设进入了快速发展阶段。

这一时期,水利工作的重点从工程建设转移到加强对现有水利工程的管理上,水利投入下降。灌溉面积十年基本上徘徊不前,重点水利工程建设主要是黄河大堤建设和引滦入津工程。同期我国开展了病险水库除险加固工作。

(六)90 年代初到 1998 年长江、嫩江、松花江大水前时期(1990~1997 年)

进入 90 年代,全国水旱灾害呈现增加的趋势。1991 年、1994 年、1995 年、1996 年连续发生严重洪涝灾害,水利的重要地位和重要作用日益被全社会所认识,水利投入逐年增加。大江大河的治理明显加快,论证半个世纪的长江三峡水利枢纽工程得到全国人大批准,开工上马,同时小浪底、万家寨、江垭、飞来峡等一批重点工程相继开工建设;观音阁、桃林口、引黄(河)入卫(河)、引碧(碧流河)入连(大连)、引大(大通河)入秦(秦王川)等一批工程建成;治淮(河)、治太(湖)、洞庭湖治理工程等取得重大进展。农业灌溉面积结束了 10 年徘徊不前的局面,新增灌溉面积 8 000 多万亩;城乡供水、农村饮水、水电、水土保持等都得到了较快的发展;同时,水利在投入、管理体制等方面也进行了大胆的探索。这些成就,对于中国战胜严重的洪涝灾害,保障粮食生产和各行各业对水的需求,对改善生态环境等均起到了巨大的保障作用。

(七)1998 年洪水之后时期(1998 年至今)

1998 年,发生了亚洲金融危机,对中国经济冲击很大。为了拉动内需,中国政府采取了积极的财政政策,大规模地增加了包括水利设施在内的基础设施建设,水利投入大幅度增加。另外,1998 年,中国的长江全流域和嫩江、松花江发生了罕见的洪涝灾害。江泽民总书记亲自指挥了 1998 年的抗洪抢险斗争,解放军、武警部队投入长江、松花江流域抗洪抢险的总兵力达 36.24 万人,有 110 多位将军、5 000 多名师团干部参加了抗洪抢险。最高峰时,全国有 800 多万干部群众奋战在抗洪抢险一线。1998 年的大洪水引起了党和政府以及全国人民对水利的高度重视。1998 年 10 月召开的党的十五届三中全会,把兴修水利摆在全党工作的突出位置,提出了水利建设的方针和任务,指出:"水利建设要坚持全面规划,统筹兼顾,标本兼治,综合治理的原则,实行兴利除害结合,开源节流并重,防汛抗旱并举。"洪水过后,党中央、国务院下发了关于灾后重建、整治江湖、兴修水利的若干意见,对水利工作提出了明确的任务,国家加大了对水利建设的投入。水利部门对中国防洪建设进行了全面总结,认为:中国抗御洪水灾害的能力还很低,防洪建设是长期而紧迫的任务；防洪建设必须坚持综合治理；水利建设必须高度重视质量和管理问题；治水必须正确认识和处理人与自然的辩证关系。

全国范围内迅速掀起了以防洪工程为重点的水利建设高潮，堤防建设进入历史新阶段。在工程建设中推行了项目法人制、建设监理制和招标投标制，突出抓好工程质量，制定了堤防建设标准和规范。全国重点工程涉及19个省（区、市）的64项大江大河堤防建设工程、18座重点病险水库除险加固工程、28座重点城市的防洪工程、49个重点行蓄洪区安全建设等，通过建设，全国主要江河重点堤段得到加高培厚，汛期出现的险情得到处理，水毁工程得到修复，崩岸和河道治理得到加强，病险水库、蓄滞洪区安全建设、城市防洪等取得重大进展，主要江河的防洪能力明显提高。

二、新中国成立后的水利建设成就

（一）防洪体系有效地减轻了洪水灾害，保障了人民生命财产安全和社会稳定

新中国成立后，按照“蓄泄兼筹”和“除害与兴利相结合”的方针，对大江大河进行了大规模的治理。到2007年底，全国累计修建加固大江大河大湖等各类堤防28.38万km，建成大中小型水库85 412多座，全国主要江河初步形成了以堤防、河道整治、水库、蓄滞洪区等为主的工程防洪体系，以及预测预报、防汛调度、洪泛区管理、抢险救灾等非工程防护体系，使中国主要江河的防洪能力有了明显的提高。

（1）黄河流域。黄河流域共兴建水库3 100多座，库容574亿m^3。干流上游进行了梯级开发，配合堤防工程，兰州和宁蒙河段已经分别能够防御100年一遇和50年一遇洪水；下游通过4次临黄大堤的加高加固，可保证花园口通过22 000 m^3/s、艾山通过11 000 m^3/s流量的行洪能力；修建了三门峡、陆浑、故县等干支流水库，开辟了东平湖和北金堤滞洪区。在工程措施和非工程措施的配合下，黄河下游防洪工程的防洪标准达到60年一遇。

（2）长江流域。长江中下游3 600 km干流江堤和3万多km支民堤得到了全面整修和加高加固；兴建了荆江分洪区等分洪工程，修建水库48 000多座，总库容1 222亿m^3；长江中下游干流及湖区堤防的防洪标准可达到10～20年一遇，运用蓄滞洪区后，可防御1954年型洪水，保证干堤和重要城市安全。

（3）淮河流域。修建了各类水库5 300多座，总库容250多亿m^3，大中型防洪控制闸600座；修建行蓄洪区20多处，滞洪容量280多亿m^3，全面整修加固堤防15 000 km；开辟了淮沭新河、淮河入江水道等排洪河道。淮河中游干流防洪标准达到40年一遇。

（4）海河流域。共修建水库1 900座，总库容294亿m^3；开辟分蓄洪区26处，蓄滞洪容量170亿m^3；开挖疏浚行洪河道50多条；北系可防御1939年型洪水，南系可防御1963年型洪水，防洪标准相当于50年一遇。

（5）松花江流域。全面整修了松花江干流、嫩江和第二松花江平原河段的堤防，形成了比较完整的防洪体系，全流域修建堤防11 600 km；建成大中型水库125座，总库容290亿m^3。松花江干流、第二松花江、嫩江的整体防洪标准约为20年一遇。

（6）辽河流域。已建成各类水库715座，总库容150多亿m^3；整修加固堤防长度11 000多km，修建各类水闸370多座，辽河干流与浑河、太子河等主要河道堤防现有防洪

标准达到20年一遇。

（7）珠江流域。已建成江海堤防20 500多km，水闸8 500多座，修建各种类型的水库13 000多座，总库容706亿m^3。北江大堤的防洪标准达到了100年一遇，珠江三角洲万亩以上围堤一般可防御20年一遇的洪水。

其他威胁重要城镇、交通的中小河流防洪标准达到10～20年一遇，排涝标准达到3～5年一遇。

全国639座有防洪任务的城市中有207座达到规定的防洪标准，北京、哈尔滨、沈阳等重点防洪城市的防洪标准达到100年一遇以上。

新中国成立以来，水利建设在抵御历年发生的洪水中发挥了重要作用，大大减轻了灾害损失。从1949年以来，黄河花园口曾发生流量超过10 000 m^3/s的洪水12次，但没有一次决口成灾，创造了黄河连续60年安澜的历史纪录，其中抵御了1958年发生的自1919年有实测水位资料以来的最大洪水。长江战胜了1954年发生的百年罕见的大洪水，淮河战胜了1954年发生的近40年一遇的洪水，海河战胜了1963年发生的约50年一遇的大洪水，松花江战胜了1957年发生的自1898年以来的第二位大洪水。进入90年代，中国连续发生洪涝灾害。在抵御最近几年发生的大洪水中，防洪体系发挥了巨大作用。1991年淮河流域发生大洪水，淮河流域51座大型水库共拦蓄洪水38亿m^3，削减洪峰70%～90%；淮河干流运用蓄滞洪区和行洪区，滞蓄洪水40亿m^3，保障了淮北大堤、洪泽湖、里运河大堤、蚌埠和淮南两市的围堤等重要堤防及沿淮工矿、铁路的安全。在抗御1994年大水中，广东北江大堤和珠江三角洲五大联圩的保护，使广州市和珠江三角洲免受灭顶之灾。1998年，长江、嫩江、松花江发生了历史上罕见的大洪水。在抗御1998年长江大洪水的过程中，经过历年加高培厚的长江大堤成为中下游抵御洪水的最主要屏障。另外，水库、闸坝等各种控制性工程对拦洪调峰发挥了巨大作用，有效地缓解了堤防的压力。湖南、湖北、江西、四川、重庆等5省市的763座大中型水库拦洪削峰，拦蓄洪量340亿m^3，发挥了重要作用。在抵御长江第六次洪峰时，隔河岩、葛洲坝等水库通过拦峰削峰，降低了荆州市水位0.40 m左右。1998年长江洪水与1931年一样，都是全流域型大洪水，但洪水淹没范围和因灾死亡人数却比1931年少得多。1931年干堤决口300多处，长江中下游几乎全部受淹，死亡14.5万人。而1998年，只有九江大堤一处决口，而且几天内堵口成功，淹没总面积32.1万hm^2，死亡人口1 562人。据统计，1998年，全国共有1 335座大中型水库参与拦洪削峰，拦蓄洪量532亿m^3，减少农田受灾面积228万hm^2，减免受灾人口2 737万人，避免了200余座城市进水。

（二）农田水利事业的发展，有效地改善了农业生产条件

全国万亩以上的灌区共5 869处，农田有效灌溉面积2 834.1万hm^2。其中，设计灌溉面积50万亩以上灌区148处，农田有效灌溉面积1 125.9万hm^2；30万～50万亩大型灌区286处，农田有效灌溉面积524万hm^2。截至2007年底，全国农田有效灌溉面积达到5 778.2万hm^2，占全国耕地面积的44.4%。全国工程节水灌溉面积达到2 348.9万hm^2，占全国农田有效灌溉面积的40.7%。在全部工程节水灌溉面积中，渠道防渗节灌面积1 005.8万hm^2，低压管灌面积557.4万hm^2，喷、微灌面积385.3万hm^2，其他节水灌溉面积400.4万hm^2。万亩以上灌区固定渠道防渗长度所占比例为14.4%，其中干支渠防渗长度所占比例为35.0%。

农田水利事业的发展,提高了农业抗御水旱灾害的能力,促进了农业生产发展。南方许多地方水稻从一年一熟改为一年两熟、一年三熟,北方一些从来不种水稻的地方,也在大面积发展水稻。由于有了灌溉保证,北方冬小麦和棉花播种面积成倍增长。过去很多经常遭受旱涝灾害、产量很低的农田,通过治理变成了旱涝保收、高产稳产的农田。全国南、北各地已出现了不少粮食亩产超过千斤的县、市。黄淮海平原历史上是旱涝碱重灾区,粮食长期靠调入,经过多年治理,大都变成了"米粮仓"。全国灌溉面积不到耕地面积的50%,而粮食产量却占到75%,棉花和蔬菜分别占到80%和90%。农田水利的发展,还为林牧渔业的发展,为改善农村生活条件和生态环境,繁荣农村经济等起到了重要作用。中国能以占世界不足10%的耕地养活占世界22%的人口,使13亿人口解决温饱问题,这是世界瞩目的伟大成就,这其中水利就发挥了重要作用。

(三)供水事业有效地促进与保障了城乡社会经济的发展和人民生活水平的提高

新中国成立60年来,中国兴建了大量的蓄水、引水、提水工程,形成了比较完善的供水保障体系。为了满足城市迅猛发展对水的需求,中国修建了一大批远距离城市供水水源工程,如引滦(滦河)入津(天津)、引滦(滦河)入唐(唐山)、引碧(碧流河)入连(大连)、引黄(黄河)济青(青岛)、引青(青龙河)济秦(秦皇岛)、东江—深圳供水、西安黑河引水等,使城市供水能力显著提高。到1997年,城市工业和生活年用水增加到1 368亿m^3,占全国总用水量的24.6%,有效地解决了城市各行各业及人民生活对水的需求。全国乡镇供水发展迅猛,截至2007年底,全国总用水量5 818.7亿m^3。

(四)水土保持有效地改善了生产条件和生态环境

截至2007年底,全国水土流失综合治理面积达到99.9万km^2,其中小流域治理面积38.7万km^2,累计实施生态修复面积达70多万km^2,建立黄土高原淤地坝2.9万座。经过初步治理的地区,有效地保护了国土资源,减轻了对河道和水库的淤积,促进了当地经济的发展。采取以小流域为单元、山水田林路统一规划、综合治理,走出了一条具有中国特色的开发性治理的路子,加快了治理步伐,改善了水土流失区的生产、生活条件,经济得到了较快的发展。

(五)水力发电已成为中国日益重要的能源供应

截至2004年底,全国已开发的水电总装机容量13 098.0万kW,年发电量5 259亿kWh。在水电建设中,农村水电已经成为一支重要力量。为了帮助中西部地区人民脱贫致富,在水电资源丰富的地区,大力进行水电开发建设,已有318个县利用水电供电实现了农村初级电气化,另外300个电气化县正在建设。农村水电的发展,促进了农村经济繁荣和精神文明建设的发展,在农民致富奔小康中担负着重要使命,有着举足轻重的作用。

三、21世纪水利事业展望

新中国成立后,中国水利建设取得了举世瞩目的成就,但是中国的洪涝灾害、干旱缺水、水生态环境恶化三大问题仍十分突出,特别是水资源短缺,已经成为制约中国经济社会发展的重要因素。进入21世纪,水资源配置问题、水资源节约问题、水资源保护问题,将成为中国水资源可持续开发利用的重要任务。已经过去的半个世纪,水利事业成就辉煌;展望未来,水利发展任重道远,前景光明。

从当前和长远看,中国的水问题主要包括如下三方面:

一是洪涝灾害依然是中华民族的心腹大患。中国的自然地理条件和气候特征,决定了中国是一个洪涝灾害频繁而且严重的国家。在有文献记载的2 200多年历史中,共发生大水灾1 600多次。20世纪即发生过多次严重水灾。90年代以来,中国的大江河已发生了5次比较大的洪水,给人民生命财产和经济建设造成巨大影响。尽管中国防洪建设已取得巨大成就,但是,中国目前大江大河一般只能防御常遇洪水,遇到较大洪水,仍将造成严重损失,防洪建设仍是中国水利事业的一项长期而紧迫的任务。

二是干旱缺水严重制约着国民经济的发展。中国是一个旱灾频繁的国家,在2 200多年有文献记载的历史中,发生大的旱灾1 300多次。随着人口的增长和经济的发展,需水量急剧增加,而水的有效利用率并不高。目前,中国农业、工业以及城市都普遍存在缺水问题。20世纪70年代全国农田年均受旱面积1.7亿亩,到90年代增加到3.65亿亩。农村还有3 000多万人常年饮水困难,全国有2/3的城市存在缺水问题。由于缺水,北方河流干涸断流情况愈来愈严重,黄河进入90年代年年断流,平均达107 d。部分地区地下水超量开采等严重,一些地区争水抢水严重影响了社会稳定。干旱缺水已成为中国经济社会稳定发展的重要制约因素之一。

三是水生态环境恶化,影响可持续发展。随着各行各业用水量的增加,中国污水排放量逐年增加,全国污水排放量1980年为310多亿t,2006年为537亿t,受污染的河长也不断加长,水体水质总体上呈恶化趋势。另外,尽管我国加大了水土流失治理的力度,但是全国水土流失依然非常严重,边治理、边破坏的现象在不少地方依然存在。全国七大流域均存在水土流失问题,其中黄河中游和长江中上游的水土流失最为严重。截至2008年底,水土流失面积356.92万km^2,占国土总面积的37.2%。严重的水土流失,使土地资源遭受破坏,耕地退化,而且淤积抬高河床,加剧了洪涝灾害的发生。此外,河湖萎缩,森林、草原退化,土地沙化等问题,也严重影响了水生态环境。

进入21世纪,随着人口的增加和社会经济的发展,中国水的问题将更加突出,保护开发利用水资源的任务十分艰巨。

做好21世纪的中国水利,解决中国日益严重的水问题,实现江河安澜,山清水秀,水资源供需平衡,就必须把水资源与国民经济和社会发展紧密联系起来,进行综合开发,科学管理,做好水资源的开发、利用、治理、配置、节约、保护六方面的工作。

做好水利工作,首先要切实搞好水利规划,逐步建立完整、科学的全国水利规划体系。其次是要抓住重点、分步实施。按照规划的要求,根据轻重缓急,一步步地实现规划目标。再次是要进一步建立和完善水利投资体系和制定有关的经济政策,保障规划目标的完成。最后是要坚持依法治水、科学治水,使治水法制化、规范化,提高治水的科技含量,更多地依靠科技进步解决水的问题,走可持续发展的道路。

第二章 自然环境与水利

第一节 中国的自然环境对水利的影响

中国幅员辽阔,地貌类型多样,气候复杂,河湖众多,植物种属和土壤类型极为丰富,加上适中的地理位置和复杂的地质、地貌结构以及几千年来人类对自然环境的影响,非常有利于农、林、牧、副、渔业的发展。但是,中国的自然条件也有其不利的一面,频繁的旱涝灾害、北方大部分地区的干旱少雨、严重的水土流失,都是威胁农业生产、制约国民经济发展的重要因素。

一、地理位置

中国土地辽阔,总面积为960万km^2,占全球陆地面积的1/15。国土四面延伸,南北跨纬度约50°,东西跨经度60°多。南北方因纬度不同,昼夜长短差别较大,海南一年中最长的白昼为13 h,而黑龙江省漠河一年中最长的白昼达17 h以上。随着纬度的改变,自北向南跨越了寒温带、温带、暖温带、亚热带和赤道带,而以暖温带和亚热带面积分布最广,占全国总面积的30%以上。

中国位于亚欧大陆东南部,东临太平洋,由东向西或由沿海向内陆则从湿润、半湿润过渡到半干旱、干旱区,其中湿润地区占全国总面积的30%,这种地区热量和水分的良好配合,为农业发展提供了得天独厚的条件。

二、地貌

地貌是地理环境、地域差异的主要标志,也是地理环境中最基础、最重要的因素之一。它不仅控制热量与水分的重新分配,而且影响着地表物质的迁移、生态系统的演变及自然资源的分布规律。

中国地貌类型齐全,分布错综复杂。山地、高原约占全国总面积的1/2以上,丘陵、盆地则在20%以上,平原仅10%。西藏高原雄踞西部,海拔4 500 m以上,面积约占全国总面积的1/4,是中国地势的最高点。自西向东,层层下降,并通过宽广的大陆架,把中国大陆和太平洋大洋盆地连接起来。

地貌是由内力、外力及地表组成物质相互作用而形成的。地壳运动所造成的构造格架,控制了全国海陆分布轮廓,如地势起伏、各种地貌的地域配置。流水、风力、气温、生物等外力在不同地域、不同时期,通过各种形式,对地壳表层物质不断进行风化、剥蚀、搬运、堆积,从而使中国具有了辽阔的东部平原以及资源极为丰富的丘陵地带。总之,在漫长的地质历史演化过程中,独特的自然地理条件为中国塑造了较为齐全的地貌。除山地、丘陵、高原、盆地和平原外,还发育了山岳冰川地貌、冻土地貌、风沙地貌、黄土地貌,以及在长期湿热条件下形成的红土层地貌、岩溶地貌等。

中国复杂的地貌不仅对自然景观的形成与演变有影响，同时对自然区域分异也起着重要作用。耸立于中国西部的青藏高原，作为江河源地影响了广大范围内的自然地理过程；西部的大山大岭与大盆地相间使盆地更加干旱；东部丘陵分布较广，对景观的分异影响虽较小，但大兴安岭、太行山、秦岭、南岭却因对水热状况起着重新分配的作用，致使两侧气候条件迥然不同，成为区域分异的明显界线；平原地区河湖众多，对灌溉、航运、调水等的发展都极为有利；西南地区垂直高差大，河流水力资源丰富，多级开发水能的条件好。

复杂的地貌也常给经济的发展带来很多的负面影响，如岩溶地区地表水资源渗漏，黄土易被暴雨冲刷造成严重的水土流失，甚至淤塞河道，给农业生产和交通建设带来一定的困难。

三、气候

气候是自然地理过程最主要的因素之一，它影响着区域自然地理环境的形成与分布。大陆性季风气候是中国气候的主要特征。冬夏季风在很大程度上控制着全国绝大部分地区天气、气候的变化，致使中国东部地区冬季寒冷干燥，夏季炎热多雨；内陆深处的西北部则因受夏季风影响微弱，水循环不活跃，地表水贫乏，气候干旱。中国的气候不仅东西差别大，而且冬夏季差异也大，这是因为冬季季风主要来源于高纬度地区，风向偏北，寒冷干燥，而夏季风来自低纬度地区和海洋，风向偏南，暖热湿润。

中国水汽的输送主要来自太平洋和印度洋，北冰洋输入的水汽较微弱。大部分地区降水比较丰富，全国平均年降水量可达 650 mm。夏季风的来向与强弱，对降水量的时空变化有很大的影响。降水量从东南沿海向西北内陆逐渐递减。

在季风环流控制下，中国降水集中，降水强度大，是一个多暴雨的国家。每当进入雨季，暴雨就开始出现，即使在江淮一带的绵绵雨期，也常常会出现暴雨、大暴雨。1975 年 8 月 7 日，强台风在中国登陆后进入河南，河南林庄 24 h 降水量为 1 060 mm，3 d 降水量共 1 629 mm，造成了特大灾害。暴雨的分布与整个降水的分布有着类似的规律，即南方多、北方少，沿海多、内陆少，东部多、西部少。台湾山地年暴雨可达 16 d，广东沿海、北部湾沿岸、黄山地区，年暴雨日也在 10 d 以上。内陆地区由于缺乏水汽来源，暴雨极少，但个别地方还曾出现过特大暴雨，如内蒙古某地 8 h 降水量曾高达 1 050 mm。

暴雨，尤其是特大暴雨，对中国国民经济的发展和国防建设都极为不利。中国暴雨分布区域广，强度大，几乎每年都有特大暴雨发生，造成大范围的水涝灾害，引起严重的水土流失，使江河水位猛涨，淹没农田，堵塞交通，影响工农业生产，威胁着人民生命财产的安全。

在中国江淮流域，除暴雨外，梅雨对这一区域的农业生产影响也较大。“黄梅无雨半年荒”，说明了它的重要性。梅雨是长江中下游、淮河流域每年 6 ~ 7 月份的大范围降水天气过程，多为连续性降水，有时后期多阵雨、暴雨。正常梅雨期长约 20 d，最长达 63 d。梅雨与中国东部农业生产密切相关，梅雨为农作物提供了大量水分，为作物生长创造了有利的条件，但梅雨来得过早、水量过大、雨期太长，也会造成洪涝灾害；若来得过晚，雨期短，甚至空梅，又给干旱造成可乘之机。

总之,中国气候既有大陆季风性气候特点,又有着明显的地带性规律。因距海远近不同,季风风向、水分多少的区别,又具有了降水地区分布很不均匀的特点。在夏季风控制下,高温与多雨相一致。中国气候上的这些特点,对自然地理过程的发生、发展和生产实践有极为重要的意义。如水热条件的地带性差异,为不同地带提供了发展农业的潜力。针对中国气候上的利与弊,近半个世纪,中国开展了一系列的水利工程建设,营造了防护林带,加强了水土保持,对灾害性天气能及时准确地进行预报。只要遵循自然规律,加强对灾害性天气、气候的科学研究,不断增强抗灾灭灾的能力,就可以把灾害带来的损失减少到最低程度。

四、植被

我们通常把在地表成群地生长在一起,占有一定空间并与外界自然条件发生密切联系的植物群称为植被。植被是自然地理环境中的一个组成部分,也是自然地理环境形成发展中最活跃的因素,它的形成、结构和分布反映了中国各地区自然地理条件的复杂性和规律性。

不同的自然条件,特别是气候条件,会产生不同的植物群落,表现出不同的植被类型。中国的植被复杂多样,有森林植被、草原植被、荒漠植被等类型。

中国森林植被主要集中分布在 400 mm 等降水量线以东地区,此区森林面积占全国森林总面积的 96.3%。台湾、福建、黑龙江、江西、吉林、广东、湖南的森林覆盖率在 30% 以上,而青海、新疆、甘肃大部、西藏中部、内蒙古中西部等地,森林覆盖率在 1% 以下。中国现有森林总面积 18.28 亿亩,森林覆盖率为 12.7%,人均森林面积只有 1.8 亩,不及世界人均森林面积的 1/8。中国森林资源在地理分布上的不均匀和资源的缺乏,对生态环境极为不利。

森林对降水有截留作用,有利于保持水土。森林地面的落叶层和林木根系可以涵养水源,枯枝落叶还有助于土壤团粒结构的形成,使土壤的保水、透水性能改善,洪水季节因森林有涵水养水的功能而延缓洪峰的到来,削减了洪峰流量。林木根系对土壤有固结作用,能减少泥沙入河、入湖。黄河中游地区因森林资源匮乏,主、干、支流含沙量高,致使下游河床淤积问题严重。

中国草原植被很丰富,总面积 53.2 亿亩,占全国总面积的 37%,主要分布在东北平原、内蒙古高原、西北各省区。草原是发展畜牧业的最好地方,草被能防风固沙、防止水土流失和土壤沙化、碱化,在干旱、半干旱地区是不可缺少的生态系统。

不论是森林还是草原,受人类利用改造的影响都比较大,变化发展也较快。为了保持水土、涵养水源、防风固沙,自 1950 年起中国在东北西部、内蒙古东部开展了防护林建设,在河北西部一些河流两岸、河南东部的黄河故道、陕西榆林沙荒区,以及辽宁、山东、福建、广东等沿海沙滩区开展了大规模的防护林带建设。20 世纪 70 年代末开始兴建的东北、华北、西北“三北”防护林工程,均起到了良好的效果。

第二节　水利工程对环境的影响

水利水电工程在防洪、发电及水资源综合利用方面发挥着巨大的效益，同时对周围环境也产生着各种影响。这些影响有些是有利的，有些是不利的。由于各项工程的目的、作用不同，所处的地理位置、环境条件有差异，故对周围环境影响的主要方面也是不相同的。因此，在工程修建前必须对不利影响进行分析和识别，特别是对那些间接的、潜在性的、长期积累性影响进行预测，从而提出改善不利影响的措施，把不利因素转变为有利因素，为人类创造出更有利的生存环境。

兴修水利是改善人类生存环境的一个重要手段，许多人烟稠密、物产富饶的地方，是历史上长期兴修水利改造自然的结果。但水利工程是环境大系统的组成部分，要从长远利益出发，尽可能减少不利的影响。

一、对自然环境的影响

（一）局部气候

一般气候状况是受大气环流所控制的，但修建大、中型水库及灌溉系统等工程后，会对局部小气候产生一定影响，主要表现在以下方面：

（1）降雨量。水库蓄水后形成了很大的水面面积，在太阳辐射下，蒸发量增多，大量的水汽进入空中，空气湿度增大，降雨量略有增加。因水库的低温效应，使降雨分布发生变化，一般迎风面降雨量增加，背风面降雨量减少。

（2）气温。水库是一个具有很大热容量的水体。夏季里，库水温度低于周围陆地温度，冬季则高于周围陆地温度，使库区附近气候变得冬暖夏凉，日平均温差减少，对气温起到了调节作用。广东新丰江水库建成后，日平均温差减少 0.5 ~ 10 ℃，冬季最高气温增加 6.3 ℃，夏季最低气温降低 8.6 ℃，无霜期增加 15 ~ 40 d，空气相对湿度增加 3% ~ 5%。

（3）风。由于水库蓄水面大、表面光滑，一般会使风速加大，但在同一地点还会因风向不同、风区长度改变而使风速变化有所差异。

（4）雾。水库建成后蒸发量加大，相对湿度增高，有利于雾的生成，导致雾日增多，但如果风速增大，气温又达不到露点温度，即使水汽丰富也不易成雾。因此，具体的地点、时间是否成雾，还受气温、云量、风速等因素影响。

（二）水文

水库修建后改变了原河道的水文特性，拦截了洪水，调节了下泄流量，不仅发挥了防洪效益，而且在灌溉、发电、工业及城镇给水、航运、养鱼等方面也得到了综合利用。由于水库改变了下游原河道的水位和流量，对周围环境产生如下不良影响：

（1）水库拦蓄了非汛期的基流，往往造成下游河道水位下降甚至断流，导致地下水位下降，或下游天然湖泊、池塘断绝水源，入海口也会因河水流量减少而造成咸水倒灌、海岸线后退等。新中国成立以来，海河全流域各主要河流的上游陆续兴建了大中小型水库约 1 900 座，总库容 294 亿 m^3。大量引水的结果使下游平原严重缺水，著名的白洋淀日渐干涸。河西走廊石羊河也因上游大量引水而导致下游大面积耕地沙化。

(2)以发电为主的水库,多在电力系统中担任峰荷,下泄流量的日变化幅度大,致使下游河道水位变化较大,对航运、灌溉和养鱼等均有较大影响。

(3)河道附近多为工农业集中发展的地区,人口稠密,相应工业废水、生活污水的排放量较大,当水库下游河道流量大幅度降低甚至断流时,水质将急剧恶化,不仅影响下游人民生活用水和工农业用水,还会对该地区的环境质量造成巨大影响。

(三)泥沙

水库建成后将引起原河道的冲淤平衡条件发生变化,这在多泥沙河流上表现得尤为突出。其特点是库区上游淤积和下游冲刷。

(1)水库淤积。修建水库和电站等建筑物,河流断面扩大,流速变缓,水流挟带的泥沙因此而在库区沉淀、淤积。水库淤积不仅造成了水库库容的减小,还降低了防洪标准,缩短水库寿命,加剧库区周围土地的盐碱化,影响上游航道和枢纽建筑物的正常运行。黄河三门峡水库蓄水后,在4年时间里,库区内淤积泥沙44亿 m^3,库容损失43%,淤积末端向上游延伸了230 km,直接威胁西安市的安全,最终不得不采用低水头运行,改为泄水排沙,致使效益大减。泥沙淤积还使得库区上游航道变浅,河槽摆动,对航运产生不利影响,丹江口水库因此而发生有碍航行和翻船事件。

(2)对下游的影响。水库蓄水拦沙后,下泄清水产生对河道的冲刷现象,冲淤部位有所改变。冲淤条件的变化可引起河床的再造,直接影响两岸的堤防、建筑物、航运、供水、水情、河口的稳定,致使原河道的建筑物失去稳定,对灌溉、引水、航运、冰情等均会产生较大影响。大型水库调节径流变幅大,对水沙的影响甚至可达入海口,出现河口再造、海岸线后退、淹没村庄、地下水盐化等问题。

水库的兴建虽然保证了灌水的时间和数量,但水库下泄清水还使水中悬移质减少,大量的肥料被水库截留,使农田减少了泥沙,引起土壤肥力下降。埃及在著名的尼罗河上修建了阿斯旺高坝,使下游两岸农田得不到河泥,使得地力下降,每年需要1.3万t氮肥才能补偿,河口水沙条件也失去平衡,在地中海的海流与波浪的冲击下,每年海岸线侵蚀后退平均30 m左右,最长达3 km,一些旅游避暑胜地因此而消失,著名的沙丁鱼也因食物中断和沿岸排污,严重减产达97%。

(3)改善水库泥沙淤积的措施。在多泥沙河流上修建水库,给上、下游带来复杂的生态影响,可采取以下改善措施:加强流域中、上游的水土保持工作,从根本上控制水土流失;采取引洪淤灌、打坝淤地等工程措施,拦截入库泥沙;掌握水库及河道的冲淤规律,合理调度水库,既调水又调沙,发挥综合利用效益等。

(四)水质

在水库蓄水的最初几年里,水质受库床土壤、植被影响,有机质含量多且多腐烂氧化,致使水质恶化,几年后有所恢复并形成稳定的水库生态系统和水质状况,此后水库的管理和人类活动将是导致水质变化的主要原因。

(1)建库后对水质产生的有利影响。库内大体积水体流速低、滞留时间长,一方面使悬浮物沉降,浊度、色度降低;另一方面藻类繁殖活跃,其呼吸作用产生的二氧化碳使水中的钙、镁离子产生沉淀,降低了水体硬度。库内水长时间滞留也有利于有机质降解和细菌死亡,有利于水体的净化。

(2)建库后对水质产生的不利影响。库内水体流速小,降低了水、气界面交换的速率和污染物的迁移扩散能力,因此复氧能力弱、水体自净能力低;水体透明度大,利于藻类光合作用,若入库水流营养物质多,水深较小,则易形成富营养化,导致鱼类死亡,加剧建筑物侵蚀、闸门锈蚀,加快工程老化,甚至危害人类;悬移质长期沉积于库底,若含有毒物质或难降解的重金属,则形成次生污染源;排放的废水进入水库,将影响库内水质。

(3)改善水库水质的措施。加强水源保护,防止水体污染。对流域内污染源进行彻底清查并分批治理,严重者令其停产、搬迁;加强库区管理,禁止向库内排污、倾倒垃圾和在水中清洗车辆、船舶等;合理调度,改善水库水质,除利用深孔泄洪、提高底层水温外,每年应有一定时间使库水位降到最低,让库底处于氧化环境,加速沉积物氧化、分解;用空压机向深层水体输送空气,向水库深层增氧,改善水质,并加强水库水质的预测预报,为改善水质提供科学依据。

(五)地质

在修建水利工程过程中,大量的土石方开挖和施工爆破,对原岩体边坡稳定将产生不利影响。竣工蓄水后,在巨大的坝体荷载和库水压力作用下,坝基和两岸均会破坏原有自然山坡的稳定平衡,影响岩体的稳定和原有的地质构造,严重时导致滑坡、错动等,甚至会诱发地震。此外还会出现库区淹没、塌岸等问题。

(1)对地震的影响。大型水库蓄水后会诱发地震。目前世界公认的震例有45处,不少原来是无震区,水库蓄水后发生了破坏性地震。水库诱发地震多发生在新第三纪以来新构造运动曾活跃过且水深和蓄水量较大的区域,震中多紧靠水库或在距水库25 km的周边地区,震源深度极浅,一般为3~10 km,因此地震烈度较高、破坏性大。水库地震活动与蓄水过程有着明显的相关性,但震级不高,一般低于6.5级。

为防止水库诱发地震的发生,在地质条件较差以及地震活动区建坝时,应选用抗震性能好的坝型和材料,水库蓄水后应加强对地震的观测,若发现微震应严格控制水位升高速度,减小负荷,消除诱因。

(2)对库岸稳定的影响。水库蓄水后因水位变化和波浪作用,使原岸坡失去平衡发生滑塌破坏或诱发山体滑坡。三门峡水库蓄水两年共塌岸1.77亿 m^3,意大利瓦依昂坝上游2.5亿 m^3 的山体,在30 s内滑入水库,造成坝顶溢流,死亡3 000余人。因此,水库蓄水前应对岸坡进行削坡处理,对可能滑坡的山体,应事先进行清除或设置排水、加固等工程。

(3)水库渗漏。水库蓄水后,坝基承受水头可产生渗透。当库区边缘山脊很单薄、裂隙发育或有断裂带、溶洞等,不仅漏水量大,影响水库运用,还会影响周围地区的工程地质和水文地质条件。若是污水库、尾矿库,渗漏还将污染周围地区。故水库建成后应加强监测,对渗漏量大的地区和部位,及早采取防渗加固措施。

(六)生态环境

水利工程的修建,改变了天然河道的水文情势,直接影响原有生物的个体和种群。有些生物在新的环境下消失,有些生物适应了新的环境,经过自然选择和人类影响,重新形成新的生态平衡。

水库蓄水后,库区原有的树林及植被因淹没而消失,水生植物和陆生植物随之生长,植物种群发生变化。水库周围气候变得温暖湿润，有利于陆生植物生长，而下游水量减少在干旱半干旱地区会引起植物死亡，导致生态环境恶化。新安江水库建成后，马尾松、杉木林长势旺盛，引进的果树柑橘长势良好，喜获丰收。塔里木河流域是干旱区少有的原始胡杨林区，由于上游大量引水，造成中下游水量减少，地下水得不到经常性补给，水位大面积下降，300 万亩以上胡杨林及林系植被枯死，土壤开始沙化。

水利工程还会影响水生动物和野生动物的觅食和栖居地，引起生态系统的变化。野生动物受到的影响，就是生活环境的变化。有的野生动物适应这种环境，它们就到这里的水面安家落户，如野鸭、鸟、水鸡等。新安江水库蓄水后，使原栖息在皖南山区的相思鸟成群移居库区。对于陆生动物，水库淹没可能导致它们搬家，离开原栖息地。

水库建成后，喜欢在静水或缓流中生活的鱼类能迅速繁殖，为人工养殖创造了有利条件，而原在急流中长期生活的喜游性鱼类将大量减少甚至消失。河道中的闸坝阻碍了洄游性鱼类到上游产卵，使一些回归性的珍贵鱼种绝迹。通江河闸阻碍了鱼类进入湖内增肥和湖内鱼类进入江内越冬。葛洲坝修建后，白鲟、胭脂鱼等珍稀鱼类已显著减少。据调查，修建闸坝后，河道鱼产量减产幅度为 40% ~80%。

二、对社会环境的影响

水利工程的开发与兴建，改变了当地的自然地理环境，产生了巨大的经济效益和社会效益。水利工程与社会环境之间的关系主要表现在如下 5 个方面。

（一）人口增长和社会经济变化

人口增长和社会经济变化与工程规模及其经济效益紧密相关。工程建设促进了人口增长和该地区经济发展，但需注意处理好水库可供水量、电量与地区经济发展后用水、用电的矛盾，用水用电后排出废水、废气、废渣的矛盾以及工业布局与环境规划的矛盾。因此，应做好水利工程的合理布局、全面规划和控制人口增长的工作。

（二）人群健康

水库的兴建改善了局部地区气候，改善了生态环境，使沙漠变成了绿洲，消灭了飞蝗，但病媒动物、昆虫随水迁移和借水传染病原体的扩散，也可能对人群健康带来不利影响。水库蓄水后，周围的洼地变成了杂草丛生的沼泽地，气候也变得温和湿润，有利于疟蚊（也叫按蚊）的生长；水面的延伸为血吸虫病的传播提供了条件。美国田纳西河流域的一些水库，曾因疟蚊大量繁殖，引起疟疾流行；中国丹江口水库建坝后，疟疾发病率由蓄水前的 1.3% 上升到蓄水后的 7.0%；尼罗河阿斯旺坝蓄水后，随着灌溉渠道的延伸，所到之处血吸虫病发病率急剧上升。

（三）景观、文物与重要设施

水利工程的兴建改变了当地的自然环境，使原来荒凉的不毛之地变成了旅游度假胜地。新安江水库蓄水后，使原来的丘陵山区变成了美丽的千岛湖风景区，每年吸引着大批国内外游客，旅游收入十分可观。而有些工程淹没了珍贵的人文景观、文物古迹和自然风景，付出的代价巨大。巴西的伊泰普水电站淹没了著名的塞特克达斯瀑布；以石雕著称的埃及努比亚古建筑群，因兴建阿斯旺坝而拆迁；三峡工程使长江奉节到南津关 192 km 长的高峡险景不复存在，涪陵白鹤梁枯水题刻、宝石塞、张飞庙等 10 余处市级以上的重点保护文物不得不迁往他处。

(四)库区淹没和移民

兴建水利枢纽工程造成库区人口迁移,土地、文物古迹、矿藏的永久淹没,以及工矿企业、铁路、公路、供电、通信线路的迁建,造成资源设施的浪费,影响库区居民的生产、生活和当地经济的恢复与发展。一座大型水库,少则占地几千亩,移民上万人,多则占地几十万亩,移民数十万甚至上百万。水库淹没的土地,大部分是肥沃的耕地。中国许多地区人多地少,人口与土地比例严重失调,经过外迁安置的移民难以获得原有的土地的数量和质量,有的移民难以适应新的环境和生活方式,加上传统思想的影响,致使部分移民回流,在流域内放坡开荒、乱垦滥伐,造成植被破坏,加剧了水土流失,恶化了生态环境。中国新安江水库淹地 32 万亩,移民 29 万人。三峡工程淹没陆地面积 94.80 万亩,其中耕地 35.69 万亩,迁移人口 113.18 万人,淹没有影响的文物古迹 44 处,金、银、铜等十几种矿产得不到开发。

淹没损失必须逐一分类统计并按规定给予赔偿,这不仅影响工程规模的确定,还关系到移民的生产、生活和地区经济的发展,应认真对待。搬迁移民费是工程建设的重要开支,有的会影响主体工程方案的确定。

(五)工程施工

施工期对环境的影响多是直接的和暂时的,但因投入劳力多、施工场面大、施工机械复杂多样,对环境带来的影响也是不可忽视的。例如开挖爆破出现的噪声和粉尘,砂石骨料冲洗、混凝土拌和及养护均排出废水,pH 值可达 10 左右,属严重污染物,许多附属工厂排出的废水、废气、废渣及施工人员和家属的生活污水等,均会破坏当地的环境。如葛洲坝工程施工时,其工区噪声明显高于市区,个别地区达 92.4 dB。因此,在施工设计和施工过程中,应考虑排放物中的有害成分,估算排放量、规划排放方式和去向等,尽量避免或尽可能少地影响环境。

第三章　中国水利的发展

第一节　水利发展对社会的影响

一、水利发展与地区经济发展的关系

在中国几千年的历史中，农业一直是社会经济的主要部门，而水利则是农业的命脉。水利的发展对于中国古代社会经济的发展起着至关重要的作用。

中国早在母系氏族社会时期，黄河流域的部落就形成了以农业为主的综合经济。现在称当时的原始农业为刀耕火种。到了父系氏族社会阶段，农业生产注重按照季节和气候条件进行，进一步提高了它的可靠性和稳定性。此时长江中下游一带的氏族部落，已经普遍栽种水稻。

中国古代社会的经济发展以农业为主体，而农业除了受气候、土壤等地理环境的影响外，很大程度上取决于农作物的水量供应。随着农业的发展，原始的灌溉、防洪活动相继出现，并由此开始了中国水利发展的历史。

(一)黄河流域的开发与水利

中国奴隶社会早期的政治经济地区主要集中在黄河中下游一带，这里是由黄河冲积形成的黄土地带。黄土含有丰富的营养成分，具有很好的自然肥效，易于耕作，较为适合原始农业生产的发展。

近代黄河流域的年均降水量约为400 mm，属于半干旱、半湿润地区，整个年降水量的2/3又集中于6～9月，并且多以暴雨的形式出现。水旱灾害经常发生，对农业生产威胁很大。在长期的生产实践活动中，人们逐渐认识到同水旱灾害作斗争是发展农业生产的关键因素。传说中的大禹，花了近十几年的功夫疏导洪水，平息水患，接着划分土壤等级，制定贡赋，发展农业生产。可见，农业同水利是紧密地联系在一起的。

黄河流域虽然经常发生水旱灾害，给农业生产造成很大的威胁，但是黄河及其支流经过人工的改造利用以后，灌溉着亿万亩良田，孕育了中国古代光辉灿烂的文化，黄河流域成为中华民族世代生息的主要地区之一。黄河流域经历代劳动人民的开发，使这一地区发展成为世界上最著明的文明地区之一。

黄河流域一些重要经济地区的相继出现，是同水利事业的蓬勃发展密切相关的。关中平原自商周开始直到汉唐，一直是中国一个很重要的经济地区。司马迁盛赞关中“膏壤沃野千里”、“故关中之地，於天下三分之一，而人众不过什三；然量其富，什居其六”。由此可见，关中平原经过历代劳动人民的辛勤开发，一直到汉代，土地仍然保持着优良的地力。

关中地区之所以千百年来一直能保持它作为古代十分重要的农业经济地区的地位，

是和这一地区水利事业的不断发展有着直接联系的。在西周时代,关中地区的小型灌溉工程已经比较普遍,人们兴建陂塘,储蓄天然雨水和河流来水,以方便稻田灌溉。但当时的陂塘容积比较小,对于经常受干旱威胁的关中地区来说,灌溉仍然缺乏保证,所以多数情况下仍然依靠天时以及作物的自然生长,农作物产量比较低。

战国后期到秦汉时期,关中地区是秦汉都城所在地,人口逐渐增加,粮食需要量也越来越大。解决这里的用粮问题,一方面依靠外地艰难的漕运,更重要的是要大力发展当地农业生产,扩大作物种植面积和提高产量,这就需要大力发展水利事业。在这种情况下,陆续兴建起郑国渠、白渠以及六辅渠、成国渠等一系列大规模灌溉渠系,于是关中灌溉面积大大增加,特别是因为泾、渭二水含有大量的泥沙,引泾、渭二水灌溉农田不仅为农作物提供了所需水量,而且对盐碱地实行洗土放淤,进行有效的土壤改良,使盐碱地转变成为"沃壤"。

水利对于关中地区经济发展的另一个重要方面是漕运。关中地区虽号称天下财富"什居其六",但是为了满足当时军事用粮和关中地区人口增长的需要,关中地区的粮食常常不能满足京师所需。西汉时期,从外地漕运至关中的粮食,从最初每年的几十万石增长到后期的数百万石。政府为了保证漕运任务而花在修船筑仓方面的费用,每年都有相当惊人的数字,可见当时漕运的重要。

号称"八百里秦川"的关中地区,由于主要是黄土地带,一经得到灌溉,就会变成沃野千里的富庶之地。在生产力还比较低下的中国古代社会中,这是发展经济的极其有利的一面。但是另一方面,关中地区年降雨量少而集中,泾、渭等河流又含有大量泥沙,灌溉渠系极易淤塞,如果没有妥善的经营管理,很难得到稳定的灌溉效益。加上豪强兼并和社会动乱的破坏,关中地区的经济地位在秦汉以后很长的一段时间里,就不及江南等后来发展起来的经济地区那么重要了。

黄河流域由水利事业的大发展而兴起的另一个重要经济区是河套平原。河套平原处于中国的干旱地区,雨量少,蒸发量大,如果没有稳定的灌溉条件,农作物是难于生长的。但是,这里土质条件较好,日照充足,加上流经这里的黄河沙少水清,决溢泛滥不多,对发展灌溉非常有利,因此早在先秦时期,中国劳动人民就在这里劳动生息并开发土地。但在汉初,这里的开发程度还较低。为了适应在北方作战的需要,于是汉代便加强了对河套地区的开发。

秦汉以后,这里的水利工程不断得到发展,比较著名的如北魏时期开凿的艾山渠,灌田可达几万顷。此后各代劳动人民不断努力,使河套地区变得越来越富庶。由于河套地区很少受到黄河水灾的干扰,加上这里不断开发,富饶与日俱增,遂成为黄河流域得天独厚的地方,故有"黄河百害,唯富一套"的说法。

(二)海河流域的开发和水利

海河流域是中国开发最早的地区之一。该流域地处华北平原北半部,属半湿润地区,适宜于农业生产,是中国古代重要的农业经济地区之一,并且在战略上也占有重要的地位。辽、金、元、明、清各朝代都曾定都北京,从13世纪中叶起,这里一直是中国政治、经济、文化的中心。

海河流域虽然适合农作物生长,但由于雨量集中,并且多以暴雨的形式出现,旱涝灾害经常发生。为了发展农业生产，既要得到稳定的灌溉，又要进行防洪排涝，可见，海河流域农业经济的发展是离不开水利事业的发展的。

早在战国时期，这里就出现了大型的引水灌溉工程——漳水十二渠。漳水十二渠可以灌溉当时魏国的重要都会邺附近的大片土地，并可引漳水的泥沙淤灌，改造这里的盐碱地，使这里的土地“成为膏腴，则亩收一钟”。海河流域井灌工程发展甚早，新中国成立后在北京附近曾挖掘出一处有60多眼水井的先秦到西汉间的水井群，这个井群的井壁都用陶圈砌成，可见当时井灌的发达。

三国时期，海河流域北部曾开展较大规模的水利建设，比较著名的有戾陵堰、车箱渠等。这些工程可引永定河水灌溉1万多顷的土地，促进了这个地区农业的发展。

海河流域的灌溉工程，在以后各个朝代也都有所建树。该流域虽然是中国古代重要的农业经济地区之一，但是它同淮河流域、长江流域等一些经济地区相比，发展是较为缓慢的，特别是北京成为金、元、明、清各朝代的王都以后，这个地区远远不能满足京师用粮的需要。自明代中叶以后，虽曾出现过一些开发北方、改变南粮北运局面的主张，但都没有认真实行过。

（三）淮河流域的开发和水利

淮河流域有着发展成为中国重要经济地区的十分优越的天然条件。这里气候适宜，雨水充沛，天然河道较多，平原沃壤千里。早在原始社会时期，人们就在这一带活动。这里是古代南北政治、经济交往的要冲之地，历来为兵家所必争，成为有名的古代战场。每当封建国家分裂时，这个地区常常在战乱中遭受很大破坏。但是由于这个地区有着极为优越的自然条件，所以历代的统治阶级只要有可能，都不惜投入巨大的人力、物力进行开发，力图发挥这个地区作为重要经济地区的作用。

淮河流域地区经济上的重要性早在战国时期已经显示出来。春秋战国时期动工兴建的中国早期著名蓄水灌溉工程——芍陂的建成，以及众多湖泊的开发利用，使安徽寿县一带万顷良田得到灌溉之利，成为当时楚国的重要产粮区。寿春（今寿县）一度成为楚国的都城，这与当地水利事业的兴旺和农业经济的发达有很大关系。三国时期，曹魏之所以在战乱中仍然很快地把淮河流域开辟为重要经济地区，与原来这个地区已建立起来的水利条件和农业基础有很大的关系。

隋唐以后到宋，由于灌溉事业的进一步发展，良田沃野不断开垦，江淮地区成为最主要的经济地区之一。江淮地区的农作物主要是水稻，因而对水利事业的依赖程度更大。唐宋以后，由于封建统治阶级对经济发展的注意力逐渐转移到江淮以及江南一带，这些地区水利事业因此得到蓬勃发展，并成为封建王朝的重要经济地区。当时，产米量最高的是江浙，其次是江淮，而淮南地区每年“上供”粮食的数量，也是仅次于江浙而成为全国最重要的赋税收入地区之一。

淮河流域由于处在南北要冲位置，受封建统治阶级战乱的破坏非常严重。金元以后，黄河南侵，淮河流域泛滥日益严重，致使淮北地区灾害频繁，严重影响了这一地区的经济发展。所以，淮河流域虽然与江南地区具有同样优越的自然条件，并曾在唐宋期间一度与江南地区齐头并进地发展，但终于不及长江下游的江浙地区。

（四）长江流域的开发与水利

长江流域是中华民族的发祥地之一，由于这里具有优越的自然条件，一经开发就能迅速发展，因此成为中国极为重要的经济地区。

与关中一度并称“天府”的成都平原，那里土壤条件不亚于关中地区，而雨水又比关中地区丰沛，气候温暖湿润，加上岷江等河流贯穿其间，有比关中地区远为优越的灌溉条件。然而，在秦以前，岷江经常泛滥，水灾连年发生，当地劳动人民迫切要求兴建水利工程兴利除害，改变成都平原的现状。于是都江堰工程应运而生。都江堰工程建成后，成都平原万顷土地受其滋润，使得成都平原“水旱从人，不知饥馑，时无荒年，天下谓之天府也”。从此以后，成都平原历时 2 000 多年，一直受益于都江堰，直到今天仍然保持着重要农业经济区的地位。成都平原自都江堰建成后迅速成为中国古代社会的重要经济区域，有力地证明了水利事业对地区经济发展的巨大推动作用。

汉水流域与淮河流域的南阳、襄阳、汝南一带，是两汉时期兴起的一个农业经济区，促使这一地区经济发展的重要原因之一就是水利的大发展。在两汉期间，这里兴修了一系列的水利工程。西汉后期南阳地区曾“开通沟渎，起水门提阏凡数十处，以广溉灌，岁岁增加，多至三万顷，民得其利，蓄积有余”。这里著名的水利工程如钳卢陂、六门堰等，灌溉面积有数千顷之多。又如东汉初期汝南地区修复的鸿却陂，灌田数千顷。水利的大兴，促进水力机械也有发展，如东汉期间南阳地区就“造作水排，铸为农器，用力少，见功多，百姓便之”。水利事业发展了，农业收成就有了保证。

由于这一地区水利事业成效十分显著，有人认为可与成都平原的都江堰和河北的漳水十二渠媲美。

在中国历史上，江南地区与黄河流域相比较，发展得较晚。汉代司马迁在描述当时关中地区“膏壤沃野千里”，占天下财富 6/10 的时候，江南却被说成“地广人稀”的落后地区。可是到了隋唐之后，江南经济却突飞猛进而成为全国最发达、最富饶的地区了。

江南之所以能够迅速发展成为最重要的经济地区，其历史原因是比较复杂的。晋代短暂的统一以后，很快又陷入战乱，中原乃至于几乎整个黄河流域的经济受到毁灭性的破坏。两晋南北朝以后，北方战乱较多，破坏极大，而南方则相对稳定。经过对太湖和钱塘江下游的开发，江南逐渐得到发展。这个时期，北方人口大量南移，南方人口剧增，迫切要求南方广大地区进一步开发，南方以其特有的自然条件，一经与北方先进的生产技术相结合，便以很快的速度向前发展。富有生产经验的黄河流域劳动人民转移到南方以后，和南方人民融汇在一起，共同奋斗，迅速把江南地区建设成历史上从未出现过的繁荣富饶的重要经济区域。

早在三国政权分立时期，长江中下游经过初步开发，已经显示出那里能支持一个强大的独立政权数十年之久的经济潜力。当时东吴在兴修水利与屯田方面虽不及曹魏的规模和成效，但在东吴所属的现在南京太湖一带曾经创造了较为繁荣的景象。东吴利用长江下游河道如网、湖泊成群的有利条件，在以往兴修水利工程的基础上，发展了一些中小型水利工程，促进了农业的发展。

江南地区经济的迅速发展，同水利事业的兴旺发达是分不开的。这个地区的水利不但包括灌溉、排涝、治河、航运等各个方面，而且结合南方的自然特点，大力发展了海塘工程，特别是遍布南方各主要湖区的圩田，使水利事业的领域大为扩展。其所收效益非常巨大。王祯《农书》上说："凡一熟之余，不惟本境足食，又可赡及邻郡，实近古之上法，将来之永利。富国富民，无越于此。"

经过短短的一两个世纪，江南一些地区变成了"地广野丰，民勤本业，一岁或稔，则数郡忘饥"的富足地区。事实上，在唐宋两个朝代，最高统治集团的军政开支、奢侈用度，绝大部分从江淮以南搜刮。宋明两代，以江浙为最富，江浙一带又以太湖地区甲于天下，"苏湖熟，天下足"这句话，充分反映了该地区的经济地位。

晋代以后南方水利之所以能如此迅猛发展，还有一个极为重要的原因是南方农业以水稻为主，而水稻田必须有充分的水源，需要靠人工灌水。鉴于水田比之于陆田的好处，所以南宋司农卿兼户部侍郎李镛说："大抵南渡后水田之利富于中原，故水利大兴。"这也反映了水利与农业相辅相成的关系。南方农业经济的发展要求水利事业要有相应的发展，而水利事业的发展又大大推动了南方农业经济的发展。

地处长江中游的湖北江汉平原和湖南洞庭湖区也是中国重要的农业经济地区。这里湖泊众多，气候温暖湿润，雨水充足。沿江两岸和沿湖四周的土地非常肥美。南宋以后到明清两代，这里的农业经济发展特别迅速，有"湖广熟，天下足"之称，是封建王朝十分重要的赋税收入地区。明成化八年（公元1472年）以后，全国运粮京师规定为400万石，其中南粮就占约3/4，南粮的大部分都由长江中下游地区的劳动人民所承担，其中两湖（指湖南、湖北）占很大的比重。由此可以看到，当时的两湖地区经济已相当发达，成为全国粮税收入的重要地区。两湖地区农业经济发展同样也离不开水利的发展，这里的大小水利工程数目，在明清两代比起以往各朝代增长更快，沟渠陂泽、垸田湖田等大量出现。

（五）珠江流域的开发和水利

珠江流域是明清以后发展起来的中国南方重要的农业经济区，以珠江三角洲一带农业更为繁荣昌盛。这里雨水虽十分丰富，但旱灾也时有发生。特别是经常受到台风、海潮的侵袭，所以兴建各种水利工程，有效地防止自然灾害，是这个地区农业发展的重要保证。

珠江流域下游和三角洲一带劳动人民在同大自然作斗争中创造的基围、堤围，同长江流域的圩垸一样是防御洪水、保护农业生产的重要而有效的手段。这些堤围不单建筑在河流两岸，而且支干相连，形成大大小小的圈子把土地围在里面，基围里面的土地耕种稻谷，基围上则种植桑麻果木。这些堤围所围的土地，大者二三十万亩，小者数百亩甚至数十亩。珠江出海口附近的围田，是这个地区的劳动人民与水争地、扩大耕种面积的重要方法。

除上述各地区外，其他的重要农业经济地区的发展也是和水利事业分不开的。例如东北地区的辽东人民在三国时期就曾在今沈阳以东兴修水利，发展当地的农业，"穿山溉灌，民赖其利"就是一例。

二、中国水利发展与社会发展的关系

水利事业在其发展过程中，固然有它自己内在的规律性，但它同社会发展的许多方面都有着密切的关系。

(一)水利发展与生产工具的革新

水利的发展,首先同生产工具的发展密切相关。中国自原始氏族社会开始,经历了一两千年漫长的石器、蚌器、木器的时代。与石器、蚌器、木器的生产工具相适应,水利事业也经历了漫长的原始阶段。在这个阶段中,人们只是在比较易于施工的黄土平原上开挖小型的沟洫和陂塘从事农业灌溉,在较小的范围之内修筑一些原始堤坝,以抵御洪水、保护住处和庄稼。随着人类活动范围的扩大,农作物种植面积的不断增加,原始水利事业就其规模和数量来说也不断在缓慢地发展着,但是,人们还不能摆脱主要是靠天吃饭的状态。

石器时代以后出现的青铜器时代,标志着社会又向前发展了一步,它为铁器的出现奠定了基础,并推进了原始水利工程的发展,使原始的分散的小陂、小水沟发展成初步的灌溉系统。但是,青铜工具还不能为大型水利工程提供最基本的条件,在青铜器时代还看不到大型水利工程。

自出现铁制工具以后,到了春秋战国时期铁制工具逐渐代替旧的工具,而宣告石器时代和青铜器时代的结束。畜耕的普遍使用,加上深耕细作、播种、施肥、田间管理等一系列农业技术的革新,运输车具的广泛使用,使春秋战国时期整个社会生产力提高到一个新的高度。生产力的大发展推动了社会的大变革,剩余劳动更多地出现,使从事较大规模的工程建设成为可能,而大量的铁制工具则为大规模的艰巨的施工提供了最重要的手段,大型水利工程开始出现。这时,中国的水利事业发展到一个划时代的新阶段,这个新阶段是以众多的著名大型水利工程项目的出现和水利事业领域的扩展为特点和标志的。在楚国,修建了中国最早的大型灌溉工程——期思雩娄灌区以及芍陂灌溉工程,这是摆脱靠天祈雨而求得更有效地在较大范围内实行稳定灌溉的重要开端。

由于铁制工具的广泛使用,黄河下游地区的进一步开发,耕地面积进一步扩大,黄河沿岸的村庄市镇大量兴建,对黄河的防洪也提出了新的要求。在这时便产生了较大规模的堤防工程。

生产力的发展也为航运事业的发展提供了新的条件。以著名的邗沟和鸿沟为代表的较大运河的出现,为中国水利发展开辟了一个与灌溉及防洪同样重要而且有时规模更大、更为艰巨的领域,对社会的文明进步产生了深远的影响。邗沟和鸿沟的建成,首次沟通了长江与黄河、淮河两大流域的航运,开辟了南北水路交通运输的道路,对当时以及后代的社会进步都有着重大的意义。

在春秋战国时期分裂割据的局面下,就一个诸侯国的水利建设成就来说,首屈一指的要算是秦国了。在不长的统治时间里,秦国接连兴建了中国古代最著名的都江堰、郑国渠两项大型灌溉工程。秦统一以后,很快又开凿了沟通长江与珠江两大水系的人工运河——灵渠。这三项工程不但以其巨大的政治、经济意义,而且以其巧妙的设计和高超的施工技术而闻名古今。秦国水利事业这样迅猛发展,除了商鞅变法等政治革新比各国更为彻底等外,秦国的生产力较为发达也是重要的原因。当时秦国拥有数量不少的可供开采的铁山,木材也很丰富。战国后期东方诸侯国已很羡慕"秦以牛田,水通粮"。秦国的农业劳动生产效率处于领先的地位,它的水利成就比其他各国更为显著也决不是偶然的。

社会生产力的发展,一方面为水利事业的发展创造了先决条件,另一方面又对水利发展提出了新的要求,促进水利事业向新的高度继续发展。如三国以后南方地区不断开发,使社会财富不断增加,整个社会生产力就大大地提高了。南北经济交流对南北交通提出了新的要求,促使航运事业向前发展,手工业各部门的普遍发展要求社会能提供更多的动力,手工业便从主要是依靠人力发展到更多地依靠畜力,进而运用水力,这就开拓了水利事业的新领域,使水利事业在社会生产力中占有更为重要的位置。

水利事业一方面受社会生产力各个部门的发展所推动,另一方面却又受到社会生产力各部门发展速度所制约,不能超越社会生产力所允许的速度和规模单独向前发展。汉代的水利事业,在春秋战国的基础上继续迅速向前发展。为了解决关中粮食补给,汉代曾经试图开辟一条沟通秦岭南北水系运道的褒斜道,并组织过开凿黄河三门砥柱之险的工程,由于当时生产力还无法控制黄河和褒河湍急的流速,工程进而夭折。宋代圩田的大发展,极大地推进了农业经济的发展,提高了社会生产力。但圩田的滥加发展,又造成了湖泊面积逐渐减小和水旱失调的严重问题,以致宋代统治者不得不明令禁止盲目围垦的现象。这一方面说明生产力各部门之间必须按照自己内部的辩证规律向前发展;另一方面又说明由于历史的局限,封建社会既不可能认识社会生产力发展的规律,更不可能运用这种规律,只能任其自发地走到极端,然后再来进行调节。

(二)水利发展与社会政治经济的变革

在以农为主的中国几千年封建社会中,水利的兴衰同社会制度、生产关系的变革有着直接的关系。一方面水利作为社会生产力的一部分直接作用于社会,引起社会的变革;另一方面社会的变革又反过来影响水利事业的发展。

在奴隶社会转变到封建社会的社会大变革中,水利事业勃然兴起,出现了中国水利发展史上大型水利工程建设的第一个高潮。战国期间,秦国兴建的大型水利工程,对秦国完成中国第一次大统一事业起了重要的作用。司马迁对郑国渠给予了极高的评价:"渠就,用注填阏之水,溉泽卤之地四万余顷,收皆亩一钟。于是关中为沃野,无凶年,秦以富强,卒并诸侯。"司马迁把秦完成统一事业归功于一两项水利工程,未免不甚恰当,但是他对当时历史条件下这些大型水利工程对社会进步的影响所作的高度评价,是值得我们重视的。

应该特别指出的是,人民群众是创造历史的根本动力。毛泽东同志说:"在中国封建社会里,只有这种农民的阶级斗争、农民的起义和农民的战争,才是历史发展的真正动力。因为每一次较大的农民起义和农民战争的结果,都打击了当时的封建统治,因而也就多少推动了社会生产力的发展。"

秦末陈胜、吴广领导的农民大起义推翻了腐朽的秦二世的统治,狠狠打击了当时的封建统治阶级,使西汉初期的统治者不得不执行多少有利于社会生产力向前发展的方针政策,削减赋税,发展生产。汉武帝发布了兴修水利的谕令,当时水利大兴,不但出现了"灌田各万余顷"的大型水利工程,而且小型水利工程遍及各地,出现了"用事者争言水利"的局面。秦汉统一的黄河防洪大堤的出现,标志着中国的治河防洪进入了一个新的阶段。

隋末农民大起义,沉重地打击了封建统治阶级,使唐代的封建统治者不得不对某些束缚生产力发展的封建生产关系作出一些调整,多少促进了生产力的发展。因此,水利事业又一次得到较大的发展。其中运河的管理和维修、通航都达到了一个新的水平。

历代统治者虽然是兴修水利工程的发动者和组织者,但其反动、腐朽的一面却对水利事业的发展起着阻碍的作用。中国北方早期几项著名的大型水利工程如郑国渠、白渠以及运河的荒废,都是由于封建统治阶级无力驾驭社会的结果。在各个封建朝代的末期,水利工程很多被破坏和荒弃,在分裂割据的战争中“以水代兵”,更是统治阶级为了适应军事需要而采用的手段,它不但直接破坏水利事业,而且给广大人民带来极大的灾难。黄河自汉代以后灾害较多,中唐以后又频频决溢,至南宋时期黄河更加紊乱,一直延续到新中国成立以前,成为华北平原劳动人民的严重威胁。其主要原因之一就是由于封建统治阶级骄奢淫逸以及他们之间的争权斗争引起的连年战争,对社会生产力造成极大的破坏。河堤失修,决溢后又久不修治,加上中上游林木植被遭受极大破坏,水土流失日见严重,下游河床逐年淤高等,都成了黄河灾害的综合病因。

水利事业不仅直接影响社会的政治生活,也影响着人们的思想。战国时期西门豹主持漳水十二渠灌溉工程的兴建,不但使邺地生产面貌为之改观,而且大破河神之类的封建迷信思想。西汉元光三年(公元前132年),黄河瓠子决口,当时的最高统治集团中,曾有人宣扬“江河之决皆天事,未易以人力强塞,强塞之未必应天”。这种思想使洪水灾害持续20多年,严重危害农业生产,人民流离失所,“关东饿死者以千数”。直到元封二年(公元前109年),汉武帝亲临堵口现场,通过广大劳动人民英勇奋战,最终堵住了决口,这就是治黄史上著名的瓠子堵口。

随着水利事业的发展,大型水利工程的不断出现以及水利工程的普遍兴建,水利经营管理的问题逐渐突出,矛盾比较多,有时候甚至成为尖锐的社会问题和政治问题。唐代由于水力机械的普遍发展,水力得到广泛的利用。但是豪强贵族、寺僧到处兴建私人水碾,抢占水源,这在京城附近的郑白渠上表现非常突出,当时“郑白支渠轻碾碾,拥隔水利,人不得灌溉”。

蓄水和排涝的矛盾,历史上也数见不鲜,汉晋时代汝南和沿淮地区湖泊洼地的兴废就是一个例子。宋元时代太湖地区的围垦和蓄水灌溉,以及清代洞庭湖的圩垸兴修和“废田还湖”的争论,又是另外一种矛盾。又如人工运河,一般都有航运、灌溉两种效益,两者往往又有矛盾,互相影响。

在封建社会后期,一方面因为统治者依赖漕运搜刮南方民脂民膏;另一方面,运河两岸农田需要灌溉。统治者往往为了保漕,禁止灌田引水,这在明清两代几乎是经常出现的。明清的封建统治者为了确保漕运,甚至还牺牲防洪治河,为通运而治理黄河是他们公开宣布的方针。

以上事例说明,水利经营管理不单是个技术问题,而且是个政治问题、社会问题,它对于水利事业的发展影响很大,必须认真总结这方面的经验教训。

第二节　治河事业的发展

中国是水利大国,与华夏文明一样,治水的历史源远流长,治水的成就灿烂辉煌。从举世闻名的都江堰,到气势磅礴的三峡工程;从大禹治水的“定九州”,到1998年大洪水百万军民的“三个确保”(确保长江干堤安全,确保重要城市安全,确保人民生命安全),中华民族在与水的抗争中得到凝聚和发展。

一、大禹治水的传说

古文献中记载在4 000多年前的尧舜时代,黄河流域连续发生大洪水,最后为禹所征服。中国神话中的洪水有女娲氏"炼五色石以补苍天,断鳌足以立四极,杀黑龙以济冀州,积芦灰以止淫水"、"淫水涸,冀州平"等。更普遍的是尧舜时的洪水传说,时期可以较确切地定为新石器时代后期,部落联盟时代末期。"汤汤洪水方割,荡荡怀山襄陵,浩浩滔天",是一次包围了大山、淹没了丘陵的大洪水。大水经年不退,灾民扶老携幼,到处漂流,整个民族陷入空前深重的灾难之中。

据说先负责治水的是有治水传统的夏族首领鲧。鲧修筑堤坝围堵洪水,但堤坝频繁为大水冲垮。鲧在9年中耗费了无数的人力、物力,仍没能制止水患。舜巡视各地,发现鲧治水无方,将其处死,派鲧的儿子禹继续治理洪水。禹联合了共工氏和伯益、后稷等许多部落,继续向洪水展开大规模的斗争。禹吸取了其父亲治水失败的教训,改变单纯筑堤堵水的办法,采用疏导的策略,由助手伯益焚烧山泽,驱逐禽兽,再疏导河流排入长江大河,分泄入海。他结婚后4天就开始工作,在外工作13年,8年中"三过其门而不入"。

禹善于总结水流运动规律,利用水往低处流的自然特点,因势利导地治理洪水。为了掌握下游地区的地形情况,大禹"左准绳,右规矩","行山表木,定高山大川",带着测量工具,到全国各地勘察地形,测量水势。在此基础上,他带领百姓,"疏川导滞",根据地形地势疏通河道,排除积水,洪水和积涝得以回归河槽,流入大海。大禹勤苦耐劳,富于牺牲精神。治水工作艰苦而繁忙,他婚后的第4天,就离家去参加治水。作为一个部落首领,他"身执耒锸,以为民先",亲自指挥和带领大家劳动。他经常光着双脚下水干活,风吹日晒,栉风沐雨,腿上的毛都磨光了,脸孔也变黑了。他就这样"劳身焦思",一心扑在治水事业上。

经过10余年的艰苦努力,终于制服了洪水。"水由地中行,然后人得平土而居之"。于是,人们纷纷从高地下来,回到平原上。接着,禹又带领人们开凿沟渠,引水灌溉,发展农业,化水害为水利,在黄河两岸的平原上开出了许多良田和桑土,使这些地方成为人们安居乐业的地方。《诗经》歌颂禹的功绩说:"奕奕梁山,维禹甸之",说他平治了水灾,把梁山之野开辟为良田。

虞舜去世以后,大禹由于治水有功,得到人们的拥护,就接替舜当了部落联盟的领袖。在治水过程中,大禹自然地拥有了至高无上的权力和威望,形成了对部落联盟的强有力的领导。他"铸九鼎,定九州",按照行政区划加强对各氏族部落的管理,并且使"人物高下,各得其所",划分出统治阶级和被统治阶级。原始的民主制度逐步被打破,后来,大禹传位给他的儿子启,建立了中国第一个奴隶制国家——夏朝。大禹治水成为中国古代国家治水历史的开端,因此在中国历史上,治国与治水始终密不可分。

大禹治水的传说体现了中华民族无所畏惧、人定胜天的民族精神。世界许多民族都有古代发生过大洪水的神话或传说,如西方诺亚方舟的神话。这些神话有不少是说在远古时代有一次不可抗御的滔天洪水,几乎灭绝了民族,最后仰仗神的旨意,才得以避险,使极少数人生存繁衍下来。而只有在中华民族的神话里,才有洪水被大禹治得"地平天成"。这是民族精神的伟大象征,永远激励着中国人民与水旱灾害进行坚持不懈的斗争。

二、秦汉治黄思想

(一)秦汉时期的堤防及黄河决溢概略

战国时期黄河两岸已修建有连贯的堤防,不过堤防各分属有关国家,由于各自利害的不同,堤防的修筑不尽合理,甚至修建不合理的堤防,造成人为的险工,给邻国制造困难。春秋战国时期水灾记载中最重要的一次是公元前602年黄河的大改道(见图3-1),但目前历史资料较缺乏。

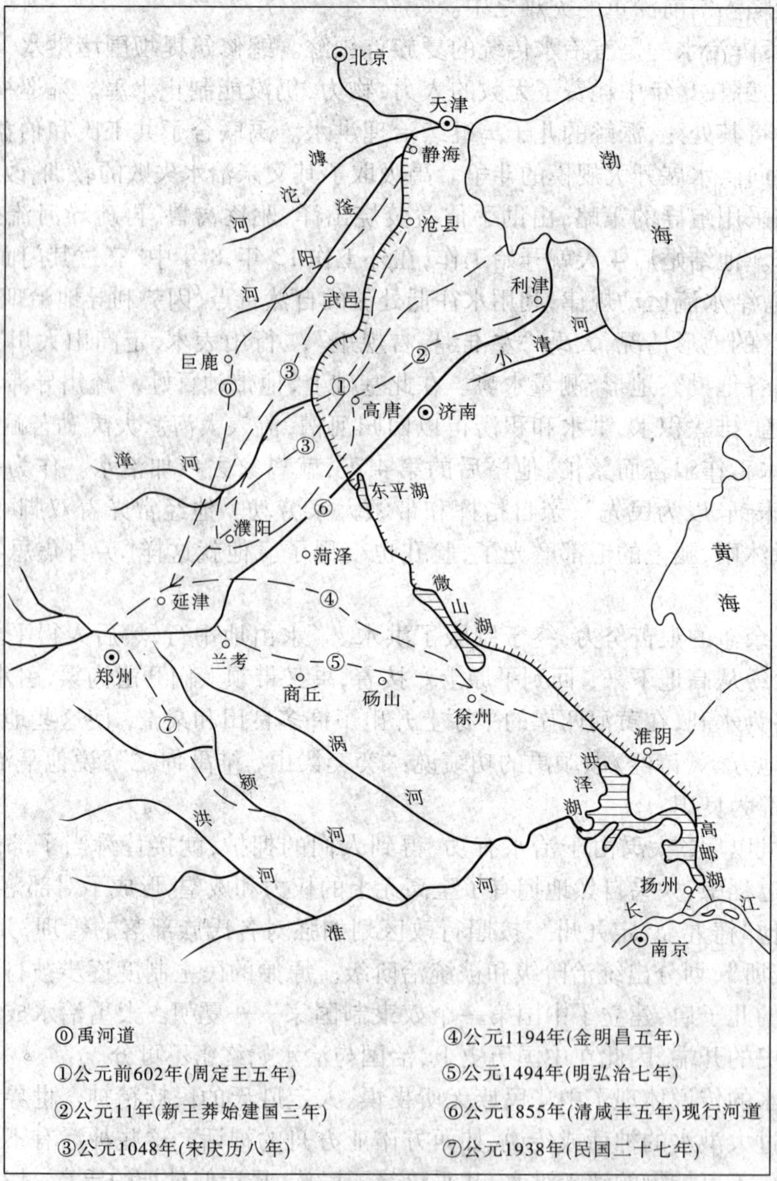

图3-1 历代黄河迁徙示意图

秦统一六国，建立了中国历史上第一个统一的封建帝国。政治的统一，不仅为统一文字、统一度量衡、修筑驰道、长城等事业创造了必要的条件，也为水利事业的进一步发展开辟了新的前景。黄河大堤因而有可能实施系统地、合理地整治。据记载，秦始皇在他执政的第三十二年（公元前215年）刻石记颂统一的功德时，曾特别指出："初一泰平，堕坏城郭，决通川防，夷去险阻。"其中"决通川防，夷去险阻"，大约是改建不合理的堤防，从而使旧有的险工段化险为夷，这可能包括统一整治黄河大堤，所以秦始皇特别重视，要在刻石记功时专门提上一笔。

黄河从周定王五年（公元前602年）改道到新王莽始建国三年（公元11年）第二次大改道，其间经过600多年。在这600多年间，前半期黄河比较安定，到了西汉开始有明确的决溢记载。

西汉初年，黄河比较安定，唯一的一次泛滥记载是在汉文帝十二年（公元前168年），"河决酸枣，东溃金堤"。决口后曾派许多民工前往堵口，从而揭开西汉治黄的序幕。到了汉武帝时期，河决便频繁出现。武帝建元三年（公元前138年），河水在平原郡（今山东北部一带）泛滥。到汉武帝元光三年（公元前132年）春，"河水徙从顿丘东南，流入渤海"，同年5月，又在其上游的瓠子决口，"东南注巨野，通于淮泗"，洪水遍及16郡。当时曾派10万民工去堵口，堵而复决，没有成功。此后，从公元前132年到公元前119年，正是反击匈奴入侵战争的紧张阶段，西汉王朝无暇旁顾，造成连续23年的泛滥横流，泛区灾情极为严重，人民流离失所，引起劳动人民的不满和反抗。

为了稳定封建统治，元封二年（公元前109年）汉武帝下决心堵塞决口，命令汲仁、郭昌主持，动用几万民工参加。汉武帝为表示虔诚，亲自到决口处沉白马、玉璧祭祀河神，并命令随从官员自将军以下都背着柴草参加施工。由于黄河23年的泛滥横流，给堵口增加了更多的困难，当地防汛堵口材料极为缺乏。为了堵口的需要，当时竟连战国时代卫国的苑囿里的竹子都砍下来使用。通过群众的英勇奋战，决口终于被成功地堵塞了，并在其上修建宣防宫，这就是著名的瓠子堵口。

瓠子决口堵塞没多久，黄河又在馆陶决口。在西汉的200多年间，见于记载的决口泛滥共有10余次。汉代黄河下游频繁决溢，以往的治河经验和治河技术已不能保证黄河的安流，新的形势对黄河防洪提出了新的要求。

（二）秦汉治黄思想

汉武帝时的齐人延年最早提出新的设想，他在瓠子决口堵塞之后，提出了河出胡中之策，他说："河出昆仑，经中国，注渤海。是其地势西北高而东南下也。可案图书，观地形，令水工准高下，开大河上领，出之胡中，东注之海。如此，关东长无水灾，北边不忧匈奴。"他认为将黄河从后套取直导向东流，引黄河至天津一带入海，既可以免除黄河下游洪水灾害，又有利于抗击匈奴。这个设想是十分大胆的，不过在技术上却是不合理的。因为黄河下游洪水，除来自上游外，主要来自山陕间的泾、渭、北洛、汾，以及河南的伊、洛、沁等中游的支流。因此，即使可导引黄河自塞北东出，也不能免除下游洪水的危害。

1. *五种治黄思想*

在西汉后期，随着黄河灾害的加剧，关于治黄思想的讨论也愈加热烈，其中比较有价值的有以下五种：

(1)分疏说。这种意见认为以往数十年间之所以河患不严重，是因为屯氏河分流的缘故。现在屯氏河淤塞，鸣犊口决口后，流势又不畅快，只靠一个主河道承担以往两条河道的泄洪任务，尽管一再加高堤防，洪水终难顺利宣泄，提出“屯氏河流行七十余年(“河”字后原有“不”字，今从《中国水利史稿》)，新绝未久，其处易浚。又其口所居高，于以分流杀水力，道里便宜，可复浚以助大河泄暴水，备非常”。这种观点着眼于改善黄河下游河道泄流能力，有助于提高河道的防洪标准。但当时封建统治者却以经费不足为理由，未予采纳。

(2)滞洪说。这种观点建议将曹卫之城南北约长百八十里的地方空出来作为滞洪区。滞洪区的设置，对削减洪峰、减轻下游河道的负担，无疑是有好处的。但曹卫地区在战国时期已相当发达，放弃这个重要的经济地区是不现实的。另外，黄河输沙量特大，即使设滞洪区，也只能在特大洪水年份应急，满足不了经常防汛的需要。

(3)水力冲沙说。这种观点指出黄河多沙的特点，继而提出了水流与河床冲淤的关系，即“行疾，则自刮除，成空而稍深”、“河流迟，贮淤而稍浅”，而如果在黄河中游发展灌溉，则会减少下游水量，降低流速，从而使河道淤积，减少泄洪能力。在这种情况下，如果只是单纯依靠加高堤防来防洪，堤防必然越修越高。因而这种主张禁止中游灌溉，认为这样一来，水量集中下泄，下游河道逐渐被淘深，从而消除泛滥的危害。这种主张提出的水流速度和它的挟沙能力之间，也就是水流与河床冲淤之间的关系的概念是很有创见的。明代潘季驯的“束水攻沙”法，就是这个概念的重大发展。不过，这种主张也有不足之处：首先，当时灌溉引水数量并不很多，不足以对下游防洪产生决定性的影响；其次，黄河淤积主要产生在洪峰后部，其他时间淤积较少，禁止灌溉达不到减少河床淤积的目的。

(4)改道说。这种观点认为当时的黄河河道不利行水，造成泛滥，根治的办法是将黄河向东改道，从故笃马河入海，这样河流比降大，河流畅通，其规划的行水路线和日后王景固定的河床大致相仿。

(5)筑堤说。西汉时黄河下游河道紊乱，不仅堤距日益缩狭，宽窄不一，而且河道多弯，下游水势不畅，这也是导致建始四年(公元前29年)大泛滥的原因之一。筑堤防洪的意见，是提高和改善河道防洪能力的措施。对于黄河来说，显然是一种治标的办法，但在人们对黄河水文泥沙规律还没有深刻的认识之前，筑堤仍是比较有效的治理手段，并成为中国古代治理黄河的主要措施。

以上五种治河方略，分别从黄河洪水特性、泥沙特性以及下游河道状况出发，提出各自的治理意见，它们各有可取之处，也各有其片面性。除以上五种方略外，对后世影响最大的还有贾让三策。

2. 贾让三策

贾让三策在治河史上颇负盛名，它是在汉哀帝初年由贾让提出的。当时河道负责官员鉴于黄河频繁决溢，曾上书说：现在大禹的九河已经淤塞不见了。古代经典上所说的治水，只有分泄疏导的办法，而无修筑堤防的记载，因此要想治好黄河，“宜博求能浚川疏河者”。贾让上书应征，提出了有名的上、中、下三策，这是一篇被保留下来的最早的系统的治河规划的历史文献。

在上策中，贾让首先指出，古时候，河有河的道，人有人的住处，各不相干，那时河道的情形是，“大川无防，小水得入，陂障卑下，以为污泽，使秋水多，得有所休息，左右游波，宽缓而不迫”，并无所谓洪水灾害。但是到了战国，黄河开始筑堤约束河水，这是为了“各以自利”。不过当时两岸堤距尚宽，筑堤“虽非其正，水尚有所游荡”。然而，此后人们贪图黄河滩地的肥美，逐渐在堤内加筑民埝，圈堤围垦，以致河道宽窄不一，河线再三弯曲，因此导致黄河为害。据此，贾让提出他的上策说：“徙冀州之民当水冲者，决黎阳遮害亭，放河使北入海。河西薄大山，东薄金堤，势不能远泛滥。”按上策去做，就是给黄河一个宽广的区域，保证黄河“左右游波，宽缓而不迫”，则可以“河定民安，千载无患”。

贾让的中策是在黄河下游多开支渠，这些支渠除了用于灌溉，还可以分洪减水。具体做法是“但为东方一堤，北行三百余里，入漳水中，其西因山足高地，诸渠皆往往股引取之；旱则开东方下水门溉冀州，水则开西方高门分河流”。他所规划的东方一堤，大约是从遮害亭开始，沿着今京广铁路东侧向北修筑，引黄河入漳水的河道。他预计这样一来，大水时在西岸高地开水门分洪，灌溉季节则开东岸低水门灌溉放淤，因而既可以分洪防汛，减轻河防费用，改善两岸农业生产条件，又可以放淤灌溉，提高农业产量，同时还可以发展水运交通。

贾让视单纯依靠堤防来达到防洪目的的做法为下策，他说：“若乃缮完故堤，增卑倍薄，劳费无已，数逢其害，此最下策也。”

贾让上、中、下三策集中地体现了他的治河主导思想，从这个意义上说，三策是统一的一个整体。三策之中，尤以上策为其立论的重点，中策是上策的修正，而下策则是上策的反对。

对于贾让的治河三策，后代有截然不同的评价，明清争论尤多。明代邱竣认为：“古今言治河者，皆莫出贾让三策”；清代夏王君称赞贾让治河有术，“虽使大禹复出于此时，亦未有不徙民而放河北流者，安得不以为上策哉”，而靳辅则讥讽贾让说：“有言之甚可听而行之必不能者，贾让之论治河是也”。统观三策，贾让在其中客观地总结了堤防发展的历史，批评汉代无计划围垦滩地所造成的堤防的不合理状况，以及提出发展引黄淤灌、兴利除害、变害为利的建议等，这些都是他的合理部分。此外，他还提出了补偿时间的概念，“出数年治河之费，以业所徙之民”，这在水利经营管理方面是个创见。不过在他看出西汉黄河堤防不合理的情况之后，不是对不合理堤防加以改造，继续前进，进一步发挥堤防在防洪中的积极作用，而是离开社会发展的客观实际，设想采取消极退让的办法，企图回避矛盾。清代龚自珍曾将贾让与明代潘季驯的治河方略进行了对比，他评价贾让说，“汉自瓠子后，贾让三策，上策至欲弃数州之地以予水，而指堤防为下策，未免高论难行。明代潘季驯反之曰：大禹导川，亦不过相水之上下流，束之以堤已耳。故潘氏平生所用，皆贾让之下策，迄今犹可师守。”龚自珍的批评是中肯的。事实上，贾让之后的 70 余年，出现了中国治河历史上著称的王景治河。这次大规模治河所采用的技术方案恰恰是贾让所反对的下策——筑堤。

三、王景治河

公元 11 年，黄河在魏郡决口，从山东利津入海，酿成了黄河历史上的第二次大改道（见图 3-1），洪水在清河以东数郡泛滥横溢，造成航道淤塞，田地村落被洪水吞没，兖州、豫州老百姓大受水害,民不聊生。东汉初年沿袭西汉及王莽时的做法,对黄河弃而不治,放任自流,危害大片土地。明帝时政治上稳定,经济好转。永平十二年(公元69年)在人民群众的压力下,东汉王朝决定派王景治理黄河。

王景,字仲通,此人"广窥众书,又好天文术数之事,沈深多伎艺",是当时知名的技术人才。在从事治黄以前,他已经积累了成功修治汴渠的实践经验,对于治黄的利害得失有较深入的了解。永平十二年汉明帝召见他,问他治河的方略,同意他的方案,并给他有关治河的文献——《山海经》、《河渠书》、《禹贡图》。这次治河规模浩大,动员了数十万人参加,施工整整一年时间,所花经费以百亿计,工程终于顺利完成,这就是历史上著称的王景治河。

据史料记载,这次治水工程的主要内容是:"筑堤、理渠、绝水、立门,河、汴分流,复其旧迹。"首先是筑堤,即修筑"自荥阳东至千乘海口千余里"的黄河大堤及汴渠的堤防。王景认为,黄河泛滥加剧的原因,是由于下游河道常年泥沙淤积而形成"地上悬河",河水高出堤外平地,洪水一来,便造成堤决漫溢。于是王景选择了一条比较合理的入海路线,并在两岸新筑和培修了大堤。新的入海路线比原河道缩短了距离,河床比降加大了很多,因而河水流速和输沙能力相应提高,河床淤积速度大大减缓。特别是这条新河线,改变了"地上悬河"的状况,使黄河主流低于地平面,从而减少了溃决的可能性。这次修筑大堤,固定了黄河第二次大改道后的新河床,是东汉以后黄河能够得到长期安流的主要措施之一。

其次是理渠,即治理汴渠。汴渠联系黄河与淮河两大水系,是汉代特别是东汉以后中原与东南地区漕运的骨干水道。经过认真反复"商度地势"后,王景为汴渠规划了条"河、汴分流,复其旧迹"的新渠线。王景还吸取历史上的教训,采取了"十里立一水门,令更相回注"的办法,就是在汴渠引黄段的百里范围内,约隔十里开凿一个引水口,实行多水口引水,并在每个水口修起水门,人工控制水量,交替引河水入汴。渠水小了多开几个水门,渠水大了关上几个水门,从而解决了在多泥沙、善迁徙河流上的引水问题。这是王景在水利技术上的又一大创造。当时,荥阳以下黄河还有许多支流,如濮水、济水、汴水等。王景将这些支流互相沟通,在黄河引水口与各支流相通处,同样设立水门。这样洪水来了,支流就起分流、分沙作用,以削减洪峰。分洪后,黄河主流虽然减少了挟沙能力,但支流却分走了大量泥沙,从总体上看,还是减缓了河床的淤积速度。这是促使黄河长期安流的另一重要措施。王景还清除上游段中的险滩暗礁,堵塞汴渠附近被黄河洪水冲成的纵横沟涧,加强堤防险工段的防护和疏浚淤积不畅的渠段等,从而使渠水畅通,漕运便利。

王景治河,有几点值得提出:

(1)工程大,成功快。千余里的黄河、七八百里的汴渠,共约2 000里的疏浚、修堤等,施工一年就完工了,从头一年4月到第二年4月,除去伏秋汛期,只有一个冬春。永平十二年夏动工,动工前的勘测、规划时间是很短的。这可能是黄河新道在漫流的六七十年内已经初步形成,并已有堤出现,不需要大量勘测工作,就民间已筑的堤防加工培修,连接调整,所以完成较快。王景曾"商度地势"是有测量勘察的,民堤不会完全合理,看来调整重修是不会少的。工程完工后,数十年的黄水灾害得到平息,定陶以北大面积土地涸出耕种,农业生产开始恢复起来。在当时生产力十分低下的情况下,这实在是个奇迹。

(2)汛期施工在治河史上较为少见。王景用的是军工,不致妨碍农耕,伏秋汛期除准备工作外,可能先修黄河堤防,汛期后再挽溜入新道,整修汴渠,筑水门。

(3)用钱以百亿计。当时"百姓殷富,粟斛三十",是一石粟三十钱,按粮价折算合今30 亿~50 亿元人民币。

(4)治河的重点是整修汴渠,治汴中又以立水门为最重要。治河以筑堤为主。

王景治河后恢复了西汉制度,沿河各地区设置了"河堤员吏",加强管理,恢复西汉时一些有利于维护堤防的管理制度,常年进行维修养护,从而为黄河安流提供了保证。王景治河成效卓然,从东汉末年王景这次治河到唐代末年的 800 年中,黄河决溢仅有 40 个年份,且都不大,主流一直处于稳定状态。后来,河患又逐渐多了起来,直至宋庆历八年(公元 1048 年)发生第三次大改道。因此,王景治河的办法和经验一直为历代治河者所推崇和效法。

四、明潘季驯治河

从东汉献帝初平元年至隋政权建立,共 390 年,政治上由统一到分裂,又由分裂到统一。政权的频繁变化意味着战争的频仍,战争又伴随着经济的衰落、建设的破坏。这一时期较为忽略水利工程建设,河防工程仅兴修过一二次,还与漕运有关。相反,以水为战争工具造成人为水灾,在这一时期最多。萧梁时拦淮河筑浮山堰,壅水攻寿县,堰溃后数十万老百姓受灾。这一时期最突出的成就莫过于郦道元所著的《水经注》。此书总结了公元 6 世纪以前中国水利的成就,成为一部空前的地理、水利名著。

隋唐时期,黄河灾害逐渐增多但尚不严重,唐后期到北宋政权建立的 80 年间,中原分崩,形成五代十国,黄河治理不多,灾祸严重。北宋一代,治河用功虽勤而情况日趋恶劣,1048 年河决商胡,北流和永济渠至天津东入海,这就是黄河的第三次大改道。

黄河自金代夺淮入海后,河患频繁。元朝定都大都,政治中心远离黄河流域,对河患持消极态度。直到黄河威胁到运河安全时,才不得不对河患采取较大的整治措施。所以元朝从灭金据有黄河的八九十年中,治河事业成效不大。但在至正十一年由贾鲁组织的治河大役,却取得了巨大成就。此次治河,在规划、组织和施工技术方面都作出了新的贡献,对后世影响很大。贾鲁治河后,水灾稍轻,然十余年后即大决北徙,效果也很有限。

黄河至嘉靖末隆庆初已糜烂不堪,决溢上及曹、单下及徐、邳。明廷言治河实际只求维持畅通漕运,对于黄河治理仍束手无策,至潘季驯治河才稍有起色。

潘季驯(公元 1521 ~1595 年),浙江吴兴人。从嘉靖末到万历中,他 4 次担任河道总理,主持治理黄河、淮河和运河,前后跨 27 年。嘉靖四十四年(公元 1565 年),在黄河极为混乱的局面下,潘季驯首次出任总理河道,主持治河。他提出"开导上源,疏浚下流"的措施,主张"复故道",反对一见河道淤塞便"弃旧图新",另开新道的消极办法。隆庆四年(公元 1570 年),邳州河决,运道淤阻,他再次被任命为总河,率丁夫 5 万余人,堵塞了 11 个决口,挑浚匙头湾淤河 80 里,筑缕堤 3 万余丈,使河归正槽。并且提出,要使黄河长治久安,必须"筑近堤以束河流,筑遥堤以防溃决"。不久被弹劾罢官。万历六年(公元 1578 年),黄河决崔镇(属今江苏泗阳)而北,淮水决高堰而东。黄河、淮河、运河交会的"清口"一带的河道只剩下一沟之水,而淮扬地区则一片泽国,运道又完全中断。在此形势下,潘季驯第三次出任河道总理。由于有张居正在朝廷支持，在这一任期内，潘季驯力排众议，大刀阔斧地实施“筑堤束水，以水攻沙”、大筑高家堰、“蓄清刷黄”的治河方略，进行了大规模的堤防建设，比较彻底地整治了徐州至淮安之间的河段以及洪泽湖东堤、淮扬运河和南旺一带水道，治绩卓著，在理论和实践上都有重要建树。出现了“清口方畅，流连数年，河道无大患”的小康局面。潘季驯因治河有功，迁升为工部尚书、南京兵部尚书，后又迁刑部尚书。张居正去世后，遭反对派攻击，潘季驯因而受牵连，于万历十一年（公元1583年）再度被削职为民。万历十六年（公元1588年），在许多人竭力推荐之下，潘季驯第四次出任河道总理。在三次治河的基础上，他主持全面整治了黄河下游两岸堤防，完善、制定了一系列堤防修守制度，提出并初步实践了淤滩固堤的措施，系统总结了四次治河的经验，写成《河防一览》一书。

潘季驯的治河思想主要表现在如下几方面：首先，潘氏反对明代以来而在当时尚流行的分水、人工疏浚等做法，强调合流，以水刷深。其次，反对以保运为主治水方针下的枝节治理和头痛医头、脚痛医脚的做法，强调治黄即以治运，治淮必附属于治黄，以治黄为主，强调全盘治理，黄、淮、运的治理不可分割，反对开黄运或黄淮。再次，反对只加固堤防来消极防御，而强调它是进攻工具，筑堤是导河而不是障河。最后也是最重要的一点是，他反对治黄只着眼于水流，强调治沙不但重要而且是关键。其治理黄河的总方略是：“以河治河，以水攻沙”。试图利用水流的本身力量来刷深河槽，增大河床的容蓄能力，从而达到防洪保运的目的。他的理论基础是水急则沙去，束水可以攻沙。他的规划是通盘治理黄、淮、运三河，最主要的措施是堵决口，修守堤防，束全河于一流而刷沙深河，这样可以解决通漕问题；筑双重堤防，缕堤束水，遥堤防洪以约拦洪水；为了保护堤防又修减水坝，减泄非常洪水，这是有控制的人工分水。

潘季驯不仅在理论上完善和发展了束水攻沙的思想，而且使之建立在可靠的措施上。其结果是黄河河道相对稳定，河患相对减少。潘氏治河虽不无成绩，但未收到预期效果，最根本的原因是束水攻沙成效不大。影响河槽冲淤的因素很多，束水攻沙的理论仅仅注意了流速与河床断面的因素。当时既不可能控制上、中游的来水来沙，也不可能合理地确定下游堤距的宽窄、河床断面大小和河床底坡，加上其他历史条件的限制，潘季驯推行的束水攻沙主张没有能改变河道淤积的趋势。随着河道堤防完善和不断加高，“地上河”的危险也与日俱增。

五、清靳辅、陈潢治河

潘季驯治河以后，明代后期在治河方略上一度出现过小反复。以杨一魁为代表的一些人批评筑堤束水方略，主张分黄导淮。接着，由于明末清初连续40多年的战乱，黄河堤防失修，河道决口频繁，运道日趋梗阻。清初虽有朱之锡等补直修守，但无益大局。自康熙中大力治河与平三藩之乱并重，用靳辅为河督，靳辅又用幕友陈潢的计划，根据潘季驯的理论，用了三四年的时间修堤、堵口、开浚、筑闸堰，使黄河河槽进一步固定，京杭运河得以维持通畅，成果维持了几十年，下至乾隆时黄河形成了小康局面。后此不过守靳氏成规，修堤堵口而已。法规制度、技术创新也多在乾隆后期之前。靳辅之后，齐苏勒、嵇曾筠、高斌、白钟山等人相继担任河道总督，也有一定治绩，但基本仍是实行潘、靳的主张和措施。因此,清代在治河防洪方面最有建树、最有代表性的还是靳辅。

靳辅(公元1633~1692年),字紫垣,汉军镶黄旗人。从康熙十六年至二十六年(公元1677~1687年)间,连续10年担任河道总督,主持治理黄、淮、运。康熙十五年,黄河、淮河同时涨水,黄河倒灌洪泽湖,决开高家堰大堤34处,淮扬7州县被淹,清口以下河道被淤,漕运严重受阻。面临这样严峻的局势,迫使康熙帝下决心治理黄河。于是,第二年命令当时任安徽巡抚的靳辅为河道总督。

靳辅上任后,即由其幕友陈潢陪同,对黄、淮两河及决口、灾区进行实地考察,详细了解河情水势、堤防状况、水患灾情。他虚心向当地人民请教,在调查研究基础上,靳辅、陈潢提出了治理黄河、运河的基本主张,认为"治河之道,必当审其全局,将河道运道为一体,彻首尾而合治之,而后可无弊也",并且尖锐地指出了河道日坏、河患日多的根本原因是重漕运不重治河,是治河服从漕运的治河方针所造成的。他说:"河道之变迁,总由议治河者多尽力于槽艘行经之处,其他决口,则以为无关运道而缓视之,以致河道日坏,运道因之日梗。"他从8个方面系统提出了治理黄、淮、运的全面规划和实施步骤,即:取土筑堤,使河宽深;开清口及烂泥浅引河,使得引淮刷黄;加筑高家堰堤岸;次第堵塞周桥至霍家坝决口34处;深挑清口至清水潭运道,增培东西两堤;淮扬田及商船货物,酌纳修河银;裁并河员以专责成;按里设兵,划堤分守。朝廷基本同意了他的计划。在陈潢的协助下,靳辅立即组织施工,在黄淮下游千里河岸,主持兴筑了一系列修堤、筑坝、疏河工程,使黄河、运道出现了小安局面。

靳辅在治河方略上继承了潘季驯"坚筑堤防"、"束水攻沙"的思想,反对多支分流,主张束水于一槽。他说:"水势分而河流缓,流缓则沙停,沙停则底垫,以致河道日坏而运道因之日梗。"认为"黄河之水从来裹沙而行,水大则流急而沙随水去,水小则流缓而沙随水漫。沙随水去,则河身日深而百川皆有所归,沙停水漫,则河底日高而旁溢无所底止"。为了攻沙,他"力请筑堤束水,用保万全"。在他主持下,把堤防从云梯关内伸向关外接近海口的地方。

他和潘季驯一样,也主张借清刷黄,认为"黄河之沙,全赖各处清水并力助刷,始能奔趋归海而无滞也"。所以,他对高家堰拦蓄淮水冲刷清口的作用非常重视,而且在潘季驯认识的基础上又有一定发展。一方面,他大大增建了洪泽湖大堤上的减水坝,扩大了宣泄淮河洪峰的能力;另一方面,他又提出"黄淮相济",让部分黄河水经过低洼地沉淀泥沙,变成清水,然后注入洪泽湖,增加冲刷清口积沙的能力。靳辅还强调在以水冲沙的同时,要辅以人工挑浚,提出"寓浚于筑"的思想。在对待海口积沙问题上,靳辅则未拘泥于潘季驯的成见。潘氏认为,海口积沙无法疏浚,也不必过虑,应让水流自行冲刷。靳辅则认为"治水者必先从下流治起,下流疏通,则上流自不饱涨",所以他"切切以云梯关外为重",主张以挑浚和筑堤相结合,加强对黄河入海口的治理。

靳辅治河,得力于陈潢的辅佐。陈潢(公元1638~1689年),字天一,号省斋,浙江钱塘人,出身于平民百姓,是位科举未中、胸怀大志的穷秀才。他注重对大自然的观察探究,且留心"经世致用"之学,曾上行到宁夏一带对黄河进行实地考察,后来被靳辅看中,为靳氏幕友17年,成为靳辅治河的得力助手。靳辅提出的许多重要的治河方略和措施,实际多是陈潢的意见。靳辅刚刚受命主持治河,陈潢就向他介绍了黄河的特性,指出:黄河之所以黄，含沙多，是因为“西北土性松浮，湍急之水，即随波而行，于是河水遂黄也”。还指出，黄河防守的关键时间在伏秋，“河防所惧者伏秋也。每当伏秋之候，有一日而水暴涨数丈者，一时不能泄泻，遂有溃决之事，从来致患，大多如此”。他提出，“善治水者，先须曲体其性情，而或疏、或蓄、或束、或泄、或分、或合，而俱得其自然之宜”。这些意见和建议，对形成靳辅的治河决心、措施、步骤起了根本性的影响。

靳辅十分重视堤防的作用，这与陈潢的主张是分不开的。陈潢认为，“治河者，必以堤防为先务”，“堤成则水合，水合则流迅，流迅则势猛，势猛则新沙不停，旧沙尽刷，而河底愈深”。陈潢的博学多才和科学精神，使靳辅对其十分敬重，凡是治河之事，无不向他垂询求教。靳辅也不掠人之美，屡次向朝廷举荐陈潢。陈潢横遭诬陷含冤去世后，靳辅还义正词严地要求朝廷为他平反昭雪。陈潢的治河言论，由后人收集整理，编成《河防述言》，共12篇，附于靳辅《治河方略》一书后，是研究清代前期治河思想的重要史料。

靳、陈和潘季驯治河，重点都在徐州以下，都视黄、淮、运为一盘棋，都主张束水攻沙，都有一定成效。靳、陈工程规模较潘氏为大，清代虽重行漕而治黄也急，靳、陈开中运河于宿迁至清口之北，使黄河分离，潘氏不愿分开，实恐朝廷弃黄不治；靳、陈增建高家堰洪泽湖大堤，加高、加长、修减水闸坝，加修临湖坦坡防风浪，规模大，工程进了一步，较完备，实因清代已无水淹泗州明祖陵的顾虑。泗州于康熙十九年前后淹没。陈潢主张蓄淮清释黄浑，认识更明确；大量修黄河南岸减坝，一方面认识到少量减坝无补于事，另一方面还想到，减下的黄水沿途澄淤，入湖时已变清，可以助清抵御黄河在清口的倒灌。靳、陈主张海口附近河道可适当疏浚，后来并主张用机械疏浚等。以上治河思想都较潘氏又进了一步。陈、靳设计已有了明确的流量概念，量出为入，这也是明代所没有的。

潘、靳治河虽为前人所不及，但有两个主要问题并未解决：一是攻沙入海而无以断沙之来源，他们治淮徐而对河南注意不够。在潘氏之后，靳、陈之后河遂大决河南。对河南以上泥沙来源更未想到，潘氏且谓泥沙来自河南，显系误认。至乾隆七年御史胡定提出山陕筑淤地坝，拦蓄水土，已有水土保持的概念，然而却被当时河督白钟山所否定。二是导下游黄、淮洪水入海问题没有解决，主要表现在淮水无出路，潘氏因之罢官，靳氏也因之遭弹劾。淮水无出路，遂越下入里下河，里下河水灾严重。淮河中上游也因洪泽湖顶托而成灾，都是由于淮水出路未解决好所致。

靳、陈修筑大量减坝于黄河两岸，当时受人非议。南岸泄水入洪泽湖，增加湖的负担，而沿途沉沙久渐淤高，乾隆中期以后几乎每年开坝减洪以保黄堤，实是人工决口，并非毫无损失。北岸泄水道不畅，且未尝修治，中运河开后，泄水无路，大半停废。

清代后期，河政日益腐败，河道日趋梗阻，河防日益松弛。黄河连年决口，泛滥横溢。河官治河无术，唯消耗重金于堵口。黄河病入膏肓，终于在咸丰五年（公元1855年）发生铜瓦厢大改道，滔滔黄河夺路北流，结束了自南宋以来南流700年的历史。

清代末年，在内忧外患之中，全国江河堤防残破，灾患不断。西方水利科学技术传入后，传统的河工理论和技术受到挑战和改造，引进了先进的测量技术、通信技术，水泥等新型建筑材料开始使用。但由于政治黑暗和经济衰弱，许多治河方案流于空谈。

第三节　农田水利的发展

植物生长必须依靠雨露的滋润，但自然降雨往往不能完全满足作物生长的需要。劳动人民在与自然灾害作斗争中，创造和发展了农田水利工程，进一步由引水沟洫发展成为较大型的渠系工程。

一、先秦时期

早在夏商时期，中国人民在做农田规划的时候，已经注意到了水源问题。他们对水源情况进行调查并作出农田灌溉规划。到了商代，沟洫工程有了文字记载。西周时，沟洫工程有了发展，技术水平也有了新的进步。但总的来说，此时的农田水利工程还处于较低的水平。

中国史书记载的最早的渠系工程是淮河流域上的期思雩娄灌区，它是楚国孙叔敖在公元前605年主持修建的。《淮南子》中记载："孙叔敖决期思之水，而灌雩娄之野。"期思之水就是今天的史河和灌河。在战国时期修建的渠系工程还有都江堰、郑国渠、漳水十二渠、智伯渠、芍陂等。

秦在未统一全国前，大力加强关中农业经济基础，辅以成都平原的开发，以及西北的畜牧、林、矿业等的利用。水利建设重点在泾、渭流域和岷江上游，最著名的是岷江上的都江堰和引泾灌溉的郑国渠。

都江堰位于岷江自峡谷进入冲积平原的交接点，在今四川都江堰市区西部。都江堰工程灌溉着都江堰市以东成都平原上的万顷农田。在都江堰工程兴建之前，这里是水旱灾害频发之地。秦昭王五十一年（公元前256年）李冰为蜀郡守。李冰在蜀大兴水利，主持兴建了都江堰这一著名水利工程。工程引岷江水灌溉成都平原广大地区并利用渠道发挥着通航、漂木等作用。成都平原以此"水旱从人，不知饥馑。时无荒年，天下谓之天府也"。都江堰工程渠道遍布成都平原各县，现在还穿过山区丘陵向东、南、北各区发展。到1949年可灌田为二三百万亩，现在已扩大到八九百万亩。

都江堰能够历经2 000多年而不废，效益有增无减，这同它的地点选择优越、布置合理、维护简便易行等是分不开的。现在看到的都江堰的布置结构是经过2 000多年整修、改进的成果，但基本技术原理古今无根本区别。都江堰的工程布置图大致如图3-2所示。

从图中可以看出它由宝瓶口、人字堤、飞沙堰、金刚堤、鱼嘴和百丈堤等部分组成，最重要的是鱼嘴、飞沙堰和宝瓶口三部分，此三者之间配合紧密，组成了一个有机组合的整体。鱼嘴下连金刚堤，分岷江为内外二江。外江是岷江正流，内江水流通过宝瓶口流向成都和川西平原，起航运、灌溉与分洪的作用，其引水流量大小由宝瓶口控制。宝瓶口是控制内江流量的咽喉，因形状似瓶口而得名。口左岸是玉垒山，右岸为离堆，现宽20 m，高40 m，长80 m。飞沙堰是内江分洪减沙入外江的工程，长约180 m，堰身的高度，可使汛期入内江的洪水和大量沙石由堰顶溢入外江。水太大时，堰被冲毁，洪水沙石直接泄入外江。三个建筑物配合，一般可以保证水小时足敷灌溉之用，水大时不致冲入内江成灾。大致江水少时，内外江分流比例是内6外4，水大时是内4外6。

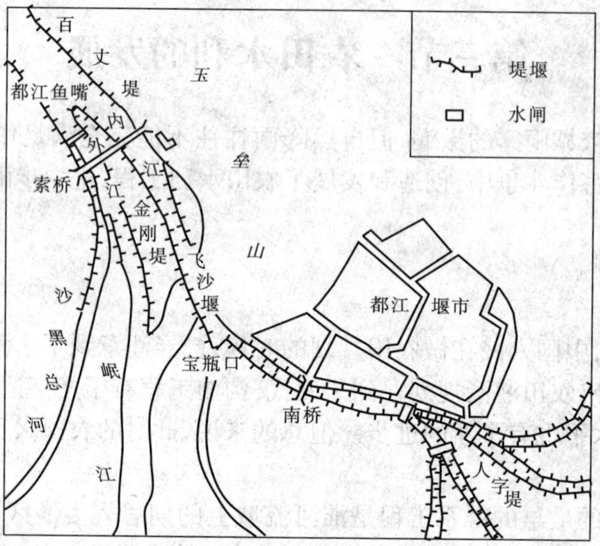

图 3-2　都江堰工程布置图

百丈堤的作用是导流和护岸，人字堤的作用是护岸兼溢流，可以补飞沙堰溢洪之不足。这些堤基本都是用竹笼装石砌成，它的优点是：就地取材，施工简易，费省效宏。

除都江堰外，李冰还有平滩险、通航运、建索桥等事迹。他在岩石开挖的施工方法上有所创造，就是用火烧岩石，然后趁热浇冷水或醋，使岩石在热胀冷缩中炸裂，便于开凿。

郑国渠是始皇元年(公元前246 年)动工兴建的。郑国渠之所以著称于世，除规模大、兴建时间早以外，还由于它对增强秦国的经济实力和完成统一大业有着直接的关系。

随着都江堰的兴建，秦国的强盛与日俱增，特别是在秦庄襄王三年(公元前 247 年)，秦又攻取河东，设置了太原、上党二郡，至此，东方诸强国均受挫败，秦统一六国的条件日臻成熟。在东方诸国处于危急之时，韩国更是首当其冲，但又无可奈何，遂使用“疲秦”之计，派水工郑国劝秦国兴建大型灌溉工程。韩以为在开挖大型渠道过程中，秦会疲惫不堪，因而无力东伐，秦果然中计，命郑国主持兴建引泾水灌溉的水利工程，全长 300 余里。在渠道施工中，此计被秦发觉，秦王欲杀郑国。郑国此人颇有胆略与远见，他对秦王说，修此渠道工程只能“为韩延数岁之命，而为秦建万世之功”。秦王认为有理，命令继续施工。用了十多年的时间，渠道终于建成，并以郑国的名字命名为郑国渠(见图 3-3)。表面看来，这似乎是一件偶然事件，其实韩国的“疲秦”之计只不过是一种外因罢了。修建郑国渠的根本原因在于秦的本身，那就是为了实现统一准备物质条件的需要。

由于泾水中含有大量有机质的泥沙，随着灌溉水一起输送到农田里，可以起到改良盐碱化农田的作用，并大大提高土壤的肥力，因此郑国渠引水灌溉，实际上超出了一般灌水的意义，而具有改良盐碱地、施肥和灌水一举三得的好处。郑国渠建成后，泾水沿着渠道源源不断地灌溉着沿线的大片农田，使原来贫瘠的渭北平原，一变而为“无凶年”的沃野。郑国渠所经的今三原、高陵、泾阳、富平等地的土地得到了灌溉，亩产高达一钟之多，相当于现今亩产 125 kg 左右，这在当时生产力条件下是了不起的产量。郑国渠的建成，有力地促进了当地农业生产的发展，增强了秦国的经济实力。公元前 221 年，秦终于完成了统

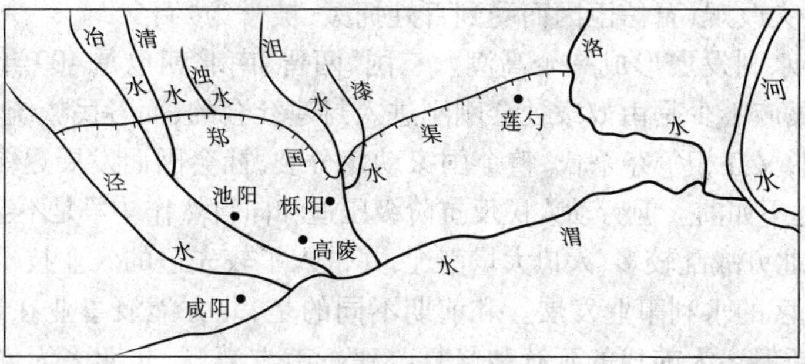

图 3-3　郑国渠工程布置图

一的大业。

二、秦汉时期

郑国渠修成后百余年,汉武帝时期为了灌郑国渠旁边的高地,开了六条小渠,叫六辅渠。倪宽主持制定的“水令”是见于记载的中国最早水利法规。又过了十几年,到西汉太始二年(公元前95年)由白公主持修建了另一引泾灌溉工程,名白公渠。渠首在郑国渠之南,渠道向东至栎阳(今高陵县东北)南入渭水,长200里,灌田约4 500顷。灌区和郑渠相连,后人合称郑白渠。这一渠道时有兴废,绵延200多年,为今泾惠渠的前身。

秦汉时期是中国封建社会巩固和发展的重要时期。秦统一六国,结束了诸侯割据的分裂局面,建立了中国历史上第一个统一的多民族的封建专制国家,封建经济文化得到了高速度发展,而这一发展又是与当时的水利事业的发展密切相关的。

水利建设事业在秦汉时期有了蓬勃的发展,其中以建成了一系列的大型农田灌溉工程为这一时期的显著特点,显示了水利工程技术新的水平。农田水利工程的分布以关中地区为中心,同时也扩展到了西北、西南等边远地区。

随着地区经济的不断开发,黄河中下游地区的经济地位显得越来越重要,对黄河的治理要求也就更为迫切。西汉时期,黄河水灾的记载明显增多,古代劳动人民在对黄河的治理中, 付出了艰巨的劳动,在治黄规划和治黄技术上,都有显著的成就,其中以东汉初年的王景治河最为著称。此外,在这一时期中,还发明了许多水力机械,灌溉水车出现了,水排的发明也比欧洲早1 000多年,这些都体现了中国劳动人民的勤劳和智慧。

秦王朝的统一和中央集权为动员更广大的人力、物力进行经济建设提供了有利的条件,促进了水利事业的发展。西汉前期政权巩固,经济发展较快,为水利发展奠定了基础。到汉武帝时期,水利建设达到了高潮,工程分布以关中为中心。当时为了支援抗击匈奴的战争,着重发展西北水利;随着经济领域的进一步开发,汉水南阳地区和淮河上游地区水利也开始繁荣,尤其是汉水支流唐白河发展最为显著。唐白河一带由于气候温和,降雨量较大,适合农作物生长,所以开发较早,西汉中期,这里经济已相当发达。水利在西汉后期更是突飞猛进,成为两汉水利发展的重点地区之一。汉元帝时期的南阳太守召信臣对这一带水利有突出贡献,他在任时提出了发展经济的种种措施,尤其是大力发展灌溉。在他的领导下,几年之内,建设了数十处引水渠道,灌溉面积达200多万亩。召信臣不仅注意新建工程,而且还重视灌溉管理,制定了灌溉制度。由于发展水利,再加上其他措施,南阳地区面貌有了很大改观，召信臣因而受到百姓拥戴，被誉为“召父”。

两汉400年水利发展形成一个高潮。三国、两晋、南北朝也是400年，由于各民族大融合，后进少数民族不少是由奴隶社会刚刚进入封建社会的，而各民族统治阶级对劳动人民加紧镇压剥削，又互相争夺杀伐，整个国家动荡分裂，社会因而发展迟缓，水利事业自然受到影响，成就远不如前。但劳动人民反抗阶级压迫和向自然作斗争是不会停止的，水利还是向前发展了。北方战乱较多，人口大量南迁，并带入了较先进的农业技术，促进了江淮之间和长江以南地区的水利事业发展。和前期不同的是，北方灌溉事业在这一期间有兴有废，虽有不少创新但多为前代的延续和修复改建。南方灌溉，此期多为创始，由于自然条件的差异，水利工程与北方多有不同。沿海水利、海塘及鉴湖水利，一般推源于这一时期。

三、隋唐时期

隋代是一个短暂的朝代，在其统治的30年中，也陆续兴修了一批农田水利工程，著名的有陕西的永丰渠、沁水的利民渠、芍陂灌溉系统的整修等。唐代是中国历史上一个空前强盛和繁荣的时期，此时国土辽阔，国力雄厚，生产发达。唐代的繁荣强大是建立在其发达农业的基础上的，而发达的农业与水利是分不开的。唐代所兴修的农田水利工程，无论数量还是质量，都比前代有很大的前进和突破。中国农田水利工程的发展历史，在地理上有一个由点到面、由北到南的逐步扩大和南移的过程。隋代以前，中国兴建的农田水利工程，多集中在黄河两岸的广阔地区，而长江两岸及以南地区较为少见。到了唐代，这种情况发生了根本性的变化，黄河两岸老农业区农田水利工程仍有续建，但农田水利建设的重心开始向南方转移，特别是向太湖流域转移。从此中国历史上形成了一个新的格局，即北方开始落后于南方。农田水利工程发展的这种重心转移，成为中国人口重心向南方转移的先导。人口与水利工程的重心转移，推进了江南经济的空前繁荣，终于使江南成为中、晚唐财政收入的重点地区。

隋、唐初期，黄河流域仍然是中国的经济和文化中心。唐末农民的大起义，瓦解了李唐王朝，之后中国历史上又出现了近半个世纪的五代十国的大分裂局面。黄河流域再次遭到严重的破坏，中原地区的水利随着战争的起伏，在破坏和恢复中挣扎。南方由于未沦为战场，经济继续有所发展。但从中唐开始，特别是到了五代十国，情况就发生了重大变化，经济文化中心明显地向南方的长江流域转移。当时黄河流域由于继续受到战争的严重破坏，田畴荒废，人口南迁，而建立在长江流域及其以南地区的各封建小王朝，却由于未受战乱影响，政局相对安定，同时由于采取了某些有利于发展生产的政策，如奖励耕织、兴修水利等，使南方经济有较大的发展。

四、宋元明清时期

到了宋代，中国经济和人口的重心南移已经完成。北宋政权建立后，结束了五代十国的分裂局面，加强了中央集权制。北宋初期的农田水利建设，集中在引水灌田和疏治旧塘老堰等工程方面。从熙宁三年至熙宁九年（公元1070～1076年），神宗任用王安石进行变法。王安石大力鼓励开荒，兴修水利，并颁布农田水利法，全国很快形成水利建设的高潮，其规模之大、地区之广，实为古代所罕见。著名水利工程木兰陂灌溉工程（见图3-4）

就是这一时期修建的。木兰陂位于福建莆田西南的木兰溪上，这项工程布局巧妙，因地制宜，至今仍滋润着莆田平原20多万亩农田，是中国延用至今800年而未废的少数水利工程之一。

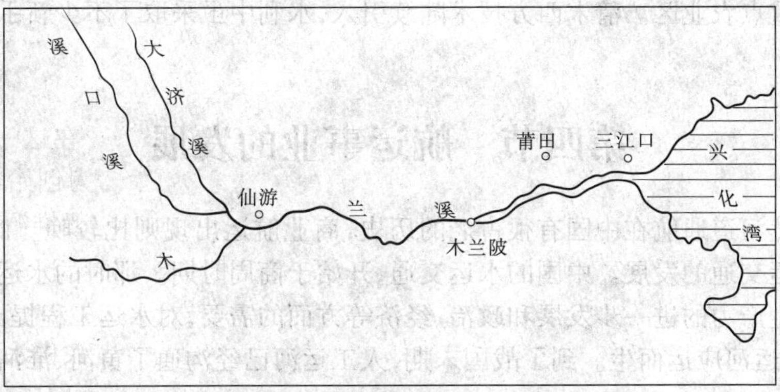

图3-4　木兰陂地理位置示意图

南宋偏安江南，对农田水利建设比较重视，积极运用国家政权进行干预，有力地促进了长江水利事业的发展。南宋兴修的农田水利，比较集中在修治陂塘沟洫、整治湖区和扩建海塘等方面。经过历代劳动人民的开发，特别是唐、宋两代以来，中国南方的经济迅速发展，成为统治政权财政收入的主要来源。

金据北方几无农田水利而言。元初统治阶级中有少部分保守、落后的豪门贵族，坚持游牧习惯，并企图用单一的牧业经济来代替农业经济，曾给中原的农业带来了很大的破坏。元代农田水利就是在农牧矛盾斗争中曲折发展的。在元代，虽然元世祖即位之始就在内地颁布了提倡农业和抑制纵牧的政策，但遇到来自蒙古游牧贵族的阻力很大。元代前期屡次下诏令重申劝农政策，正说明政策贯彻很不容易。尽管元代(特别是前期)水利灌溉事业在不少地方受到政府劝农政策的推动而取得一定的成绩，但到中期以后，还是向游牧贵族作了一些让步，这就不能不使元代农田水利事业的全面恢复和发展受到一定的限制。此外，元代在统一战争过程中，对边远地区水利事业的开发曾作出了一定的成绩。王祯的《农书》总结了这一时期劳动人民在农业水利建设方面的成就，是中国农业和水利发展史上的一份珍贵的遗产。

明代开国之初即大力推动农田水利建设，特别注意恢复因战乱破坏的水利工程，农田水利因此有了长足的进步。这一时期，南方成就较北方明显，特别是长江中游圩垸的成绩最为突出。江南水利已发展到珠江流域，浙、闽、两广(广东、广西)之利超过北方。北方古灌区反而萎缩，远逊前代。定都北京后，粮食主要依仗江南。

明清两代黄河、淮河和海河流域农田水利仍维持不废，并作过新的努力。大型工程虽少见，但水利进一步普及，总的趋势是地方化和小型化。明末清初曾力图扭转南粮北运的困难局面，在海河流域一再大规模兴修水利，种植水稻；在淮河流域，联系解决淮河入海出路问题的里下河区水利治理，都是涉及流域范围的农田水利问题，不过成效极为有限；在黄河流域，著名的郑国渠引泾灌溉日益困难，以致被迫改引泉水灌溉，是一重大变化；而宁夏、内蒙古河套地区的渠系建设，本期都取得了引人注目的成就。清前期奠定了西北边疆，康熙后期开始恢复新疆农田灌溉工程。乾隆、嘉庆和道光年间又取得超出前代的成就，其中以坎儿井的发展最为引人注目。内蒙古河套地区也陆续建成了后套八大渠，灌溉面积共计100多万亩。珠江流域特别是珠江三角洲堤围在前代的基础上突飞猛进，成为全国又一个重点农业区。清末西方技术陆续引入，水利中虽采取了不少新手段，但工程实施的并不多。

第四节 航运事业的发展

利用天然河道通航在中国有很古老的历史，商业航运出现则比较晚。商品交换的需要促进了水运交通的发展。中国的水运交通，开始于商周时期。那时的水运，主要借助于天然河流。生产力的进一步发展和政治、经济等方面的需要，对水运工程提出了更高的要求，于是人工运河应运而生。到了战国末期，人工运河已经沟通了黄河、淮河、长江等几个主要水系。

一、春秋战国时期

春秋时期所开运河，主要是区域性的人工运河。以连通邻近的江、河、湖泊为目的，是运河的萌芽时期。而沟通流域间水运交通的人工运河，则是在春秋战国之交的时候开凿的，其代表工程是邗沟和鸿沟。

中国地势西北高、东南低，主要河流都自西向东流，各条水系自成系统，东西向的水运借助它们就可以进行了。但是南北间的水运交通，则要大费周折。随着社会对水运交通需要的日益增长，开挖流域间的人工运河，就提到日程上来了。流域间运河的开凿，也首先是从水军强大的吴国开始的，这就是著名的邗沟。邗沟(见图3-5)是在吴国打败楚越两国后，北上与齐晋争霸时，于公元前486年动员人力开凿的。

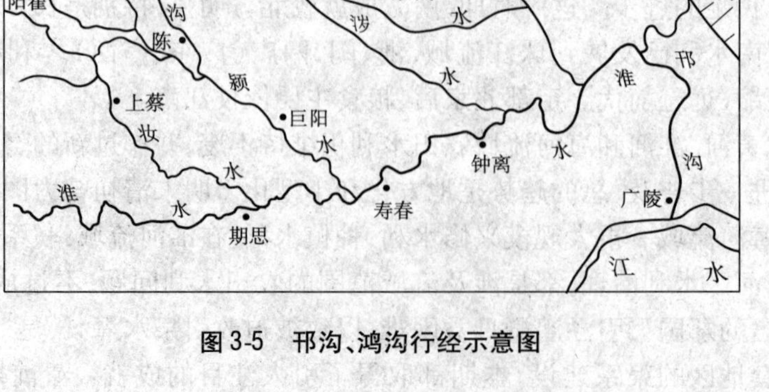

图3-5 邗沟、鸿沟行经示意图

邗沟建成后，吴国水军就可以从长江经过邗沟进入淮水，再沿着淮河的支流泗水、沂水就可以到达齐国境内。邗沟建成的当年冬天，吴即兴师伐齐。公元前484年，吴国终于打败齐国。吴国打败齐国之后，又循此继进，与晋国争雄。邗沟的开凿最初主要是为了军运，大约到了东汉以后，其经济价值才逐渐显著。因此，后代对这条运河不断加以维修，并且至今仍然发挥着沟通江淮水运的重要作用。

鸿沟是战国中期魏国兴修的一条人工运河。那时正当魏惠王雄心勃勃一心想争霸的时候。他在公元前362年迁都大梁（今河南开封），次年即开挖鸿沟。鸿沟北接黄河，南面与淮河的北面几条支流相连。鸿沟开凿前，虽有济水在黄河南面流过，但当时济水和黄河相遇，并不和淮河各支流相接。黄淮间没有直接的水运往来。鸿沟的开凿，使黄河和淮河间构成了一个通航水系（见图3-5）。

鸿沟开凿后，一来与黄河直接相通，引来了黄河丰富的水量，二来大量的来水汇入圃田泽，以圃田泽作为运河的天然调节水柜，进一步改善了航运条件。鸿沟的开凿不仅对魏国政治、军事、经济的发展起到重要的作用，而且对淮河流域社会经济的发展发挥着重要的作用，促进了沿运河城市的繁荣。陶、陈、寿春、睢阳、彭城以及大梁等，都成了当时的大都会，有的还成为大国的都城所在地，这些都会的兴起显然是借助于水道交通便利的。

邗沟、鸿沟等运河和天然水道组成了全国水运交通干线，它冲破了当时分裂割据的政治局面的局限，对国家统一有着积极的贡献。

二、秦汉时期

秦统一后，巩固国防、开发边疆是摆在面前的重要任务之一。在北部边境要抵御匈奴的侵扰，在南方要统一岭南，因此在南方建成了著名的灵渠，以沟通岭南的运道。公元前221年，秦命尉屠睢进军岭南，统一全国。由于在进军途中要经过崎岖不平的湘桂重山地带，军粮运输存在很大困难，于是在秦始皇二十八年（公元前219年）决定，“使监禄凿渠运粮”。这渠就是在负责转运军粮任务的秦将史禄主持下，在兴安开凿的，从而沟通了湘、漓二水。

湘、漓水源，一南一北，相距约40 km。源头虽远，但漓江的支流灵河与湘江相隔甚近。灵河有一源始安水，至兴安县城以东的湘江只有二三里远，中间只隔一条分水岭，岭高20～30 m，始安水与湘水的水位差有6 m左右，这为开凿灵渠提供了自然的便利（见图3-6）。

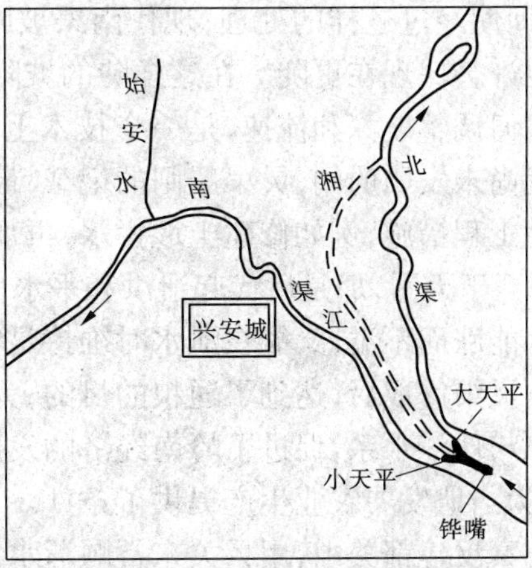

图3-6　灵渠布置图

近代的灵渠工程设施主要包括分水铧嘴、大小天平、南北渠道和船闸斗门四部分（见图3-7）。灵渠当年的工程设施情况已难以查考，不过当地地形古今不会有大的变化，要完成通运任务，其工程布局也当不会有很大的变化，后代所具有的工程设施当年大约也已基本具备。

首先，要沟通湘、漓二水间的水运，必须将湘水一分为二，后代将起分水作用的设施叫

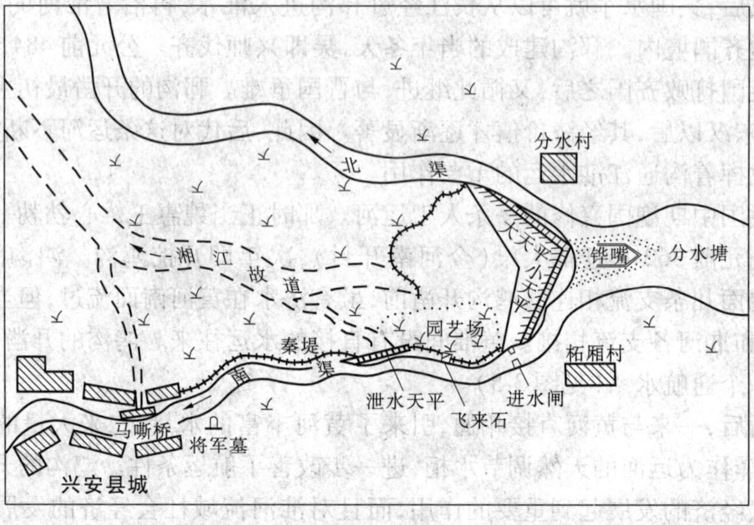

图 3-7　近代灵渠主要建筑物图

做铧嘴,灵渠铧嘴类似都江堰的鱼嘴。由于漓江和湘水接近处,漓江水位较湘水高出数米之多,显然,分水地点不应选在这里,而一定要选在二水接近处湘水的上游某处,这样用较湘水河道坡降为缓的比降设计南渠,就可以使南渠较平顺地与漓江相衔接。然而这样一来,由于湘水源头坡降很大,溯湘入漓必然十分艰巨。为了克服这一困难,古代劳动人民舍弃湘水上游河道,另外又修建一条北渠,并将北渠线路有意设计成弯弯曲曲的形状,以延长渠线长度,降低渠底坡降,从而减少了航行的困难。

分水铧嘴位置的选择和降低北渠坡降的考虑,显示了当年劳动人民的高超技艺。当然,即使经过这样的处理,现代南渠坡降仍有1/900,北渠坡降更大,达到1/300,古代的情况也许会比现在更陡。在这样陡的坡降下,水流速度较快,水深较浅,仍然很难行船。当年如何调整航深和流速,是一个技术上需要解决的问题。船闸当然是理想的设施,不过秦代尚未发明船闸,灵渠船闸的记载,最早见于唐代。为了行船,当年大约采取了一些临时性工程措施,例如修建土堰拦水,再加上人力拉纤也可应付,好在当年主要是为了通军运。至于天平,那是后代起泄洪和平水作用的建筑物,估计出现较晚。经过天平的调节使渠水能涨而不溢,又能在泄水时维持足够的水深。因其调节之巧妙,故名之为天平。

灵渠修成后,达到了通粮的目的,为秦统一岭南发挥了重大作用。又由于灵渠沟通了长江与珠江水系,促进了岭南经济的发展,促进了各民族的融合。灵渠还有灌溉农田的作用,为当地发展农业生产提供了条件。

秦汉建都关中,用兵关东常顺渭水及黄河东下,自黄河通鸿沟水系,远至江淮。全国统一后,江、淮及关东漕运也以此线为主,向西转运至关中,供应西北边防及首都官民;而政治控制及军事活动则自关中仍沿此线向东。在全国东西的政治、经济平衡中,这条水道起着重要作用。历代政治中心多设在这一线附近,至元代开始改东西为南北向运输,以京杭运河的南北水道代替了前代的东西水道。秦汉由这一线向北活动可由黄河或海上运输,向南活动可由长江、湘江过灵渠向漓江、桂江通广州或由海上航行,至东汉末向北才利用海河水系修建运渠。

秦汉统一全国,水运交通的畅达才有必要而且有可能,特别是自政治中心通向重要地区的水运。汉代自长安、自渭水及黄河东下,由黄河通鸿沟水系,远至江淮,而至杭州水道相通。后人称之为东西大运河,其重要性及规模也不下于京杭运河,而时代则早1 400年,它的南段也为京杭运河所利用。

三、三国、两晋、南北朝时期

三国、两晋、南北朝时期的内河航运工程,无论在长江以南,还是在长江与黄河之间,都有一定的发展,特别是在黄河以北,开创了兴建运河的新时期。这样,就初步形成了沟通江、淮、黄、海四大水系的运河网。这些运渠,有的是军事上进军的需要,有的平时也用作漕运,有的也可用以灌溉。在中国历史上,经济中心(产粮地区)与政治中心往往不在一起,解决政治中心用粮问题,主要得依赖于内河航运。有人甚至夸张地说,曹魏之所以能做到国富兵强,其原因就在于"始于屯田,成于转运"。从三国迄晋的所谓"能臣",都是"以通渠积谷为备武之道"。事实上,航运事业同水利灌溉事业一样,对维系这一时期的封建统治,确实起了重要的作用。总的说来,这一时期在运渠的开凿上,成效较大的是在三国时期,两晋也有开凿,南北朝则很少创新。

从春秋时期到南北朝,经过历代的兴建和维修,一个沟通江、淮、黄、海四大水系的人工运河的轮廓初步形成,为隋代兴建沟通全国主要地区的运河网奠定了基础。隋唐两代建都长安,将关东和江南的粮食货物运送关中,供应京师的需要是当务之急。由于渭水历来是一条难行的运道,故汉武帝时即已开关中漕渠,以补给渭水漕运的不足。隋统一中国北方后,汉代旧漕渠已长期淤塞而不能用,不得不仍旧用渭水漕运。但"渭水多沙,流有深浅",很难继续通航。隋文帝杨坚于开皇四年(公元584年)下令开凿广通渠,这条运河把长安和潼关连接起来,使沿黄河西上的漕船不经渭水直达京城。此外,为了统一江南,开皇七年(公元587年),又着手开挖大运河的江淮河段,于扬州开山阳渎,以通漕运。山阳渎南起江都,北至淮安,长约300里,沟通了长江和淮河。山阳渎实际上是邗沟旧道的全面整修和疏浚。

四、隋唐时期

在以上基础上,隋炀帝组织续修了4条首尾衔接的运河,即通济渠、永济渠、江南运河、山阳渎(扩修)。通济渠、永济渠、江南运河和山阳渎总长5 000多里,流经今河北、河南、安徽、江苏和浙江等5省,沟通长江、淮河、黄河、海河和钱塘江等水系。这样隋代的水运就以洛阳为中心,西通关中盆地,北抵河北平原,经淮河、长江、太湖和钱塘江,把华北、江南和关中地区连在了一起,从而形成了全国性的运河网。四通八达的运河网,对巩固中国的统一,促进南北的文化和物资交流具有重要的作用。运河通航后,江浙一带迅速发展,成为全国重要的财富集中地区,运河两岸的城市迅速繁荣起来,京口、江都和开封等城市很快成为当时的著名商业都会。

唐代为了发挥大运河航运的效益,比较注意运河的维修和扩建,一方面经常疏浚运河,保持通航的流通量;另一方面扩大运河受益面,使运河交通网更加深入内地。主要工程包括整理广通渠、汴渠系统的扩大、永济渠的扩大、改善山阳渎和江南运河等。

五、五代和宋元时期

五代时期,饱受战乱摧残的运河已不能继续把东南物产继续运往西北,京师长安萧条,政治中心东移。五代各朝除后唐定都洛阳,余皆在开封建都。五代后期,后周开始建立以汴京为中心的运河网,为宋代内河航运的发展奠定了基础。

北宋王朝建立后,在后周对汴河整治的基础上,继续对以汴京为中心的运河网进行大规模整治,使其运输能力大大超过其他运道而成为这一时期最重要的水路运输动脉。与此同时,北宋王朝还大力整治、扩建了蔡河、五丈河和金水河,使其一同在汴京交会,构成了著名的汴京四渠(见图 3-8),这对以汴京为中心的北宋王朝加强中央政府和各地区政治、经济和军事的联系,保持国家统一,具有特殊的积极意义。五代和北宋之所以选择汴京为国都,主要原因在于汴河航运方便,不必因涉黄河航运之险而受阻。

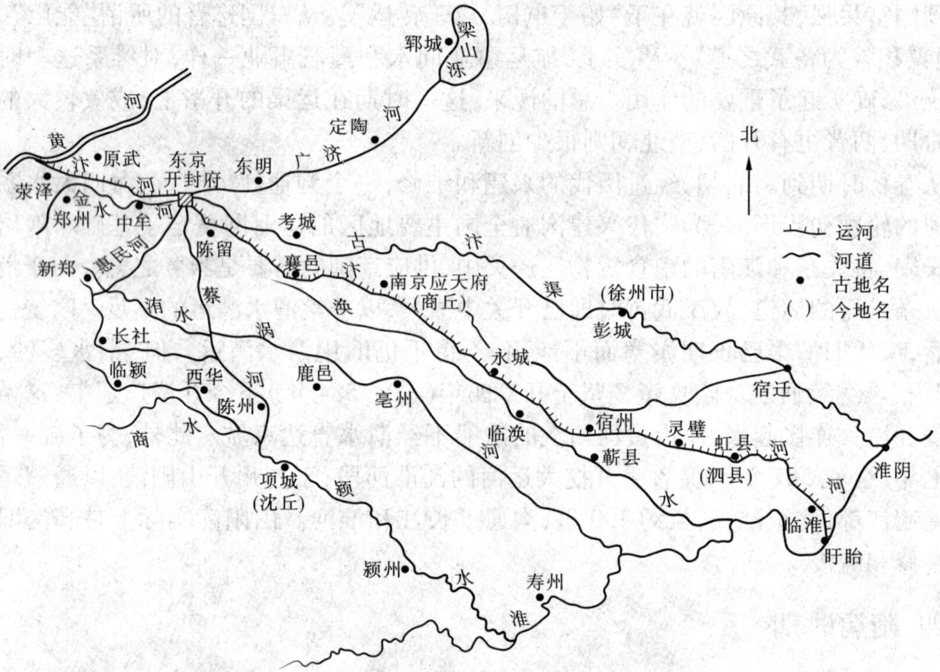

图 3-8 北宋汴京四渠示意图

北宋末年,金兵入侵,北方沦陷,破坏了四通八达的运河网。南宋以临安为行都,只能在东南一隅维持漕运,在江浙间开凿了若干运河,构成了一个小规模的东南运河系统。而在金王朝统治下的某些旧有运河则日趋没落。

元代建都大都(今北京),如何把南方经济中心与北方政治中心联系起来,是关乎元代政权生死存亡的大事。因此,沟通南北运输线,是元代水利建设的重要任务。经过元代劳动人民和著明水利专家郭守敬等人长期努力,开凿了济州河、会通河、通惠河等重要的人工运河段,使长达 1 700 多 km 的京杭大运河全线通航,在人类文明史上写下了光辉灿烂的篇章,对中国历史的发展做出了不可磨灭的贡献。

中国历史上从东南向西北的运输方向在元代改为自南向北。元初,为打通南北内河运输线，进行了不懈的努力。沟通海河、黄河、淮河、长江和钱塘江五大水系的京杭大运河的建成，就是这种努力的结果。从此中国的内河船只从南向北可由杭州直达北京，形成了一条全长 1 700 多 km 的人工运河——京杭大运河（见图 3-9）。京杭大运河是中国古代劳动人民聪明才智和辛勤劳动的结晶，是人类文明史上的一个奇迹。

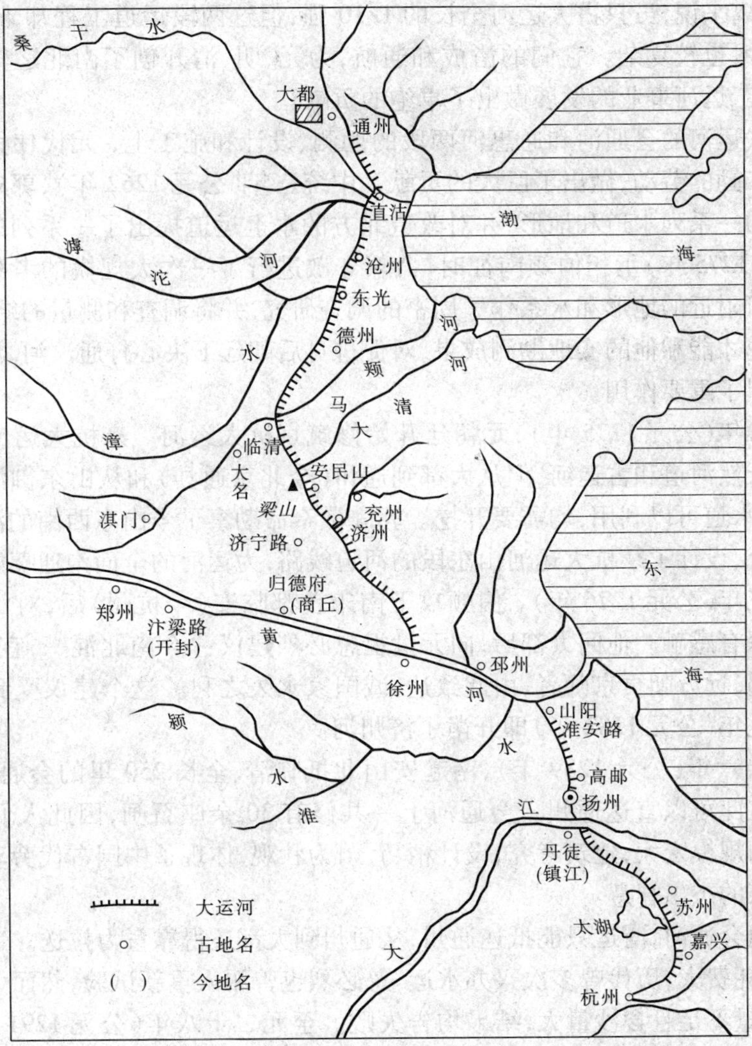

图 3-9　京杭大运河示意图

京杭大运河全程各河段有三种不同情况：一是元代开凿的新运道，即自任城到安山的济州河、安山至临清的会通河、通州至大都的通惠河三段至镇江的江南运河；二是利用天然水道通运，包括淮安到徐州的黄河水道，徐州至任城的泗水水道以及直沽到通州的潞水水道；三是利用宋以前的原有运河，其中包括临清至直沽的御河等河段、扬州到淮安的淮扬运河以及自杭州至镇江的江南运河。

江南运河、淮扬运河和御河等河段在元统一之后虽然还基本保持原状，但这些水道在宋末元初的战争年代里普遍受到损坏，河床淤塞。元统一之后，都曾不同程度地进行过一些治理。北方的御河，还经常遇到河道淤浅、河水决溢等问题，元朝廷也曾多次组织疏浚、堵塞决堤、改善管理等工作。由于元朝廷注意到对这些河段的治理，使这些河段基本保持通航，发挥航运效益。

京杭大运河元代主要是完成了济州河、会通河和通惠河三段。其中，会通河和通惠河两段，就其距离来说，虽只占大运河全长的1/10强，但这两段运道工程却十分艰巨，工程量也很大，技术也较复杂。它们的凿成和通航，为元、明、清开创了南北运输线的基本格局，为中国人工运河事业的发展做出了卓绝的贡献。

在京杭大运河的会通河和通惠河两段的勘测、设计和施工上，元代伟大科学家郭守敬曾付出了辛勤的劳动，做出了巨大的贡献。中统三年（公元1262年），郭守敬详细勘测了京师附近的一系列水道和地形，并对改造北方的水上运道提出了一系列的建议。至元十二年（公元1275年）丞相伯颜南征时，命郭守敬进行了一次大规模的考察。郭守敬当时就对会通河附近的地形和水系作了周密的调查研究，并将调查和测量的结果绘制成图。郭守敬的卓越才能和他的实地勘测成果，对促进日后朝廷下决心打通汶河、泗河与御河的水上交通线起了重要作用。

至元十二年（公元1275年），元朝廷开始修筑京杭大运河。京杭大运河主要部分是业已存在的天然河道和古运河，但从大都到通州（今北京通县）和从山东御河到汶河这两段，没有现成水道可以利用，均需要开挖。郭守敬奉命勘察了今山东西南的泗水、汶水、御河等主要河流，设计了京杭大运河山东段的河道线路，为运河的全面沟通奠定了基础。

至元十三年（公元1276年），伯颜攻下南宋首都临安（今杭州）后，对江南水路四通八达的状况深有感触。他回大都后，向元世祖忽必烈建议："今南北混一，宜穿凿河渠，令四海之水相遇，远方朝贡京师者，由此致达，诚国家永久之利。"这个建议受到忽必烈的重视。至元十九年（公元1282年）即开凿了济州河。

至元二十六年（公元1289年），南起安山北抵临清、全长250里的会通河开凿成功，江南的漕船从此可以直达通州。会通河上一共修有30余座石闸，因此人们又称其为闸河。这些石闸规模宏大，建筑考究，设计精巧，蔚为壮观，体现了中国古代劳动人民和郭守敬等水利专家的杰出智慧。

单是开通会通河，漕运只能抵达通州，从通州到大都还得靠畜力拉送。这段旱路不仅效率低，而且耗费大，历代曾多次兴办水运，忽必烈也曾派人重新试验，然而大都地区西高东低、河道水量不足且含沙量大，结果均告失败。至元二十八年（公元1291年），郭守敬在认真总结前人经验教训的基础上，就大都地区的水利建设提出了包括开凿大都至通州运河在内的11项建议。他经过详细勘测，发现大都西北神山（今凤凰山）的自浮泉（今龙泉）水清量大，西山诸泉也都可以利用，不必引用永定河的浑水，但由于大都与昌平之间有沙河和清河两条河谷低地，致使泉水不能径直向东南引至大都。面对这种地形条件，郭守敬设计的渠线不是把自浮泉（海拔55 m）水直接引向东南，而是向西至西山麓，然后大体沿50 m等高线南下，避开河谷低地，沿途拦截沙河、清河上源及西山诸泉，再向东南注入瓮山泊（又名七里泊，海拔40 m，清代向东南开拓，并改名为昆明湖，其作用相当于调节水库），沿渠修筑堤堰——白浮堰；往下再向东南流入高梁河（今南长河），进大都城内的积水潭（今什刹海、后海、前海），以积水潭为停泊港；从积水潭东侧开河引水，向东南方向流至文明门(今崇文门北),再经金代的闸河故道东流,穿过通州城,至城南的高丽庄与大运河相接。由于大都高出通州4丈,故沿河还修建了20余座水闸和斗门以调节水量,控制水深和流速,以保证船只平稳航行。这一工程不仅便利了漕运,还解决了大都城的洪水及其郊区的灌溉问题。

从以上情况可以看出,会通河和通惠河动工前,元王朝曾进行了长时间的酝酿和准备,如果从郭守敬实地勘测开始算起,到会通河正式动工,前后长达13年。

需要指出的是,运河地形复杂,开凿任务相当艰巨,在当时劳动工具简陋的情况下,依然具有较快的建设速度,这充分体现了中国古代劳动人民的智慧和创造精神,也说明当时中国水利工程技术走在了世界前列。

工程完工时,适逢忽必烈从上都返回大都,他当即给这段运河取名为“通惠河”,并奖赏郭守敬。从此,中国的内河船只可自杭州北上3 500多里而直抵大都,整个运河由初建时以漕运为主,迅速衍变为货运和客运并举,将海河、黄河、淮河、长江和钱塘江五大流域水运交通相互沟通,成为当时中国最重要的交通命脉,这就是著名的元代京杭大运河。

郭守敬主持修建的这些工程成了今日北京水利设施的基础工程和城市河湖水系的骨干,至今仍具有城市供排水、农田灌溉、美化城市、优化生态环境等多种作用。

第四章　中国水系的开发利用

第一节　长　江

一、长江流域概况

长江发源于世界屋脊青藏高原唐古拉山脉主峰海拔 6 221 m 的各拉丹冬雪山西南侧的沱沱河，流经青海、西藏、四川、云南、重庆、湖北、湖南、江西、安徽、江苏、上海 11 个省（区、市），在崇明岛以东注入东海，全长 6 300 余 km。长江是中国第一大河，世界第三大河。长江流域幅员辽阔，江湖众多，土地肥沃，气候温和，资源丰富，历史文化悠久，既是中华民族的重要发祥地之一，也是中国总体经济实力最为雄厚的地区之一。

（一）庞大的水系

长江有数以千计的支流，它们大致呈南、北辐射状，延伸到甘肃、陕西、贵州、河南、广西、广东、福建、浙江 8 个省（区）。干支流构成庞大的水系，流域面积 180 万 km^2，占全国总面积的 1/5 强；此外，淮河大部分水量也通过大运河汇入长江。长江主要支流概况见表 4-1，长江水系示意图见图 4-1。

表 4-1　长江主要支流概况

河　名	河　长（km）	流域面积（km^2）	多年平均流量（m^3/s）	年径流量（亿 m^3）
雅砻江	1 571	128 444	1 810	571
大渡河	1 155	90 700	1 570	495
岷　江	735	135 000	2 850	877
嘉陵江	1 120	160 000	2 120	710
乌　江	1 037	87 920	1 650	508
沅　江	1 022	89 163	2 170	667
湘　江	844	94 660	2 370	653
汉　江	1 577	159 000	1 710	511
赣　江	751	83 500	2 130	675

注：长江支流流域面积超过 1 000 km^2 的有 437 条，超过 3 000 km^2 的有 170 条，超过 10 000 km^2 的有 49 条。

长江年入海水量 9 600 亿 m^3，占全国河流径流量 26 380 亿 m^3 的 37%，为中国第二大河黄河的 20 倍。表 4-1 所列各大支流的年水量大都超过黄河。

根据河流的水文、地理特征，长江从江源至湖北宜昌称为上游，长 4 500 余 km；宜昌至江西湖口称为中游，长 955 km；湖口至长江口称为下游，长 938 km。

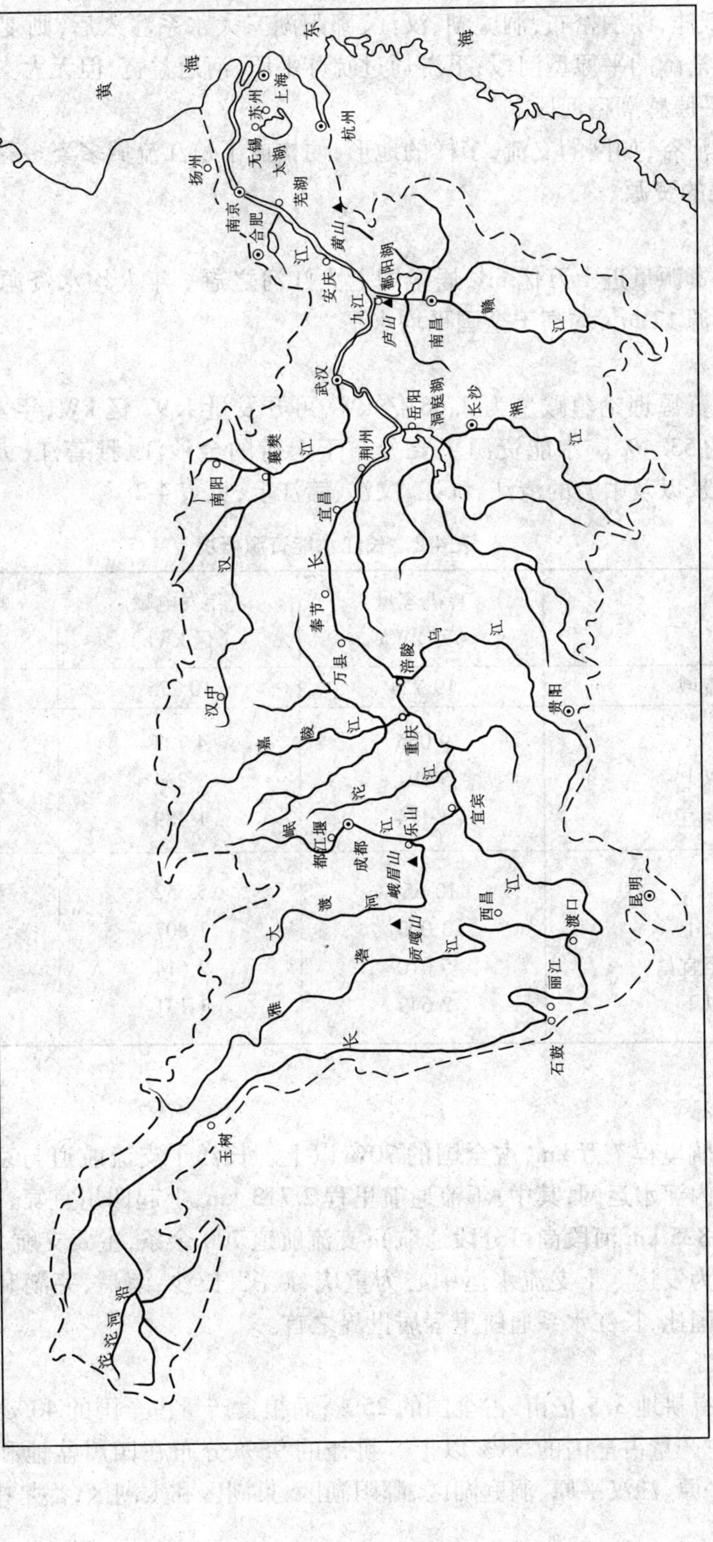

黄海
东海
扬州
南京
合肥
无锡
苏州
上海
太湖
芜湖
杭州
黄山
鄱阳湖
安庆
九江
庐山
南昌
赣江
武汉
岳阳
洞庭湖
长沙
湘江
襄樊
南阳
汉江
荆州
宜昌
长江
奉节
万县
涪陵
乌江
贵阳
汉中
嘉陵江
重庆
沱江
宜宾
岷江
都江堰
成都
乐山
峨眉山
昆明
西昌
渡口
大渡河
贡嘎山
雅砻江
丽江
石鼓
玉树
沱沱河

图 4-1 长江水系示意图

长江上游穿过青藏高原、云贵高原、四川盆地和川鄂山地，先后接纳了雅砻江、岷江、沱江、嘉陵江、乌江诸水，形成为河床坡降较大而水流湍急的峡谷型河段；中游流经两湖平原，两岸地势低洼，湖泊密布，洞庭湖、汉江、鄱阳湖三大水系注入后，则变为河道宽阔、水流较缓而水量浩瀚的平原型河段；下游通过皖苏平原，河道益宽，但无大支流入汇，且受海潮顶托，称为平原感潮型河段。

这不同的河谷，如网的支流，多样的地形，便构成了长江流域多姿多彩的地貌。

（二）富饶的资源

1. 水资源

流域年水资源量近 1 万亿 m^3，居全国七大江河之冠。年人均水资源 2 850 m^3，每亩耕地占有水资源 12 m^3，均高于全国平均水平。

2. 水能资源

流域水能资源理论蕴藏量为 2.68 亿 kW，可开发量 1.97 亿 kW，年发电量约 1 万亿 kWh，占全国的 53.4%。水能资源主要分布于上游的金沙江、雅砻江、大渡河、岷江、乌江、长江三峡段，以及中游的清江、沅江、汉江、赣江上，见表 4-2。

表 4-2 长江水能资源概况

河　段	装机容量（万 kW）	年发电量（亿 kWh）	电量所占比重（%）
全流域	19 724	10 275	100
干流	9 065	4 723	46.0
其中：宜宾以上	5 891	3 234	31.5
宜宾至宜昌	3 174	1 489	14.5
支流	10 659	5 552	54.0
其中：宜宾以上	3 000	1 807	17.6
宜宾至宜昌	5 010	2 614	25.4
宜昌以下	2 649	1 131	11.0

3. 水运资源

长江总通航里程 7 万 km，占全国的 70% 以上。长江干支流航道与京杭运河共同组成中国最大的内河水运网，其中：干流通航里程 2 713 km，上起四川宜宾，下至长江口（云南维西至宜宾 825 km 河段尚可分段通航）；支流航道 700 余条，主要支航 50 余条，以下游的太湖水系最为发达。干支流水运中心为重庆、武汉、长沙、南昌、芜湖和上海等 6 大港口。与世界各国比，长江水系通航里程居世界之首。

4. 农业资源

长江流域有耕地 3.5 亿亩，占全国的 25%；而粮食产量占全国的 40%，水稻产量占全国的70%，棉花产量占全国的 33% 以上。耕地的 95% 分布在四川盆地和长江中下游地区，其中成都平原、江汉平原、洞庭湖区、鄱阳湖区、巢湖区和太湖区，都是中国著名的商品粮生产基地。

5. 森林与野生动植物资源

流域内林木资源量占全国的1/4，主要林区分布在川西、滇北、鄂西、湘西和江西等地。用材林仅次于东北林区，经济林则居全国首位，以油桐、漆树、柑橘、竹林等最为著称。国家重点保护的野生动植物群落、物种和数量在中国七大流域中多占首位。流域内已建立了约100处多保护目标的自然保护区。古老珍稀的孑遗植物如水杉、银杉、珙桐等，珍稀野生动物如大熊猫、金丝猴、白鳍豚、扬子鳄、中华鲟、朱鹮等驰名中外，多属长江流域所特有。

6. 淡水鱼资源

长江流域湖泊众多，河川如网，鱼类的品种、产量均居全国首位，可占全国产量的60%以上。现有水面约1.3亿亩，接近全国淡水总面积的1/2，其中可供养殖的约5 000万亩。长江水系淡水鱼已知的有274种，为全国淡水鱼种的39%，主要经济鱼类60多种。产区主要在中下游水域，目前渔业以淡水人工养殖为主，天然捕捞量不高。

7. 矿产资源

在全国已探明的130种矿产中，长江流域有110余种，占全国的80%。各类矿产中储量80%以上的有钒、钛、汞、磷、萤石、硭硝、石棉等，占50%以上的有铜、钨、锑、铋、锰、高岭土、天然气等。全国11个大型锰矿、8大铜矿，长江流域分别占有5处、3处；湖南、江西的钨矿，湖南的锑矿，湖北的磷矿，均居全国之首。流域内煤矿储量少，仅占全国的7.7%，主要集中于黔、川、滇三省，其中黔西六盘水煤矿居全国第三位。

8. 旅游资源

长江流域幅员广大，历史悠久，景观纷呈，旅游资源富甲全国。昆明、成都、重庆、南京、扬州、镇江、苏州、江陵、武汉、上海、杭州、南昌、长沙等历史文化名城，以及风景名胜峨眉山、九寨沟、三峡、张家界、九华山、黄山、庐山、太湖等都是全国著名的游览胜地。

二、长江的治理

据历史记载，从公元前206年至公元1911年的2 117年间，长江共发生洪灾214次，平均10年一次，19世纪中叶，连续发生了1860年和1870年两次特大洪水。20世纪长江又发生了1931年、1935年、1954年和1998年等多次洪水，历次大洪水都造成了重大的灾害损失。其中最大的一次是1870年，这次洪水在宜昌的最大洪峰流量高达10.5万m^3/s。由于这些洪水往往来自川江，出三峡后进入中游平原，而首当其冲的荆江河段的洪水安全泄量只有6万m^3/s，两岸的洞庭湖平原和江汉平原又特别低洼，故荆江两岸堤防最易溃口成灾。

长江干支流每年5月入汛，7、8月份进入主汛期，至10月起逐渐消退，转入枯水期。各支流入汛时间有前有后，一般是中下游水系早于上游水系。致灾水情大致有下述情况：一种是中下游水小，上游水大，在上游河谷两岸造成水灾；一种是上游水势特大，除在当地成灾外，还危害长江中游，尤其是荆江河段；一种是上游与中下游洪水遭遇并发，造成流域性灾害。

一些支流如上游水系的岷江、沱江、嘉陵江，中下游水系的清江、洞庭湖“四水”、汉江、鄱阳湖“五水”和太湖诸水的中下游河段或滨湖水网地区所出现的水灾,属于区域性水灾,范围及损失终究有限。长江中下游平原是人口密集的工农业区,在这一带发生的水灾,损失往往最为严重。

长江干支流堤防共有33 000 km,其中干流堤防约3 000 km。由于水灾的主要成因是洪水量大、河道宣泄能力有限,所以尽管堤防不断修筑但仍不免溃口。以现在国家确保长江最重要的荆江大堤为例,它从1497年(明弘治十年)至1849年(清道光二十九年)的352年里,溃口24次,其中1788年(清乾隆五十三年)溃口20多处。1931年长江发生流域性水灾,荆江大堤及中下游其他堤防广泛溃口,中下游平原受灾田地5 090万亩,灾民2 288万人,死亡14.2万人,曾成为举世震惊的大灾难。

新中国成立后,在党和政府的领导下,长江两岸人民开展了根治洪患、开发水利的斗争,并取得了很大的成就。消除洪水威胁,一直是长江水利建设的头等重要任务。长江防洪重点在中下游平原地区,长江干流的洪水洪峰高,在宜昌、城陵矶、湖口都曾出现1万 m^3/s 的洪峰,1954年宜昌7、8月洪量2 495亿 m^3 和湖口1954年7、8月洪量达4 240亿 m^3,持续时间均长,1954年超过河道警戒水位达2~3个月,河道安全宣泄能力远不能与上游来水量相适应。在全面分析长江洪水灾害的基本规律后,1958年在《长江流域综合利用规划要点报告》中确定:防洪是长江流域规划的首要任务,近期防洪的基本方针是“蓄泄兼筹,以泄为主”。该报告将长江流域综合利用规划归纳为5个方面:①以防洪、发电为主的水利枢纽开发计划;②以灌溉、水土保持为主的水利化计划;③以防洪除涝为主的平原湖泊区综合利用计划;④以航运为主的干流航道整治与南北运河计划;⑤向相邻流域引水计划。该报告推动了综合开发治理长江的工作。

新中国成立以来,开发治理长江流域取得了一定的成就。按照“蓄泄兼筹,以泄为主”的方针,1950年首先全面整修堤防,重点加固了荆江、武汉、同马、无为等干流重点堤防3 750 km,支堤民堤3万km,不同程度地提高了防洪标准。1952年对下荆江河段裁弯取直,使裁弯河道上游约200 km^2 范围的洪水位得到不同程度的降低,兴建了荆江、杜家台分洪工程和一批蓄洪垦殖区,以蓄纳超过堤防安全泄量的洪水。丹江口、柘溪、柘林、陈村、漳河等水库,对所在支流的中下游防洪作用较为显著。

长江流域地势低洼的平原区,涝灾普遍频繁,采取了联圩并垸和开挖、疏浚排水河网等工程措施,建成排水涵闸7 000多座,机电排灌装机容量838.37万kW,除涝面积达5 815万亩,使83%以上的低洼易涝农田得到治理,4 000万亩排涝标准达到5年一遇以上。由于防洪涝抗旱能力的提高,灌溉面积比1949年以前增加了1.5倍,有效灌溉面积达2.28亿亩,占耕地面积的62%。长江流域水力资源丰富,现已建成和正在建设的1万kW以上的水电站总装机容量3 365.5多万kW,年发电量1 056亿kWh。已经建成的葛洲坝水利枢纽,装机容量为271.5万kW,年发电量141亿kWh。三峡水利枢纽建成后年发电量可达846.8亿kWh。二滩、五强溪、隔河岩、东江、铜街子、宝珠寺等一批大型水电站也为区域经济建设提供了大量洁净廉价的电力。

长江流域是全国水运最发达的地区,在对长江中下游河道进行整治时,除按防洪要求实施裁弯取直、大规模抛石、沉排护岸外,还实施对分汊河道的堵汊及沿江浅滩航道的整治疏浚工程,这对稳定河势、缩短航程、促进沿江城市码头的建设都有很大作用。在川江、乌江航道上进行大量的炸礁整治、整治险滩，改进了通航条件，另在干支流上结合水利枢纽的兴修，建筑了大量船闸、升船机等通航设施。

长江流域幅员辽阔，综合治理开发任务繁重，可治理开发的潜力很大，同时存在的问题也不少。如何兴利除弊、造福人民，还需继续努力。

三、长江流域的开发与展望

针对长江流域开发治理中存在的问题，继续开发治理长江的主要任务应该是为发展经济及改善人民生活提供防洪安全保证，积极发展水电和航运，综合利用和保护水资源。今后综合利用的初步安排如下：

(1)防洪。长江流域受洪水威胁的地方很广，上游、中下游干支流洪水都要防治，干流和重要支流达到能有效控制常遇洪水，重要河段能防御20世纪曾发生过的大洪水，遇特大洪水能有应急措施。要切实贯彻“蓄泄兼筹，以泄为主”的方针，进一步加高加固堤防；增加泄洪能力；加强分洪区建设，健全洪水预报警报系统；兴建更多的干支流水库与三峡水利枢纽联合运用，以达到更有效地控制长江干支流洪水、合理开发水资源的目的。

(2)治涝。长江流域平原地区地势低洼易涝，治涝是治理长江的一项重要任务。因此，必须进一步改善涝区工程设施，提高其排涝能力，使低洼易涝农田的排涝标准普遍达到10年一遇。

(3)灌溉。长江流域是全国的主要农业基地，但灌溉发展不平衡，丘陵山区灌溉设施少，干旱严重。要积极发展以中小型为主的灌溉工程，适当增加有效灌溉面积。因地制宜提出灌溉发展规划，四川盆地、南阳盆地、吉泰盆地以及分散在各地的干旱丘陵、两湖流域的商品粮基地应是重点发展的灌溉区。

(4)航运。长江横贯中国大陆东西，是沟通沿海与西南的重要航运干线。需加快长江水系航运发展的速度，改善通航条件，充分发挥干支流航运的潜在优势。结合水利枢纽建设，改善上游航道，通过河道整治，稳定中下游河势，增加通航水深，综合治理长江口，使江海直达。

(5)水土保持。长江流域水土流失日趋严重，急需大力开展水土保持工作。找出并消除水土流失的因素，制止人为的森林植被破坏。建立小流域综合治理试验区，合理开发利用水土资源，贯彻封山育林、退耕还林还牧政策，形成以小流域为单元的水土保持综合防护体系和良性循环的生态系统。

(6)水源保护。水源污染已成为国计民生中的一个重大问题。要保护好水源，首要任务是治理好污染源，改善水质，使生态环境不再恶化。渡口、重庆、武汉、南京、上海是治理的重点，但对污染严重的支流河道和湖泊同样需要抓紧治理。

(7)长江中下游干流河道整治。从宜昌至河口全长1 800 km的干流，沿岸是全国经济最发达地区，河势不稳，崩岸较严重，对防洪、航运、城市、港口、工农业引水、农田保护、合理利用岸线洲滩都不利。要根据各河段不同情况及国民经济发展的需要进行整治，整治重点包括：上荆江、下荆江、界牌、武汉、九江、安庆、铜陵、芜湖、马鞍山、南京、镇江、南通、河口等13个河段。

(8)南水北调。南方水多，北方水少，南水北调是改变黄淮海干旱缺水，促进华北地区工农业发展，解决天津、北京等重要城市用水的重要措施。在各大流域水资源供需平衡的基础上，提出长江可供外调水量及从长江调水的可能方案。计划从东线、中线、西线3条引水线路自南向北调水。

(9)水产养殖。长江流域湖泊、水网密布，水库塘堰众多，淡水水面广阔，为水产养殖提供了得天独厚的基地。要充分利用长江丰富的水量和航运的潜在优势，建设沿江经济走廊是完全可能且势在必行。

(10)水能资源。能源是制约国民经济发展的重要因素之一，长江流域煤炭、石油资源较少，但水能资源丰富，三峡及金沙江、乌江、岷江等均是中国水电的“富矿”，有着广阔的开发前景。全流域可开发水能资源为1.97亿kW，年发电量10 270亿kWh，相当于年产5.6亿t原煤的能量。西南、华中、华东三大区2000年年需电在5 000亿kWh以上，2030年三大区需电将达到16 000亿~20 000亿kWh。充分利用长江水能资源，不仅可以解决西南、华中、华东地区的用电要求，而且也为西电东送创造了条件，另外还可以减轻煤炭生产和交通运输的压力，减少环境污染。发展水电，要处理好防洪、发电、灌溉与航运的关系，兴建综合利用水利枢纽，承担一定防洪任务，改善工农业供水，实现渠化河道，改善通航条件，促进水资源的综合利用。

四、治理长江的主要工程

长江流域的开发治理有着悠久的历史。早在公元前7世纪就开始在长江中下游平原的河湖滩地筑圩围垦，兴建防洪工程。公元前250年秦国李冰修建了著名的都江堰工程。公元7世纪时塘、堰、陂、渠等灌溉工程普遍得到发展。公元5世纪因前人先后开通邗沟、灵渠等一系列人工运河，长江水运已四通八达。20世纪40年代后期至今长江的开发治理更是迈入了新的阶段。自1949年至今在长江上、中、下游兴修了许多蓄水、引水、提水工程，如荆江分洪工程、丹江口水利枢纽、江都水利枢纽、葛洲坝水利枢纽、乌江渡水电站、龚嘴水电站、清江隔河岩水利枢纽等。

(一)荆江分洪工程

长江自湖北枝城到洞庭湖口城陵矶一段长400 km的河道，通称荆江。荆江河道弯曲狭窄，安全泄量与上游洪水来量很不适应，北岸大堤堤顶又高出地面10多m。上游来洪量常在60 000 m^3/s以上，最大时达110 000 m^3/s，而河道只能通过60 000 m^3/s，约相当于10年一遇的洪水。每当汛期高水位时，险情迭出，若溃决，不仅江汉平原受灾，而且还会直接影响以武汉为中心的中游经济开发区(见图4-2)。

荆江分洪工程位于荆江南岸湖北公安县境内，与荆江大堤隔江相望，分洪区总面积920 km^2，总蓄洪容积62亿m^3，有效蓄洪量54亿m^3。该工程于1952年4月5日动工，6月中旬全部建成。

荆江分洪工程主要由分洪区围堤、分洪闸、节制闸、泄洪工程等组成。分洪区围堤长208 km，其中包括虎渡河河堤91 km，荆江右岸江堤98 km，南大堤20 km。分洪闸位于太平口分洪区北段，全长1 054 m，分54孔，每孔宽18 m，高5.5 m，最大设计流量8 000 m^3/s。节制闸简称南闸，控制洞庭湖分泄水量，在分洪区最南端横跨虎渡河，设计流量3 800 m^3/s。分洪区还建有分洪排水闸2座，最大排水量700 m^3/s。

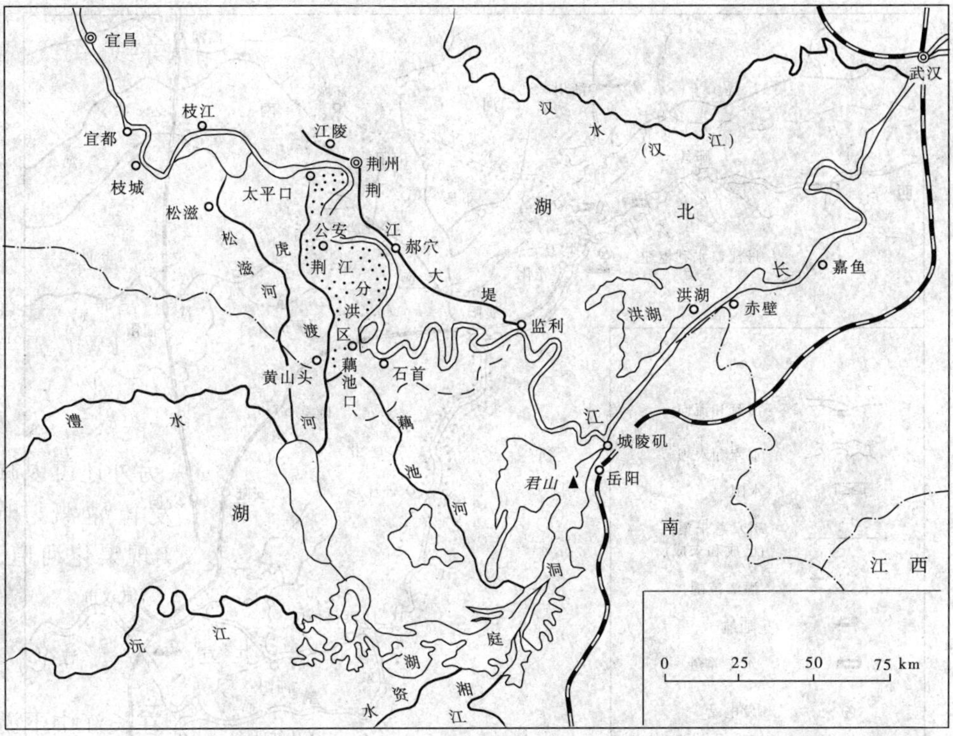

图 4-2　荆江和洞庭湖地区

(二)丹江口水利枢纽

丹江口水利枢纽是开发治理汉江和南水北调的关键性工程(见图 4-3)。该工程位于湖北丹江口市境内汉江与丹江交汇口以下 800 m 处,是汉江干流最大的水利枢纽工程,控制流域面积 95 200 km^2,具有防洪、发电、灌溉、航运、养殖等综合利用效益。枢纽分两期兴建,初期坝顶高程 162 m,正常蓄水位 157 m,相应总库容 174. 5 亿 m^3;后期坝顶高程加高至 176. 6 m,正常蓄水位 170 m,相应总库容 290. 5 亿 m^3。该工程于 1958 年 9 月开工,1973 年初期工程全部建成。两处灌溉渠道分别于 1973 年、1974 年先后建成。枢纽建成后发挥了预期的效益,如下游河道防洪标准由 6 年一遇提高到 20 年一遇。100 年一遇的洪峰流量经调蓄后,可由 51 200 m^3/s 减少到 13 200 m^3/s,不需临时分洪即能防御100 年一遇的洪水。水库不仅可灌溉河南唐河、白河流域及湖北北部 1 110 万亩农田,并为通过唐河、白河流域向华北地区调水创造了条件。枢纽电站装机 90 万 kW,可向华中地区供电,年发电量为 40 亿 kWh。该工程的兴建还改善了汉江中下游航道 650 km 及库区航道 220 km。

丹江口水库是南水北调中线工程的水源区工程,控制汉江 60% 的流域面积,多年平均年天然径流量 408. 5 亿 m^3,考虑到上游地区的发展,预测 2020 年入库水量为 385. 4 亿 m^3。

目前, 丹江口水利枢纽在已建成初期规模的基础上,按原规划续建完成,坝顶高程加高至 176. 6 m,设计蓄水位由 157 m 提高到 170 m,总库容 290. 5 亿 m^3,比初期增加库容 116 亿 m^3,增加有效调节库容 88 亿 m^3,增加防洪库容 33 亿 m^3。丹江口水库大坝加高可提高汉江中下游防洪标准,保障汉北平原及武汉市安全。

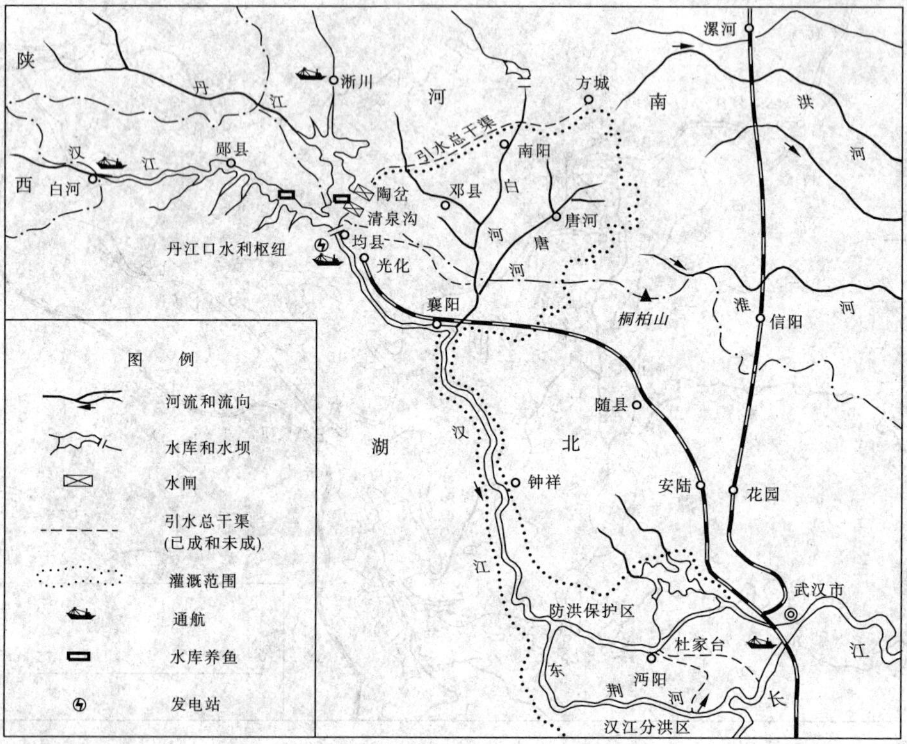

图 4-3 丹江口水利枢纽工程示意图

(三)龚嘴水电站

龚嘴水电站是开发大渡河水力资源的大型水利枢纽工程之一,位于四川乐山市境内岷江支流大渡河上。大渡河长 1 155 km,天然落差 4 177 m,流域面积 9.2 万 km^2。

龚嘴水电站为坝式水电站。坝址为 U 形峡谷,枯水期水面宽 100 ~ 120 m,河床覆盖层深 10 ~ 30 m,坝基地质条件好,是前震旦系花岗岩。电站工程分二期建设,一期水库正常蓄水位高程 528 m,总库容 3.74 亿 m^3,电站装机容量 70 万 kW,年均发电量 34.18 亿 kWh;二期水库正常蓄水位高程 590 m,总库容 18.8 亿 m^3,电站总装机容量为 210 万 kW。

电站工程主要有坝长 447 m、坝顶高程 530.5 m、坝高 86 m(二期坝高 146 m)的巨型大坝一座。大坝按 1 000 年一遇 13 000 m^3/s 流量设计,10 000 年一遇 16 400 m^3/s 流量校核,最大下泄流量 18 000 m^3/s。装有 7 台发电机组,是以发电为主的工程,同时为防洪、航运、灌溉、漂木、水产养殖提供了条件。

(四)葛洲坝水利枢纽工程

葛洲坝水利枢纽是在长江干流上修建的第一座大坝,是长江三峡水利枢纽的组成部分,因坝址处江中原有一个小岛葛洲坝而得名。工程位于湖北宜昌市境内长江三峡出口南津关下游 2.3 km 处,是三峡水利枢纽的反调节梯级工程,可改善三峡 200 km 河段的航运条件,并可形成落差发电。

枢纽的主要工程由拦河坝、发电站、船闸、泄洪闸、冲沙闸、鱼道等建筑物组成。大坝顶长 2 606.5 m,坝高 70 m,总库容 15.8 亿 m^3,枢纽总泄流能力 11.4 万 m^3/s,控制流域面积 100 万 km^2,水电站总装机容量为 271.5 万 kW,每年平均可发电 138 亿 kWh,相当于 1949 年全国总发电量的 3 倍。枢纽设有 3 座船闸,一、二号船闸,闸室宽 34 m,长 280 m,可通过万吨客轮、货轮和大型船队,是当今世界上的大船闸之一,三号船闸,闸室宽 18 m,长 120 m,可通过 3 000 t 级以下客货轮及民用船队。

(五)隔河岩水电站

隔河岩水电站位于湖北长阳县清江上游 9 km 的峡谷出口,下离清江河口 62 km,控制清江流域面积 14 430 km^2,占清江流域面积的 86.4%。

该水电站坝址处江面狭窄,两岸山顶高程在 500 m 左右,河谷底宽 120 m,多年平均流量 390 m^3/s。最大坝高 151 m,电厂装有 4 台单机容量 30 万 kW 的机组;左岸通航建筑物采用 300 t 级斜面升船机。工程于 1986 年开工建设,1994 年正式投入商业营运。这座装机容量 121.2 万 kW 的水电站提前一年建成,创造了中国水电建设史上百万千瓦级大型水电站的最快建设速度。

(六)二滩水电站

二滩水电站是雅砻江干流两河口至渡口河段 11 座梯级水电站之一,位于四川攀枝花市东北方向 40 km 处。雅砻江是金沙江左岸最大支流,发源于巴颜喀拉山南麓,向南流经四川西部,至攀枝花市汇入金沙江。甘孜以上为上游,甘孜至洼里河为中游,洼里河以下为下游。雅砻江全长 1 571 km,落差 3 870 m,流域面积 13 万 km^2,河口多年平均流量 1 870 m^3/s,多年平均年径流量 591 亿 m^3,占长江上游总水量的 13.3%,水力理论蕴藏量 3 372 万 kW,在长江各支流中仅次于大渡河而居第二位。可开发的水能资源为 2 494 kW,年发电量 1 525 亿 kWh,超过大渡河的可开发电量,居长江各支流之首。加上地质条件好,交通又方便,国家拟定在雅砻江建立水电基地,修建 11 座梯级水电站。

二滩为雅砻江干流第一座以发电为主的大型水力发电枢纽,二滩大坝坝型为混凝土双曲拱坝,最大坝高 240 m,为亚洲第一、世界第三的双曲拱坝,被誉为"高峡明珠"。水库库容 58 亿 m^3,最大泄洪能力 23 600 m^3/s,安装 6 台 55 万 kW 水轮发电机组,总装机容量 330 万 kW,年平均发电量 170 亿 kWh。二滩水电站的建成标志着中国水电建设达到了一个更高的水准。

(七)长江三峡水利枢纽

长江从青藏高原出发,流经四川盆地,接纳了岷、沱、嘉、乌等大支流,行程 4 000 余 km,至四川奉节进入举世闻名的三峡峡谷河段。这段自奉节至宜昌长 200 km 的河段,穿越瞿塘峡、巫峡、西陵峡,三峡是三者的总称(见图 4-4)。三峡水利枢纽位于西陵峡中段的三斗坪,下游距葛洲坝水利枢纽约 40 km。坝址河谷开阔,基岩为坚硬完整的花岗岩,具有修建高坝的优越地形、地质和施工条件。坝址上游集水面积 100 万 km^2,占长江流域面积的 56%,水量丰沛,年均降水量 1 147 mm,多年平均气温 16.9 ℃。坝址处年均径流量4 510 亿 m^3,为长江入海平均年径流量的 50%。

三峡水利枢纽是长江中下游防洪体系中的关键性骨干工程,主要由拦河大坝、泄洪建筑物、水电站厂房、通航建筑物等部分组成。大坝为混凝土重力坝,正常蓄水位 175 m,坝顶高程 185 m,最大坝高 175 m。泄洪坝段居河槽中部,设有 23 个泄洪深孔,22 个净宽 8 m 的表孔。泄洪坝段的两侧布置左右两个坝后式电站厂房,左岸厂房装机 14 台,右岸厂

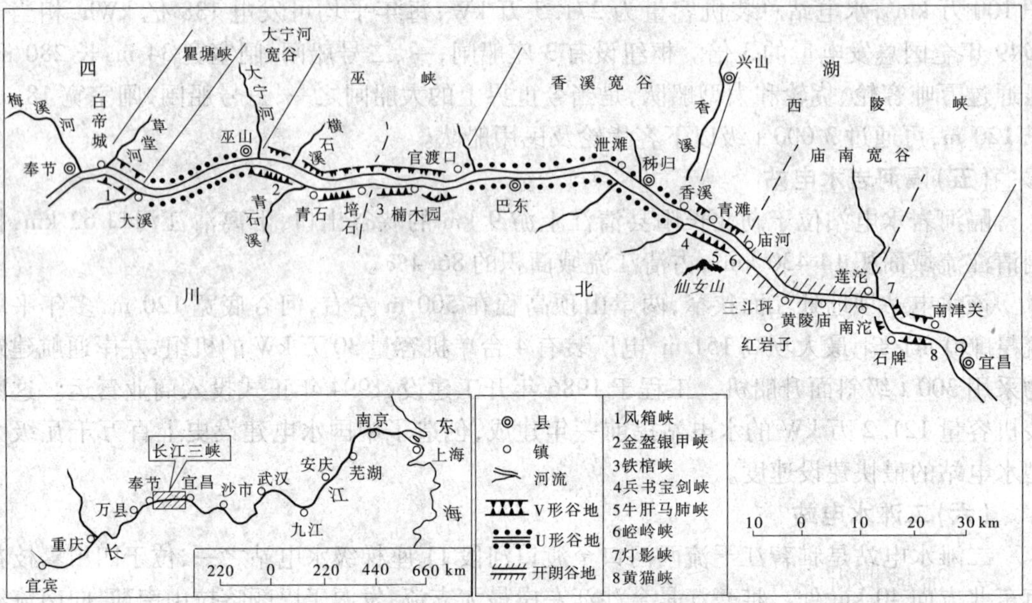

图 4-4 长江三峡河段、位置示意图

房装机 12 台，26 台总装机容量共1 820 万 kW，年发电量 840 亿 kWh。通航建筑物包括船闸和垂直升船机，布置在左岸。1992 年 4 月 3 日，七届全国人大五次会议通过了兴建三峡工程的决议。全部工程分三期施工，准备工程及一期工程施工共 5 年，二期工程施工需 6 年，三期工程施工共 6 年：工程施工总工期 17 年。

三峡工程是当今世界最大的水利枢纽工程，它的许多指标都突破了中国和世界水利工程的纪录。三峡工程从首倡到正式开工有 75 年，是世界上历时最长的水利工程；三峡工程从 20 世纪 40 年代初勘测到 50 ~ 80 年代全面系统的设计研究，历时半个世纪，积累了浩瀚的基本资料和研究成果，是世界上前期准备工作最为充分的水利工程；三峡工程的兴建问题在国内外都受到最广泛的关注，是首次经过中国最高权力机关全国人民代表大会审议和投票表决的水利工程；三峡水库总库容 393 亿 m^3，防洪库容 221.5 亿 m^3，水库调洪可削减洪峰流量达 2.7 万 ~ 3.3 万 m^3/s，是世界上防洪效益最为显著的水利工程；三峡水电站总装机容量 1 820 万 kW，年发电量 846.8 亿 kWh，是世界上最大的电站，相当于 18 个核电站的发电量；三峡水库回水可改善川江 650 km 的航道，使宜渝船队吨位由现在的3 000 t级堤高到万吨级，年单向通过能力由 1 000 万 t 增加到 5 000 万 t；宜昌以下长江枯水航深通过水库调节也有所增加，是世界上航运效益最为显著的水利工程；雄伟壮观的三峡大坝包括两岸非溢流坝在内，总长 2 335 m，犹如一座横跨长江上的“水上长城”。泄流坝段 483 m，水电站机组 70 万 kW ×26 台，双线 5 级船闸加升船机，无论单项、总体都是世界上建筑规模最大的水利工程；三峡工程主体建筑物土石方挖填量约 1.25 亿 m^3，其中混凝土浇筑量 2 643 万 m^3，钢材 59.3 万 t（金属结构安装占 28.08 万 t），是世界上工程量最大的水利工程；三峡工程深水围堰最大水深 60 m、土石方月填筑量 170 万 m^3，混凝土月灌筑量 45 万 m^3，碾压混凝土最大月浇筑量 38 万 m^3，月工程量都突破世界纪录，是水利施工强度最大的工程；三峡工程截流流量9 010 m^3/s，施工导流最大洪峰流量 79 000 m^3/s，是世界水利工程施工期流量最大的工程;三峡工程泄洪闸最大泄洪能力10万m^3/s,是世界上泄洪能力最大的泄洪闸;三峡工程的双线五级、总水头113 m的船闸,是世界上级数最多、总水头最高的内河船闸;三峡升船机的有效尺寸为120 m×18 m×3.5 m,总重1.18万t,最大升程113 m,过船吨位3 000 t,是世界上规模最大、难度最高的升船机;三峡工程水库移民最终可达百万,是世界上水库移民最多、工作也最为艰巨的移民建设工程。

1994年6月,由美国发展理事会(WDC)主持,在西班牙第二大城市巴塞罗那召开的全球超级工程会议上,三峡工程被列为全球超级工程之一。放眼世界,从大海深处到茫茫太空,人类征服自然、改造自然的壮举中有许多规模宏大、技术高超的工程杰作。三峡工程在工程规模、科学技术和综合利用效益等许多方面都堪为世界级工程的前列。它不仅为中国带来巨大的经济效益,还将为世界水利水电技术和有关科技的发展做出巨大的贡献。

第二节　黄　河

一、流域概况及特点

(一)流域概况

黄河是中国的第二大河,发源于青藏高原巴颜喀拉山北麓海拔4 500 m的约古宗列盆地,流经青海、四川、甘肃、宁夏、内蒙古、陕西、山西、河南、山东9省(区),在山东垦利县注入渤海(见图4-5)。黄河干流河道全长5 464 km,流域面积79.5万km^2(含内陆河流域4.3万km^2)。与其他江河不同,黄河流域上中游地区面积占流域总面积的97%。流域西部地区属青藏高原,海拔在3 000 m以上;中部地区绝大部分属黄土高原,海拔为1 000~2 000 m;东部属黄淮海平原,河道高悬于两岸地面之上,洪水威胁十分严重。根据水沙特性和地形、地质条件,黄河干流分为上、中、下游三个河段(见图4-6)。

河源至内蒙古托克托县的河口镇为上游。黄河自河源穿过茫尕峡谷,向东进入扎陵湖和鄂陵湖,过玛多折向东南,绕积石山向西北流,经兴海县向东流,过龙羊峡、刘家峡、黑山峡和青铜峡,流入宁夏回族自治区银川平原和内蒙古自治区河套平原,到托克托县河口镇,河道长3 472 km,水面落差3 496 m,流域面积38.6万km^2(不含内陆河流域)。河道蜿蜒曲折,多峡谷,汇入的主要支流有白河、黑河、大夏河、洮河、湟水、祖厉河、清水河、大黑河等。水力资源丰富,大部分地区降水较多,植被良好,是黄河"清水"的主要来源区。

河口镇至河南省郑州附近的桃花峪为中游。黄河过河口镇急转南下,穿行山西省、陕西省黄土高原至龙门,出龙门逐渐展宽,到潼关以后,受秦岭阻拦转向东流,三门峡以下又进入峡谷,至河南省小浪底出峡谷到桃花峪,河道长1 206 km,水面落差890 m,流域面积34.4万km^2。黄河在中游汇入的主要支流有皇甫川、窟野河、无定河、延河、汾河、洛河、泾河、渭河、伊洛河、沁河等。这里植被较差,多暴雨,是黄河洪水、泥沙的主要来源区。

桃花峪以下至入海口为下游。河道长786 km,落差95 m,流域面积2.2万km^2。河道比降平缓,上宽下窄,最宽处24 km,最窄处275 m,由于河沙大量淤积,河床逐年抬高,一般高出两岸地面4~6 m,成为横贯于华北大平原之上的"悬河",洪水全靠两岸大堤约束,历史上洪灾严重,由于河床高悬,汇入的支流很少,较大的支流有大汶河、天然文岩渠和金堤河。

黄河河口位于渤海湾与莱州湾的交汇处，河口滨海区海洋动力较弱，潮差一般在 1 m 左右，属弱潮多沙、摆动频繁的强烈堆积性河口，自山东惠民地区滨州市以下，在小清河和徒骇河两个河口之间都属于黄河河口区。黄河自垦利县宁海以下形成扇形三角洲，面积约5 400 km^2。地势西南高而东北低，一般高于大沽基面 2 ~ 10 m，再向外即为海滨区。近河口河段长约50 km，两岸现在受工程控制。河口区平均每年约承受泥沙 11 亿 t，淤积延伸速度很快，入海流路很不稳定，常常摆动改道。

从河源到河口，黄河由于流经不同的自然地理单元，流域条件差异较大，加上输沙过程中的冲淤影响，所以含沙量和输沙量的变化都很复杂。

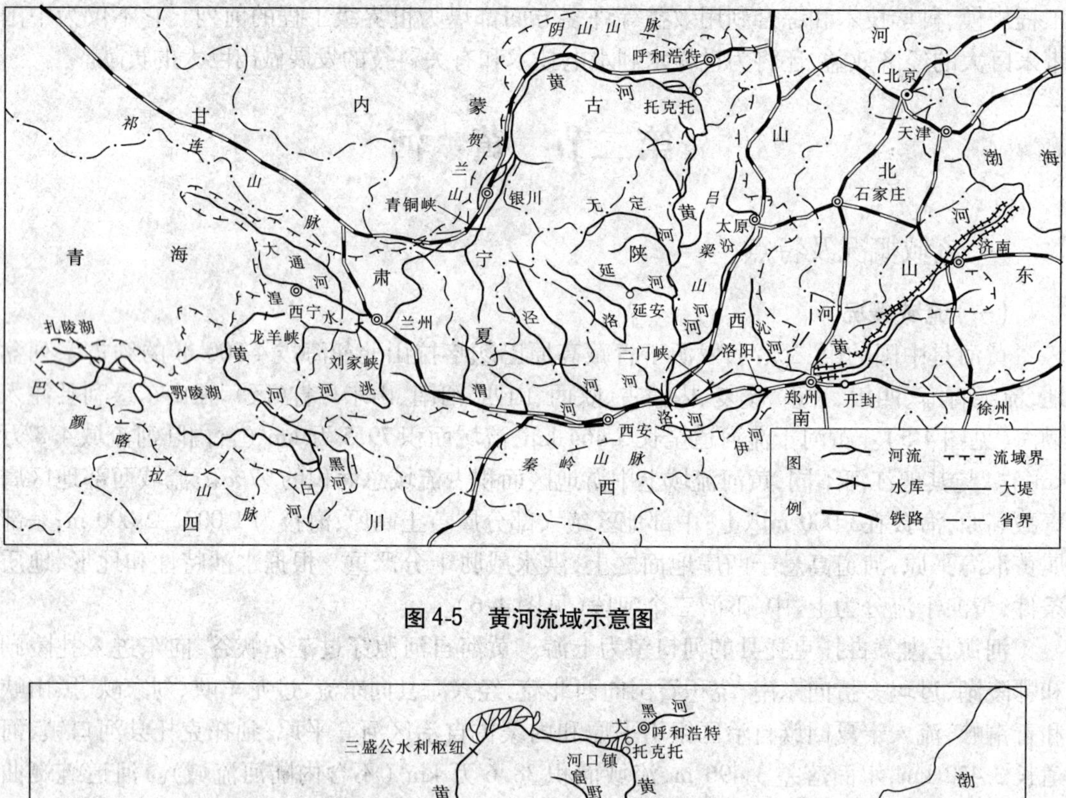

图 4-5　黄河流域示意图

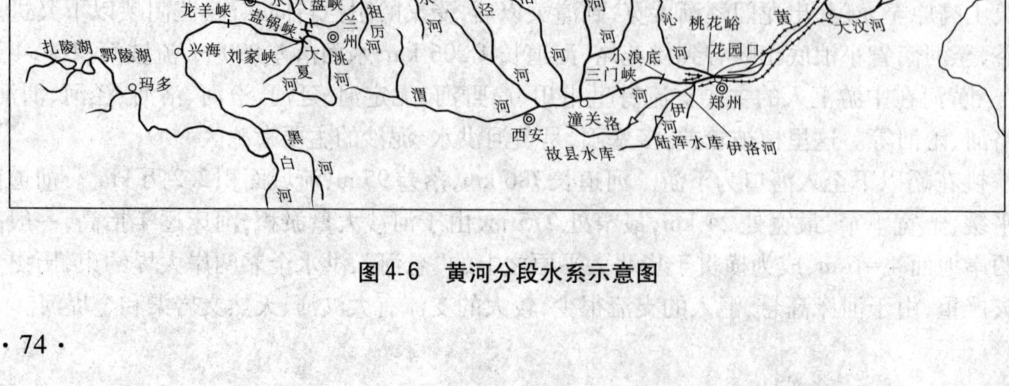

图 4-6　黄河分段水系示意图

（二）黄河的特点

黄河有着不同于其他江河的显著特点。

1. 水少沙多，水沙异源

黄河多年平均年天然径流量580亿 m^3，流域面积占全国国土面积的8.3%，而年径流量只占全国的2%。流域内人均水量527 m^3，为全国人均水量的22%；耕地亩均水量294 m^3，仅为全国耕地亩均水量的16%，再加上流域外的供水需求，人均占有水资源量更少；多年平均年输沙量16亿t，多年平均含沙量35 kg/m^3，均为世界大江大河之最。黄河56%的水量来自兰州以上，90%的沙量来自河口镇至三门峡区间。

2. 河道形态独特

黄河下游河道为著名的"地上悬河"，是海河流域与淮河流域的分水岭，现行河床一般高出背河地面4~6 m，比新乡市高出20 m，比开封市高出13 m。河道上宽下窄，最宽达24 km，最窄处仅275 m，排洪能力上大下小；河势游荡多变，主流摆动频繁。河道内滩区为行洪区，居住人口179万人，防洪任务十分艰巨。

3. 水土流失严重

黄河流经世界上水土流失面积最广、侵蚀强度最大的黄土高原，水土流失面积45.4万 km^2，占黄土高原总面积的71%。年侵蚀模数大于8 000 t/km^2 的极强度水蚀面积8.5万 km^2，占全国同类面积的64%；年侵蚀模数大于15 000 t/km^2 的剧烈水蚀面积3.67万 km^2，占全国同类面积的89%。

4. 洪水灾害频繁

据记载，从先秦时期到民国年间的2 540多年中，黄河共决溢1 590多次，改道26次，平均三年两决口，百年一改道，决溢范围北至天津，南达江淮，达25万 km^2。每次决口，水沙俱下，淤塞河渠，良田沙化，生态环境长期难以恢复。

5. 经济发展较为落后

据2000年资料统计，黄河流域人口1.1亿人，占全国总人口的8.7%；城市化率26.4%，低于全国平均水平；国内生产总值6 365亿元，占全国的6.8%，经济发展水平较低。牧业也比较落后，人均占有粮食和畜产品都低于全国平均水平。黄河上中游又是中国少数民族聚居区、革命时期的根据地和比较贫困的地区，生态环境脆弱。因此，进一步加强农业经济建设，发挥土地和光热资源的优势，提高农业生产水平，尽快使广大人民群众脱贫致富，改善生态环境，对实施西部大开发战略，保障经济和社会的可持续发展以及加强民族团结具有重大意义。

6. 资源丰富，发展潜力巨大

黄河流域总土地面积11.9亿亩，占全国国土面积的8.3%。总耕地1.97亿亩，人均1.79亩，约为全国人均耕地的1.5倍。矿产资源丰富，在全国已探明的45种主要矿产中，黄河流域有37种。黄河流域上中游地区的水能资源、中游地区的煤炭资源、中下游地区的石油和天然气资源，都十分丰富，在全国占有极其重要的地位，被誉为中国的"能源流域"。流域可开发水能资源总装机容量3 344万kW，年发电量约1 136亿kWh，在中国七大江河中居第二位。已探明煤炭储量4 492亿t，占全国煤炭储量的46.5%。流域内已探明的石油、天然气主要分布在胜利、中原、长庆和延长4个油田，其中胜利油田是中国的第二大油田。流域内其他矿产资源也很丰富,具有全国性优势的矿藏有稀土、硫、铌、石膏、铝土矿、钼、耐火黏土等,钴、锌、铅、碱、硫铁矿、铜、钨、金等矿藏量在全国也有重要地位。黄河上游及邻近地区是中国著名的有色金属长廊。

西部大开发战略的实施,将为黄河流域21世纪初经济发展带来良好的机遇。黄河流域经济带的开发将与长江经济带、沿海经济带一起,形成支撑中国经济增长的"π"字形生产力布局。黄河流域各省(区)将依托欧亚大陆桥和资源优势,发挥中心城市的作用,以线串点,以点带面,逐步形成中国特色的跨行政区域的经济带,变资源优势为经济优势。按照21世纪初中国经济发展战略布局,黄河流域重点建设的地区为:一是以兰州为中心的黄河上游水电能源和有色金属基地,包括龙羊峡至青铜峡的沿黄地带,加快开发水力资源和有色金属矿产资源,适当发展相关加工工业;二是以西安为中心的综合经济高科技开发区,集中力量将该地区建成以加工工业为主,具有较高科技水平的综合经济开发区,成为西北地区实现工业化的技术装备基地;三是黄河中游能源基地,是中国西部十大矿产资源集中区之一,包括山西南部、陕北、内蒙古西部、河南西部等,加快煤炭资源开发和电力建设,结合上游水电开发,加大西电东送、西气东输规模,建成以煤、电、铝、化工等工业为重点的综合性工业开发区;四是以黄河下游干流为主轴的黄淮海平原经济区,今后将建成全国重要的石油和海洋开发、石油化工基地,以及以外向型产业为特色的经济开发区。

预计到2010年,黄河流域人口将达1.2亿人,国内生产总值将达到12 100亿元。实施西部大开发战略,国家将加大基础设施、生态建设与环境保护力度。黄河治理开发是中国基础设施和生态环境建设的重要内容。经济社会的快速发展,迫切要求加快黄河治理开发的进程。

二、黄河治理开发现状及存在的主要问题

(一)治理开发现状

新中国成立后,党和国家对黄河治理开发十分重视,随着中国大江大河的第一部综合治理规划——《黄河综合利用规划技术经济报告》的实施,全面开展了黄河的治理开发,保障了人民生命财产安全,促进了经济发展和社会进步,改善了生态环境。

下游防洪取得了连续近60年伏秋大汛不决口的安澜局面。在黄河上陆续修建了三门峡、小浪底、陆浑、故县等干支流水库,先后4次加高培厚了黄河下游1 400 km的临黄大堤,初步开展了放淤固堤,开展了大规模的河道整治,开辟了北金堤、东平湖等滞洪区,对河口进行了初步治理,初步形成了"上拦下排,两岸分滞"的下游防洪工程体系,加强了防洪非工程措施建设,提高了黄河下游抗御洪水灾害的能力,扭转了历史上频繁决口改道的险恶局面,保障了黄淮海大平原的防洪安全和稳定发展。

黄河干流已建和在建的36座水利枢纽和水电站,总库容1 007亿 m^3,发电装机容量2 493万 kW,年平均发电量862亿 kWh;兴建了众多的支流水库及大量的灌溉、供水工程,开发利用地下水资源,灌溉面积由1950年的1 200万亩发展到目前的1.2亿亩(其中流域外0.37亿亩),在约占全流域耕地面积46%的灌溉面积上生产了70%的粮食和大部分经济作物;解决了农村2 727万人的饮水困难;为流域内外50多座大中城市和中原、胜利两油田提供了水源保障;加强了水资源保护工作,已建成水质监测站点216个,对干支流水质进行了监测,初步掌握了重要河段的水质状况。

水土保持改善了部分地区农业生产条件和生态环境，减少了入黄泥沙。水土流失初步综合治理面积累计达到18万km^2，其中建成治沟骨干工程1 390座，淤地坝11.2万座，塘坝、涝池、水窖等小型蓄水保土工程400多万处，兴修基本农田9 700万亩，营造水土保持林草11.5万km^2。现有治理措施平均每年增产粮食50多亿kg，解决了1 000多万人的温饱问题，在一定程度上遏制了水土流失和荒漠化的发展。20世纪70年代以来，水利水保措施年均减少入黄泥沙3亿t左右。

（二）治黄存在的主要问题

经过半个多世纪坚持不懈的努力，黄河治理开发取得了很大的成效，但由于黄河河情特殊，治理难度大，加之流域水利基础设施薄弱，流域管理乏力，目前还面临着许多问题，突出表现在：洪水威胁依然是心腹之患，水资源供需矛盾日益突出，水土流失尚未得到有效控制，水污染越来越严重。

1. 洪水威胁依然是心腹之患

黄河下游河段、中游的禹门口至潼关河段和三门峡库区、上游的宁蒙河段都存在不同程度的暴雨洪水和凌汛危害。黄河下游是举世闻名的“地上悬河”，洪水危害最为严重，一直是黄河防洪的重点。黄河安危，事关大局。黄河下游大堤一旦失事，南决乱淮（河）、北决乱海（河），在目前地形地物条件下，黄河洪泛可能影响范围涉及豫、鲁、皖、苏、冀5省的24个地（市）所属的110个县（市），总面积12万km^2，耕地1.1亿亩，人口8 755万人。洪水决溢将造成巨大的经济损失（数据源于2002年《黄河近期重点治理开发规划》）。京广、陇海、京九、津浦、新菏等重要铁路干线和107、310等国道及开封、新乡等重要城市可能被冲毁，中原油田、胜利油田、兖济煤田、淮北煤田等重要能源基地将严重受损，多年建设起来的灌溉排水系统及治淮、治海工程体系将毁于一旦。洪水决溢不仅对经济社会造成极大破坏，而且水退沙存、河渠淤塞、良田沙化，对生态环境将造成长期的难以恢复的不良影响。

目前，小浪底水库已建成投入运用，下游稀遇洪水得到有效控制，河床淤积在一定时期内得到缓解，但黄河下游泥沙淤积问题长时期内难以根本解决，下游堤防质量差，河势变化大，中常洪水也可能“冲决”和“溃决”大堤，防洪形势仍很严峻。突出问题是：

（1）泥沙问题在相当长时间内难以根本解决，历史上形成的“地上悬河”局面将长期存在。20世纪90年代黄河河床与50年代相比，普遍抬高2～4 m，河床高出背河地面4～6 m，局部河段高出10 m以上。1996年8月，花园口站洪峰流量7 860 m^3/s，其水位比1958年的22 300 m^3/s大洪水还高0.91 m。要控制下游河道不淤积抬高，在充分发挥小浪底水库拦调洪水泥沙作用的同时，还必须采取多种措施，综合治理才能解决。

（2）小浪底至花园口区间洪水尚未得到控制，下游仍有发生大洪水的可能。在现有工程条件下，花园口100年一遇和1 000年一遇洪峰流量分别达15 700 m^3/s和22 600 m^3/s，发生这样的洪水均超过了艾山以下堤防设防标准，且预见期只有8 h，对下游防洪安全威胁很大，特别是滩区和东平湖滞洪区群众迁安救护十分困难。

（3）堤防质量差，隐患多，断面不足，险工防护能力低，仍有溃决的可能。黄河下游大堤堤身多为沙质土，抗冲能力差，历史决口口门多，基础条件复杂。现有险工标准低，坝顶高程不足，根石坡度陡，深度浅，稳定性差。虽经多年的加固处理，但仍存在许多隐患及薄弱环节。

(4)控导工程不完善,已建工程标准低,主流游荡变化剧烈,严重危及堤防安全。高村以上宽河段长299 km,控导工程不完善,河势游荡还很剧烈,常形成"横河"、"斜河",严重危及堤防安全。现有控导工程标准低,根石稳定性差。小浪底水库运用初期下泄相对清水期间,下游河床将冲刷下切,河势变化加剧,工程出现险情的可能性将增加。

(5)东平湖滞洪区围坝质量差,退水困难,安全建设遗留问题较多。东平湖滞洪区是确保山东艾山以下河段防洪安全的一项重要分滞洪工程措施,但围坝质量差,蓄洪时渗水严重。湖区内安全设施少,现有避水村台标准低,还有16.89万人无避洪设施。同时由于黄河河道淤积抬高,排水入黄困难。

(6)黄河下游滩区安全设施少、标准低。黄河下游两岸大堤之间的滩地属黄河行洪区,面积3 956 km^2,人口178.3万人,淹没机遇多,而现有避水设施及交通道路少,不能满足就地避洪和撤退转移的需要。

(7)防洪非工程措施不适应防汛抢险要求。主要是水文测报设施、设备陈旧老化,数量不足,洪水预报预警系统建设滞后、预报精度低、预见期短,防汛抢险交通条件差,机动抢险队伍数量少、装备不足,防汛决策指挥系统自动化水平低等。

2. 水资源供需矛盾十分突出

(1)用水已超过黄河水资源的承载能力,缺水严重。黄河流域多年平均年河川径流量580亿 m^3,随着经济社会的快速发展,用水量持续增加,生产、生活年用水量已由20世纪50年代的120亿 m^3 增加到目前的307亿 m^3(其中流域外耗用106亿 m^3),导致黄河下游断流日益严重。1972~1998年的27年中,有21年下游出现断流,累计达1 050 d。1990~1998年,几乎年年断流,且历时增加,河段延长。1997年情况最为严重,距河口最近的利津断面全年断流达226 d,断流河段曾上延至河南开封附近。黄河下游的频繁断流和入海水量减少,造成水资源供需矛盾加剧,生态环境恶化,水质污染加重,对河口地区的湿地和生物多样性构成严重威胁,同时使主河槽淤积增加,过流能力减小,防洪负担加重。

1999年对黄河干流实行水量统一调度以来,断流现象虽然有所缓解,但黄河流域属资源性缺水地区,加之流域统一管理十分薄弱,权威、高效、协调的流域管理体制尚未形成,统一调度管理还缺少必要的法律、行政、经济调节和现代化的管理手段,黄河缺水断流问题还没有从根本上解决。

(2)随着经济社会的快速发展,水资源供需形势将更加严峻。预测2010年,在充分考虑节水的情况下,黄河流域及相关地区国民经济年总需耗水量520亿 m^3。考虑下游河道汛期输沙和非汛期生态基流低限需水量后,正常来水年份黄河流域可供国民经济年最大耗水量为480亿 m^3(包括地下水110亿 m^3),缺水40亿 m^3;在中等枯水年份,年缺水量将达100亿 m^3。缺水已成为黄河流域和相关地区经济社会可持续发展的主要制约因素。

3. 水土流失及水环境恶化尚未得到有效遏制

(1)水土流失尚未得到有效遏制。黄土高原地区治理水土流失面临的突出问题有:一是长期以来投入严重不足,治理进度缓慢,现有治理标准低,工程不配套,林草成活率低。现有措施的维护、巩固、配套、提高的任务还很重。二是多沙粗沙区治理严重滞后,沟道坝系工程少。黄土高原7.86万 km^2 的多沙粗沙区,产沙十分集中,既是黄河下游河道泥沙淤积的主要来沙区，又是经济落后、生态环境最为脆弱的地区。由于沟道坝系工程少，拦减泥沙效果不明显。三是预防监督和管理不力，边治理、边破坏在一些地方还相当严重。特别是在晋陕蒙、豫陕晋接壤地区煤炭和有色金属的开采过程中，忽视经济建设与环境保护的关系，使本来就十分脆弱的生态环境更加恶化；子午岭、六盘山林区面积也在逐年减少。随着人类对自然界索取的不断增加，产生新的水土流失因素增多，对环境的压力越来越大。

(2)水污染日趋严重。黄河流域工业长期沿袭低投入、高消耗、重污染的发展模式，用水量和排污量大的企业较多，特别是20世纪80年代中期到90年代初期，小造纸、小化工、小制革等“十五小”重污染型企业发展很快，污染源增多，排污量加大；同时水污染治理严重滞后，缺乏有效监督，大量未经处理或达不到排放标准的废污水进入黄河干支流。90年代初，每年排入黄河干支流的废污水量达42亿 m^3，比80年代初增加了1倍，使水质呈急剧恶化之势。国家环保局1997年发布的《中国环境状况公报》表明，黄河污染（Ⅳ类及劣于Ⅳ类水质）河长占评价河长的比例已居全国七大江河的第二位。2000年水质监测结果与1985年相比，Ⅳ类、Ⅴ类及劣于Ⅴ类水质河长比例增加了30.4%。水质恶化不仅直接影响人民生活和身体健康，而且大大加剧了水资源的紧缺程度。

初步估计2010年全流域废污水排放量将超过65亿 m^3，同时，农牧业施用农药化肥等污染对水质的影响也有进一步扩大之势。如不及时采取有效措施，黄河干支流大中城市所在河段的水质有可能全部超过Ⅴ类水质标准，将严重影响黄河供水安全。

三、黄河的治理规划

（一）治理规划

规划的指导思想是：坚持全面规划、统筹兼顾、标本兼治、综合治理的原则，实行兴利除害结合、开源节流并重、防洪抗旱并举。把防洪作为黄河治理开发的一项长期而艰巨的任务，把水资源的节约和保护摆到突出位置，把水土保持作为改善农业生产条件、改善生态环境和治理黄河的一项根本措施，持之以恒地抓紧抓好。从战略高度全面规划、合理安排、分步推进。以水资源的可持续利用，支撑流域及其相关地区经济社会的可持续发展。

1. 防洪减淤

基本思路是：“上拦下排、两岸分滞”，控制洪水；“拦、排、放、调、挖”，处理和利用泥沙。解决黄河的洪水和泥沙问题，必须采取综合措施。“上拦”就是根据黄河洪水陡涨陡落的特点，在中游干支流修建大型水库，以显著削减洪峰；“下排”即充分利用河道排洪入海；“两岸分滞”即在必要时利用滞洪区分洪，滞蓄洪水。“拦”主要是靠上中游地区的水土保持和干支流控制性骨干工程拦减泥沙；“排”就是通过各类河防工程的建设，将进入下游的泥沙利用现行河道尽可能输送入海；“放”主要是在下游两岸处理和利用泥沙；“调”是利用干流骨干工程调节水沙过程，使之适应河道的输沙特性，以利排沙入海；“挖”就是挖河淤背，加固黄河干堤，逐步形成“相对地下河”。通过综合治理，谋求黄河长治久安。

2. 水资源利用及保护

节约用水是缓解黄河水资源供需矛盾的有效途径，要以提高用水效率为核心，全面推行各种节水技术和措施，发展节水型产业，建立节水型社会，城市建设和工农业布局要充分考虑水资源的承受能力。有重点地开展灌区的节水配套改造,大力发展节水农业;充分利用雨水资源,实行耕作制度改革,提高旱作农业生产水平。加大以节水为重点的结构调整和技术改造力度,严格限制高耗水重污染项目,鼓励发展用水效率高的高新技术产业,搞好城市工业和生活节水。要合理划定水功能区,实行入河污染物总量和省界断面水质双控制,并加强部门合作,实行水量、水质的统一管理和保护。加强水资源的统一管理是缓解黄河缺水的重要手段,要统筹考虑城乡生活、生产和生态环境等各方面对水量和水质的要求,加强水资源统一管理和科学调度。为从根本上缓解黄河流域资源性缺水问题,要从长计议、周密计划,积极做好南水北调的前期工作,按照先节水后调水、先治污后通水、先环保后用水的原则,抓紧做好规划,尽快开工建设。

3. 水土保持生态建设

黄土高原地区自然地理条件复杂,水土保持是一项十分艰巨的任务。必须从人口、资源、环境协调发展的高度,坚持人与自然的协调与和谐,加强生态保护,充分发挥生态系统的自我修复能力。考虑黄土高原重力侵蚀严重的特点,要以产沙集中、对黄河下游河道淤积有重要影响且经济相对落后的多沙粗沙区为重点,以小流域为单元,采取工程、植物和耕作综合措施,注重治沟骨干工程和一般淤地坝建设。同时,进一步加大水土保持监督执法力度,加强对开发建设项目的水土保持监督管理,切实控制人为造成新的水土流失。

(二)治理开发目标

通过长期不懈的努力,到21世纪中叶,建成完善的黄河防洪减淤体系,有效控制黄河洪水泥沙,初步形成"相对地下河",谋求黄河长治久安。形成节水型社会,实现南水北调西线工程年向黄河流域调水170亿 m^3 左右,使黄河供需水矛盾基本解决。黄河流域地表水水质恢复到良好状态。黄河流域适宜治理的水土流失区基本得到治理,平均每年减少入黄泥沙达到8亿 t,生态环境实现良性循环。

通过综合治理,近期达到下述目标:初步建成黄河防洪减淤体系,基本控制洪水泥沙。确保防御花园口站洪峰流量22 000 m^3/s 堤防不决口,基本控制游荡型河道河势。相对稳定入海流路。上中游干流重点防洪河段的河防工程达到设计标准。

完善水资源统一管理和调度体制。节水初见成效,灌区灌溉水利用系数由目前的0.4左右提高到0.5以上,大中城市工业用水重复利用率由目前的40%～60%提高到75%左右。争取南水北调工程年向黄河流域调水40亿 m^3 左右,供需矛盾初步缓解,一般年份基本解决断流问题。

进入黄河干流的污染物符合总量控制要求,黄河干流水质满足水功能区要求,除排污控制区外,分别达到Ⅱ、Ⅲ类水质标准;主要支流饮用水源区及污染较轻的河段,达到水功能区水质要求,污染较重的河段,水质明显改善。

基本控制人为因素产生新的水土流失,黄土高原新增治理水土流失面积12.1万 km^2,其中多沙粗沙区治理面积为5.5万 km^2,平均每年减少入黄泥沙达到5亿 t,水土保持初见成效,遏制生态环境恶化的趋势。

四、治理开发黄河的主要工程

黄河治理开发的重点在干流,根据对黄河干流的规划,黄河上中游龙羊峡至桃花峪河段拟建30级水利枢纽,已建的水利枢纽从上游向下游依次为龙羊峡、李家峡、刘家峡、盐锅峡、八盘峡、大峡、青铜峡、三盛公、万家寨、天桥、三门峡、小浪底,其中龙羊峡、刘家峡、三门峡和小浪底是治理开发黄河的控制性骨干工程。

(一)龙羊峡水电站

龙羊峡水电站位于青海省共和县境内,是黄河流域综合利用梯级开发规划中最上游的一级电站,控制流域面积1.3万km^2,占黄河流域面积(不含内陆河流域面积,下同)的1.7%。水库总库容247亿m^3,是黄河梯级开发中的“龙头”水库。经过它的调节,可对其下游一系列梯级电站提高枯水期出力,并对甘、宁、蒙沿黄地区增加灌溉、防洪等综合效益。

枢纽由混凝土重力拱坝、坝后式厂房、开敞式溢洪道等部分组成,最大坝高178 m。电站装机容量128万kW,年发电量59.8亿kWh。通过龙羊峡、刘家峡两水库的联合调节,可使下游已建的刘家峡、盐锅峡、八盘峡、青铜峡4座水电站年发电量增加5.4亿kWh,新增灌溉面积1 500万亩,提供工业用水4.6亿m^3,还可提高兰州市的防洪标准。

(二)刘家峡水电站

刘家峡水电站位于甘肃省永靖县境内,距兰州市约100 km,是西北电力系统中的骨干电站,兼有灌溉、防洪、防凌、航运及养殖等综合效益。

装机容量122.5万kW,年发电量55.8亿kWh。水库总库容57亿m^3,有效库容41.5亿m^3。除和龙羊峡水库联合蓄洪补给调节外,可解除兰州市100年一遇的洪水灾害;在解冻期控制下泄流量,可防止内蒙古河段的冰凌危害;库区内的航运及养殖事业也得到相应的发展,综合效益显著。

枢纽由混凝土重力坝、厂房、泄洪建筑物组成。最大坝高147 m,电站厂房采用地面和地下混合式布置,泄洪建筑物包括垭口溢洪道和右岸泄洪隧洞。

(三)三门峡水利枢纽

三门峡水利枢纽位于河南省三门峡市和山西省平陆县的边界河段,控制流域面积68.4万km^2,占黄河流域面积90.9%。1954年黄河治理规划中,把三门峡工程列为根治黄河水害、开发黄河水利最重要的综合利用水利枢纽,推荐为第一期工程。

三门峡水利枢纽于1957年4月开工,1960年大坝建成开始蓄水,运用中发现泥沙淤积很严重,潼关河床很快淤高,渭河汇入黄河处发生拦门沙,淤积沿渭河向上游迅速发展,造成渭河两岸农田的淹渍和浸没,甚至将威胁到西安市的防洪安全。1964年治黄会议,决定对三门峡工程进行改建。

第一次改建工程,于20世纪60年代中期实施两洞四管的泄流排沙措施。首先将4根发电引水钢管改为泄洪排沙钢管,接着在大坝左岸打两条8m×8m的泄洪排沙洞。

第二次改建工程于70年代初期进行,改建工程包括:打开大坝底部原来施工导流用的8个位于280 m高程的底孔和7个位于300 m高程的深孔(1960年水库蓄水时这些底孔和深孔都用混凝土严密封堵了);把5个发电进水口由原来的底坎高程300 m降到287 m;安装5台5万kW的低水头水轮发电机组,共25万kW,1973年开始发电。

泄流二期改建工程于1985年开始进行,1990年7月完成,具体项目包括:溢流坝1~8号底孔改建,打开溢流坝9号和10号底孔,左岸隧洞进出口塌方及冲坑基础处理。

水电站机组扩建工程自1991年4月15日开工,6号机组1994年4月28日并网发电，7 号机组 1996 年底扩装完工。机组扩建后，电力生产规模由原来的 25 万 kW 扩大到 40 万 kW。

改建后的三门峡水利枢纽，由混凝土重力坝、坝后式厂房、左岸两条排沙泄洪洞组成，能起到一定的防洪、防凌、发电、灌溉等作用，特别是在运用实践中创造出的"蓄清排浑，调水调沙，保持长期有效库容"的运用方式符合黄河水沙运动的特点，是中国水利工作者的一个重大贡献。

（四）小浪底水利枢纽

小浪底水利枢纽（见图 4-7）位于河南省洛阳市以北 40 km 的黄河中游最后一段峡谷的出口处，可控制黄河流域总面积的 92.3%，是一座处于承上启下、能有效控制黄河洪水和泥沙的巨型水库。其开发目标是：以防洪、防凌、减淤为主，兼顾供水、灌溉和发电，除害兴利，综合利用。小浪底水利枢纽主体工程由三大部分组成：壤土斜心墙堆石坝，坝高 154 m，坝顶轴线长 1 667 m，总填筑方量 5 185 万 m^3，是中国迄今为止最大的土石坝，库容 126.5 亿 m^3；泄洪排沙系统包括由 3 条洞径为 14.5 m 导流洞改建的孔板消能泄洪洞、3 条排沙洞、3 条明流泄洪洞、1 条灌溉洞和 1 座溢洪道，其最大总泄流能力达 17 000 m^3/s。这 10 条泄水洞连同 6 条引水发电洞的进水口组合成由 10 个塔集中排列的巨型进水塔群，其前缘总宽度 276.4 m，高 113 m，出水口设置的 3 座 2 级消力塘也集中布置在一起，其总长为 165 m，宽 356 m，池深达 28 m。泄洪系统是小浪底工程最具挑战性的施工项目，中外建设者在施工中引进先进施工工艺和技术，使得工程进度不断超前，在面积不足 1 km^2、地质情况十分复杂的山体内开挖 16 条大跨径隧洞，被称为"世界水工史上的奇迹"。中外施工技术人员大胆采用环向无黏结后张预应力混凝土衬砌技术，解决了恶劣地质和黄河特殊水沙条件造成的施工难题，建成了世界上最高的进水塔、最大的消力塘和最密集的洞群系统；发电系统由 6 条引水发电洞和 1 座地下厂房（长 251.5 m，宽 26.2 m，高 61.44 m）、1 座地下主变室、1 座地下尾水闸门室、3 条尾水洞和 1 座防淤闸组成，厂房内装 6 台 30 万 kW 水轮发电机组。

小浪底枢纽主体工程量为土石方开挖 3 625 万 m^3，石方洞挖 280 万 m^3，土石方填筑 5 574 万 m^3，混凝土 337 万 m^3，金属结构安装 3.26 万 t，机电设备安装 3.09 万 t，帷幕灌浆 30 万 m 和固结灌浆 35 万 m。水库移民安置 18.86 万人。

小浪底工程建设总工期为 11 年，其中前期准备工程工期 3 年，主体工程工期 8 年。前期准备工程于 1991 年开始，1994 年 9 月 12 日主体工程开工，2001 年底竣工。小浪底工程的静态总投资（按 1995 年价格）为 269 亿元人民币，并启用部分世界银行贷款。

小浪底工程采用蓄清排浑、调水调沙的运用方式，利用 75.5 亿 m^3 的调沙库容可滞拦泥沙 78 亿 t，相当于 20 年下游河床不淤积抬高；20 年后还可利用有效库容进行调水调沙，继续发挥减淤作用。小浪底工程建成将有效地控制黄河洪水，使黄河下游的防洪标准从现状的不足 100 年一遇提高到 1 000 年一遇，基本解除黄河下游洪水及凌汛的威胁，减缓下游河道淤积。工程每年可增加 20 亿 m^3 的供水量，大大改善了下游农业灌溉和城市供水条件。电站总装机容量 180 万 kW，年平均发电量 51 亿 kWh。

小浪底水利枢纽工程以其在治理黄河所占有的重要地位、特殊的高含沙水流、复杂的自然地质条件、对枢纽运用调度的严格要求以及巨大的工程规模而被中外专家称为世界

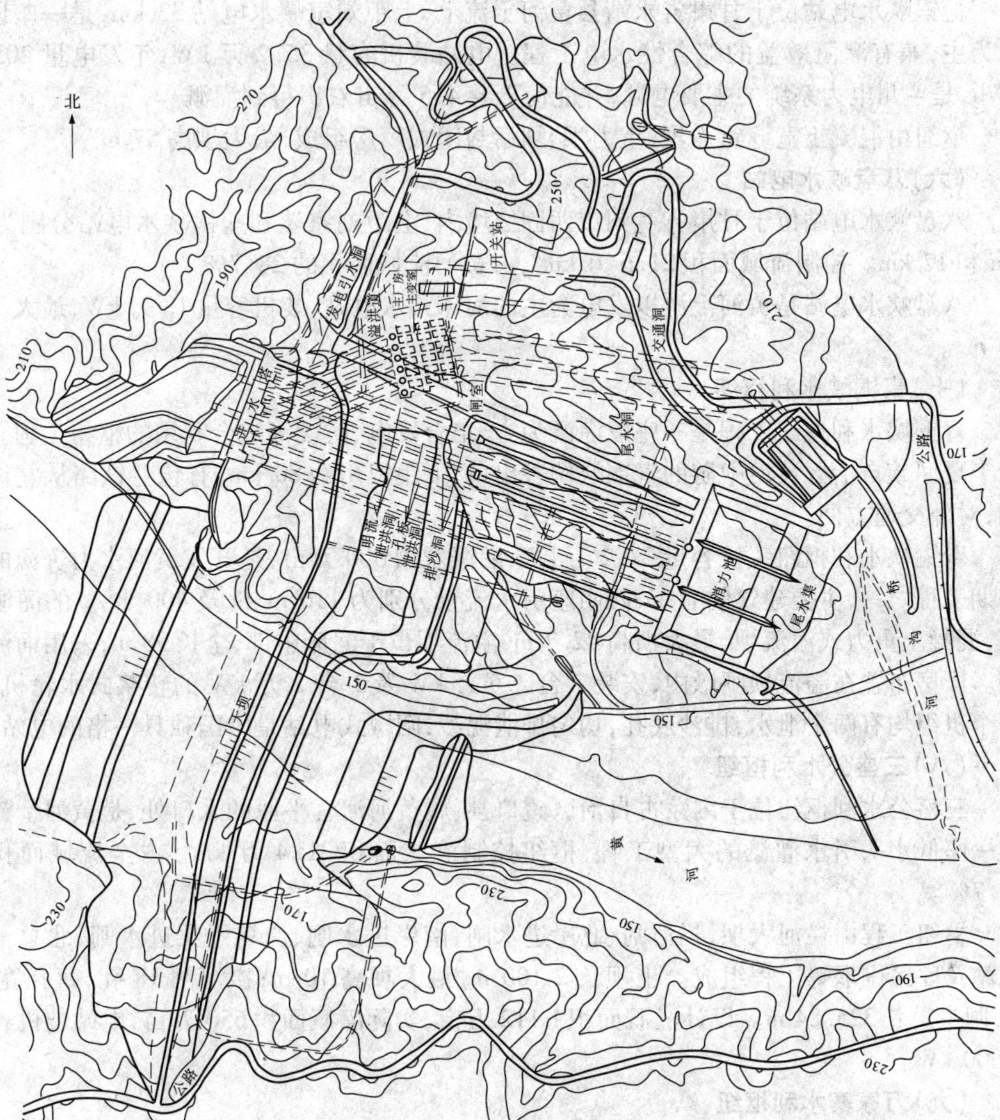

图 4.7 小浪底水利枢纽总布置

最复杂、最具挑战性的水利工程之一,小浪底水利枢纽的孔板消能泄洪洞、深混凝土防渗墙、大跨度的地下厂房、密集的地下洞群、集中布置的进水塔和消力塘以及高边坡预应力锚索施工都是具有挑战性的技术难题。该工程被誉为“治黄史上的跨世纪工程”,它不仅是中国治黄史上的丰碑,也是世界水利工程建设中的杰作。小浪底工程建设实行业主负责制、招标投标制、建设监理制,全方位与国际管理模式接轨。

(五)盐锅峡水电站

盐锅峡水电站位于甘肃省永靖县黄河干流上,上距刘家峡水电站 33 km,是一座以发电为主,兼有灌溉效益的综合性水电工程。电站装机容量 35.2 万 kW,年发电量 205 亿 kWh,是兰州电力系统的主要电源,并能使下游 4.5 万亩农田得到灌溉。

枢纽由混凝土宽缝重力坝、重力坝、坝后封闭式厂房组成,最大坝高 57 m。

(六)八盘峡水电站

八盘峡水电站位于甘肃省兰州市西固区境内,上距刘家峡和盐锅峡水电站分别为 49 km 和 17 km。控制流域面积 21.6 万 km^2,占黄河流域面积的 28.7%。

八盘峡水电站是黄河上游以发电为主的河床式水电站,装机容量 18 万 kW,最大坝高 33 m。

(七)青铜峡水利枢纽

青铜峡水利枢纽工程是一座以灌溉为主,结合发电、防凌等综合利用的枢纽工程。位于宁夏回族自治区黄河中游的青铜峡峡谷出口,下距银川约 80 km,有包兰铁路从左岸通过,对外交通方便。

青铜峡水利枢纽装机容量 27.2 万 kW,灌溉农田 600 万亩,是开发黄河水力资源的第一期工程之一,主要建筑物有东、西两座引水流量分别为 110 m^3/s 及 400 m^3/s 的灌溉渠道,混凝土重力式溢流坝,最大坝高 42.7 m,溢流坝位于河床中部,全长 98 m,采用面流消能。厂房布置在溢流坝闸墩内,安装 7 台 3.6 万 kW 及 1 台 2 万 kW 的转桨式水轮机组。两个机组均有两个泄水、排沙底孔,均匀排泄泥沙,闸墩式电站是中国独具一格的电站。

(八)三盛公水利枢纽

三盛公水利枢纽位于内蒙古自治区磴口县,属黄河河套平原的入口处,是黄河干流上的一座低水头引水灌溉的大型工程,枢纽控制流域面积 31.4 万 km^2,占全流域面积的 41.7%。

枢纽工程由拦河大坝、拦河闸、北岸进水闸、南岸进水闸、沈乌干渠进水闸、北总干渠电站及库区围堰等工程组成。土坝长 2 100 m,最大坝高 10 m;拦河闸 18 孔,每孔宽 16 m,闸身总长 325.84 m。设计灌溉面积 1 112 万亩,实际灌溉面积 650 万亩,电站装机容量 2 000 kW。

(九)万家寨水利枢纽

万家寨水利枢纽位于黄河北干流的托克托至龙门峡谷河段。工程的主要任务是供水和发电。万家寨作为引黄工程的首部枢纽,向晋、蒙两省(区)年供水 14 亿 m^3,其中内蒙古准格尔旗 2 亿 m^3,山西省引水 12 亿 m^3。水电站装机 6 台,单机容量 18 万 kW,总装机容量 108 万 kW。采用蓄清排浑运用方式,具有供水、发电、防洪、防凌、减淤等综合效益。

枢纽由混凝土重力坝、坝后式厂房组成,最大坝高 105 m。

（十）天桥水电站

天桥水电站位于黄河中游山西保德县与陕西府谷县交界处的黄河干流上，工程的主要任务是发电，电站装机容量 12.8 万 kW，年发电量 6.07 亿 kW。电站为陕北、晋西北 11 县发展提水灌溉，改变该地区干旱低产的面貌，起了很大的作用，同时为开发多泥沙的黄河中游河段积累了经验。

枢纽工程从左至右布置混凝土重力坝、河床式发电厂房、泄水闸、岛上重力坝和右岸土坝。河床建筑物前缘均布置冲沙排污底孔，进口高程为原河道多年平均最低高程，厂房进水口高于排污底孔底板 5～6.5 m；泄洪建筑物全长 113 m，采用双层泄洪闸。

（十一）打鱼张引黄灌溉工程

打鱼张引黄灌溉工程位于黄河下游山东境内的博兴、广饶、垦利 3 县，灌区总面积 240 万亩，其中耕地面积 109 万亩，还有 60 万亩可供开垦的荒地。灌区渠道在王旺庄弯道凹岸顶点的下游，属于无坝引水工程。

（十二）大柳树水利枢纽

黄河大柳树水利枢纽位于黄河黑山峡出口，是黄河上游一项尚待建设的重大水资源工程，与已建成的龙羊峡和小浪底水利枢纽，形成黄河干流上 3 个最具关键意义的骨干梯级工程。该工程的开发建设，不仅对充分利用黄河水利水能资源和干流综合治理起着承上启下的重要作用，而且对推动西北地区社会经济的发展，改变西北地区的干旱面貌和脆弱的生态环境以及促进民族团结等都将产生重大而深远的影响。

规划大坝为混凝土面板堆石坝，最大坝高 163.5 m，坝顶长 662 m，总库容 110 亿 m^3；电站装机容量 200 万 kW，年发电量 78 亿 kWh。施工工期 9 年，第 7 年时第一台机组运行发电。

该枢纽的主要效益是：①调水。大柳树水利枢纽位于黄河上游最后一个峡谷河段的出口，库容 110 亿 m^3，原始调节库容 67 亿 m^3，可对黑山峡以上黄河来水进行有效调节，每年 5～7 月灌溉高峰期，可向河口镇以下增补水量 30 亿～40 亿 m^3，可缓解下游断流现象。②发电。电站装机容量 200 万 kW，多年平均年发电量 78 亿 kWh，同时，由于枢纽反调节作用，可使上游梯级电站每年增加发电量 2 亿 kWh，增加保证出力 7.25 万 kW。③防洪、防凌。可使宁蒙河段的防洪标准由 10 年一遇提高到 50 年一遇，封河时下泄流量大于 500 m^3/s，开河时下泄流量控制在 350 m^3/s 左右，使冰期流量平稳过渡，防止发生冰塞现象。④改善生态。有效改善西北地区的干旱面貌，遏制荒漠化，促进绿洲化，有利于黄河和西北地区生态环境建设。可使宁夏已建的大部分扬水工程灌区变为自流，可减轻农民负担和政府财政压力，有利于贫困群众的脱贫致富，增强民族团结；从建设南水北调西线工程着眼，大柳树水库可满足反调节要求，使其充分发挥调水效益。

第三节　淮　河

一、淮河流域概况

淮河是中国古老的江河，是全国七大江河之一，是中国中部的重要河流，流域总面积

27 万 km^2。整个淮河流域包括淮河干流及沂、沭、泗河水系；其中淮河干流水系流域面积 19 万 km^2，沂、沭、泗水系流域面积 8 万 km^2（见图 4-8）。淮河流域位于北纬 31°~36°、东经 112°~121°，跨河南、安徽、江苏、山东 4 省。

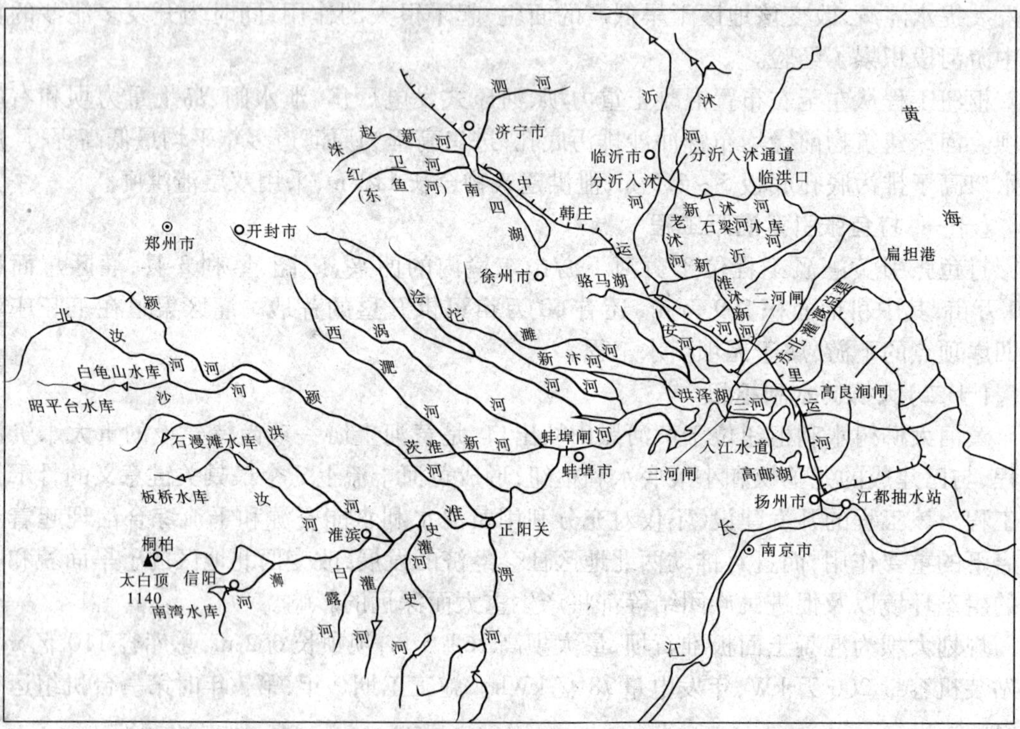

图 4-8　淮河水系示意图

从淮源至豫皖两省交界的洪河口为上游段。长 364 km，落差 178 km，比降为 5‰，河道比降较陡，洪水暴涨暴落，汇入的主要支流有狮河、洪河、汝河。

从洪河口至洪泽湖出口的三河闸为中游，主要汇入支流有史河、灌河、淠河、颍河、西淝河、涡河、沱河、濉河、安河等。其中：洪河口至正阳关两岸高岗起伏，岗地间为一连串湖泊洼地，较大的有蒙洼湖、城东湖、城西湖、邱家湖、姜家湖、唐垛湖等，总面积3 000多 km^2，是天然行、蓄洪区，用以调蓄上、中游洪水；正阳关以下南岸为丘陵岗地，北岸为淮北平原，所建淮北大堤为防洪屏障。

由洪泽湖出口的三河闸至江苏江都三江营为下游。其中洪泽湖为中国第四大淡水湖，除可调蓄淮河上中游洪水并为苏北里下河地区提供灌溉水源外，还具有航运、水产养殖等效益。入江水道是洪泽湖的主要排洪出路，排洪流量 1.2 m^3/s。洪泽湖另外有两个出口：一是高良涧闸，经苏北灌溉总渠，在扁担港入黄海，设计排洪能力 800 m^3/s；二是二河闸，经淮沭新河入新沂河，可分泄洪水 3 000 m^3/s。

沂沭泗水系：沂河、沭河源于沂蒙山南麓，二河平行南下，沂河经山东、江苏境内骆马湖，由新沂河入黄海；沭河流至东大官庄分为三支，老沭河南流汇入新沂河，新沭河东流入石梁河水库，经临洪口入黄海。沂沭河之间有分沂入沭通道。泗河源于沂蒙山西侧，由山东济宁市以南入南四湖（由南阳湖、独山湖、昭阳湖、微山湖组成），南四湖汇集两侧诸河来水后，经韩庄运河、中运河入骆马湖，南四湖面积 1 226 km^2，容积 53.6 亿 m^3（见图 4-8）。

流域的南面和西南面分别为大别山和桐柏山，西面为伏牛山，北以黄河南堤为界，东北为沂蒙山。山区、丘陵区面积约占流域面积的 1/3，平原面积约占 2/3。山丘土壤是壤土和沙土，淮南和淮河下游多属水稻土，淮北平原有砂姜黑土和黄泛淤土，部分地区有盐碱土。平顶山、淮南、淮北、徐州、枣庄、兖州等地煤炭资源丰富，是中国的重要产煤区。有京广、京沪、陇海等铁路干线通过，公路发达，京杭运河和淮河干流都是重要的内河航道。

淮河干流从桐柏山到三江营入长江全长 1 000 km，洪河口以上为上游，洪泽湖以下为下游。主要支流都在洪泽湖以上泄入，北岸有洪、汝、沙颍、涡、漴潼、新汴等河，南岸有史灌、淠、池等河。洪泽湖以下分三路，一路经三河闸、入江水道入长江，另一路经苏北灌溉总渠入海，第三路经淮沭河、新沂河入海。淮沭河是淮水灌溉徐淮地区的输水干渠，淮河大洪水时，可考虑分洪。苏北灌溉总渠以南、运河以东各河都直接入海。洪河口到正阳关，两岸有明显的岗地，南北两岗相距 10 多 km，中间都是湖泊和洼地，这些湖泊和洼地是淮河天然行洪滞洪地区。20 世纪 50 年代初期，按这些洼地行洪滞洪能力和垦殖情况，有计划地将其开辟为蓄洪区和行洪区。

沂沭泗河发源于沂蒙山区。沂河入骆马湖经新沂河入海。沭河在临沂东南分为两支，一支经新沭河入海，一支经老沭河入新沂河。泗河现入南四湖，流域面积仅2 000 km^2。12 世纪前，泗河是淮河北岸最大的支流，在徐州附近接纳汴河，在宿迁西北接纳沂河，后又接纳濉河，在淮阴附近入淮河。泗河同淮河原来都是比较深广的地下河。12 世纪末，黄河改道占夺泗河和淮河河道，由于黄河的泛滥和泥沙淤积，汴河被淤平，沂河、濉河都另找出路，最后淮河也被挤出原道，南流入长江。1855 年，黄河虽改道北去，但在淮北平原上留下了高于平地的废黄河，成为淮河与沂沭泗河的分水岭。现在的泗河水系是指南四湖水系，由微山湖出口韩庄运河南流经中运河入骆马湖。骆马湖汇集了沂泗和苍山邳县诸河，大部分泄入新沂河，小部分经中运河入淮阴以下的废黄河。

本流域位于温带半湿润季风气候区与亚热带湿润季风气候区的过渡带。无霜期在 200 d 以上，年降水量南部 1 200 mm，北部 650 mm，近海高于内陆，山区多于平原，同中国东部各流域一样，年降水量的 60% ~70% 集中在汛期(6 ~9 月)，年际降水相差可达四五倍。春季有时干旱，类似华北经常发生的春旱；有时春雨连绵，类似长江中下游的低温多雨天气。全流域平均年径流量 622 亿 m^3，加上地下水年水资源总量约 870 亿 m^3，其中 40% 的已被开发利用。

二、淮河的治理

淮河流域的治理和开发是较早的，中国记载中最早的灌溉工程——芍陂和最早的人工运河——邗沟都在淮河以南。以后，又有鸿沟、汴渠、京杭运河等的建设，灌溉事业也几经兴废。明清时代，淮河与黄河、运河纠缠在一起，三者的治理也密切相关。但淮河和泗河因河道被黄河所占，河床不断淤高，原有水系被破坏，排水条件恶化，水灾加重了。

大规模治淮是 1949 年以后开始的。1950 年国务院作出的《关于治理淮河的决定》，明确了“蓄泄兼筹”的方针，并针对淮河上中下游关系特别密切的特点，提出了统筹安排、团结治水的治淮原则。据此，制定了上游修山谷水库和推行水土保持；中游修湖泊洼地滞洪工程，培修堤防和疏浚河道；下游加固湖河大堤，筹建入海水道的治理措施。1950 年冬到 1954 年，治淮作为全国重点建设项目，在上中下游都建设了许多工程，取得初步成效。随后，根据 1956 年、1957 年编制的淮河和沂沭泗规划初稿以及 70 年代初修订的治淮规划，各地又分批进行了大量的建设。

淮河当前存在的主要问题有：①防洪除涝标准还比较低；②水资源不足，特别是流域北部严重缺水；③淮河干流行、蓄洪区使用频繁，区内居民生产无保障，生活不安定；④水资源污染状况日益严重，恶化了生态环境，危害了人民健康；⑤资金不足，工程缺乏维修，老化、碳化现象严重，不少闸站带病运行，加之管理工作薄弱，工程效益不能充分发挥。

针对上述情况，今后规划仍应遵循"蓄泄兼筹"的方针，统一规划、统一治理、统一管理，提高综合效益。规划目标是：

(1)提高淮、沂、沭、泗干流的防洪标准，提高淮北平原的除涝标准。如在淮河干流上兴建出山店等大型水库，清障退建扩大河道泄洪能力。中游按 100 年一遇防洪标准续建临淮岗控制工程，续建怀洪新河大型综合利用工程。对行蓄洪区实行特殊政策，加强非工程措施，淮河干流下游开辟入海水道，扩大洪水出路等。对沂、沭、泗河水系在中下游扩大分沂入沭河道和新沭河，使沂、沭河上游洪水能大部分东调入海，扩大南四湖浅窄段，续建韩庄运河、中运河、新沂河，扩大南四湖和沂河等洪水南排能力。

(2)实行计划用水，厉行节约用水。进一步合理开发本流域的水资源，在此基础上调引外水，计划利用南水北调东线、中线和引江济淮从长江引水，再者在山东、河南省境内计划从黄河跨流域调水。

(3)调整行蓄洪区政策，加强工程建设，合理进行调度，尽量减少行蓄洪区的开启机遇，使行蓄洪区以适时有效的运用，使区内居民的生产生活有一定保障。

(4)重视生态环境，加强水资源保护。

(5)结合河道整治，发展内河航运，如提高京杭大运河的航道标准。

(6)充分利用水面和水利工程设施，利用工程周围的秀美景色，大力发展水产和旅游事业。

(7)加强山区建设，积极推广小流域综合治理的经验，防治水土流失。

(8)改善城市及工矿企业用水条件。

(9)继续开发水电资源，结合新建水库开发水电资源，重点抓好山区小水电建设，充分利用水能发展水力加工业。

三、治理开发淮河的主要工程

(一)淠史杭灌区

兴建于 1958 年的淠史杭综合利用工程是以灌溉为主、综合开发水电和水运、水产、给水等项目的大型水利工程，是新中国成立后兴建的全国最大灌区之一。这一庞大工程构架在岗峦起伏的皖豫丘陵大地上，横跨长江、淮河两大流域，它利用淠河上游的佛子岭、响洪甸、磨子潭水库，史河上游的梅山水库和杭埠河上游的龙河口水库作为灌区的源头，并在淠河和史河上分别兴建了横排头和红石嘴两个引水枢纽，包括进水闸、冲砂闸等，其进水闸设计流量分别为 300 m^3/s 和 180 m^3/s，开挖淠河和史河总干渠等渠系，在龙河口水库下游杭埠河两岸开挖了舒庐干渠和杭北干渠。三个独立的灌区总称淠史杭灌区。

横跨长江、淮河两大流域的淠史杭灌区，小部分位于河南，主体位于安徽省中西部、大别山余脉的丘陵地带，灌区总面积 14 107 km^2，担负着皖豫两省 14 个县(区)的农业、工业和居民生活供水的重任，设计灌溉面积 1 124 万亩，有效灌溉面积达 1 000 万亩。

淠河灌区的横排头、史河灌区的红石嘴和杭埠河灌区的梅岭、牛角冲为三大渠首枢纽工程，设计引水能力共 605 m^3/s。除上述三大渠道枢纽工程外，灌区渠网纵横，渠系划分成七级固定渠道，总长 2.5 万 km，各类水工建筑物 6 万余座，类型有涵闸、跌水、渡槽、倒虹吸、桥梁、排灌站、水电站等，库塘堰坝 21 万多座，加上灌区的 382 座抽水站，39 处外水补给站，众位一体联合运用，形成了蓄、引、提并举长藤结瓜式的灌溉网络，灌区 80% 以上的农田实现自流灌溉。

灌区建设运行 40 余年来，骨干工程固定资产总额 17.9 亿元，累计供水 1 215.4 亿 m^3，灌溉农田 3.17 亿亩，累计增产粮食 375.6 亿 kg。过去十年九旱的皖西、皖中地区，现已成为全国重要的商品粮基地。与此同时，水力发电、城镇供水、林牧水产、旅游开发、航运、生态等综合效益也得到同步发展。50 余年的光辉业绩表明，淠史杭工程是一项投资少、能耗低、回报率高的基础产业。灌区工程规划设计荣获安徽省科技进步一等奖，其续建配套工程为安徽"八五"十大建设成就之一，灌区被中外专家、学者誉为"中国水利建设史上一颗璀璨的明珠"。

淠史杭灌区续建配套与节水改造工程正在规划中。走过几十年风雨历程的新中国最大灌区将实现向现代水利的跨越。

(二)苏北灌溉总渠

苏北灌溉总渠始建于 1951 年，在毛泽东"一定要把淮河修好"的号召下，从洪泽湖畔到黄海之滨，横穿淮安、盐城两市的 4 个县(市)，开辟了一条全长 174 km 的苏北灌溉总渠，又整治了原有京杭大运河。纵横东西的苏北灌溉总渠与贯通南北的京杭大运河交汇于淮安市楚州城的西南侧，该处闸站林立，在 2 km^2 的范围内共建有 20 多座水工建筑物，形成了闻名的淮安水利枢纽工程。苏北灌溉总渠是南水北调东线工程的第二级站，沿线涉及有 10 座工程，共挖土方 7 000 余万 m^3。苏北灌溉总渠原设计可灌溉 2 600 万亩农田，汛期还可用以排洪 800 m^3/s 入海。

(三)淮河入海水道

淮河入海水道与苏北灌溉总渠平行，紧靠其北侧，西起洪泽湖二河闸，东至扁担港注入黄海，横穿淮安、盐城两市的 4 个县(市)，全长 163.5 km。淮河入海水道工程分两期实施，近期工程设计排洪流量 2 270 m^3/s，使洪泽湖防洪标准可达 100 年一遇。远期工程设计排洪流量 7 000 m^3/s，防洪标准可进一步提高到 100 年一遇。该工程堤距宽 700 ~ 750 m，近期工程中间挖两道偏泓，远期工程再将滩面全部挖成深泓。主要有二河、淮安、滨海、海口四大枢纽和淮阜控制等水工建筑物。工程具有巨大的防洪效益和社会效益，较好的治涝效益，还将发挥航运效益和环境效益。淮河入海水道是跨世纪的宏伟水利工程，现已竣工投入运用，它实现了淮河下游地区广大人民多年的夙愿，将为苏北地区的国民经济和社会发展提供有力的防洪安全保障。

（四）淮河中游的滞洪、蓄洪工程

淮河中游河道比降仅为0.003%，汛期若洪泽湖水位抬高，水面比降更缓，影响泄洪。为控制干流洪水，确保淮堤安全，50年代以来就利用中游一连串的湖泊洼地，兴建了蒙洼湖、城西湖、城东湖、瓦埠湖4个蓄洪区，总面积1 930 km^2，保护耕地163万亩、人口近80万人，总计实有蓄洪库容51亿 m^3。蓄洪区都设有堤防，将其与淮河分开，蒙洼和城西湖蓄洪区还建有进洪和泄洪闸，城东湖和瓦埠湖的进洪和泄洪用同一个闸控制。大水年份，可对这些湖洼地区实行有计划、有控制的进洪、蓄洪和泄洪，直接削减干流洪峰，确保淮北大堤的安全。一般运用的顺序是蒙洼湖、城东湖、城西湖、瓦埠湖。蒙洼蓄洪区1952年建成，可蓄洪7.2亿 m^3；城西湖总蓄洪量为29.5亿 m^3，是中游蓄洪量最大的一个蓄洪区，是保淮北大堤防洪安全的一张“王牌”，曾于1964年、1968年两次破堤蓄洪；城东湖蓄洪量15.9亿 m^3，位于淮河、颍河、淠河汇流点正阳关附近，对控制正阳关洪水位作用显著，建成后有4年运用蓄洪；瓦埠湖蓄洪区本身集水面积大，内水位高，1954年曾漫堤进洪。

淮河干流中游在安徽境内还有18个行洪滞洪区，保护耕地121万亩，是淮河干流排洪通道的重要组成部分，分担河道泄流量的20%～40%，各行洪堤规定有行洪水位，分别采取漫堤行洪和开口门行洪。正阳关以上5个行洪区是南润段、润赵段、邱家湖、姜家湖、唐垛湖，其防洪标准较低，平均1.5～3年行洪一次，正阳关至河口的行洪区有寿西湖、董峰湖、上六坊堤、下六坊堤、石姚段、汤渔湖、洛河洼（幸福堤）、荆山湖，平均4～7年行洪一次。涡河口以下有5个行洪区，它们分别是方邱湖、临北缕堤、花园湖、香浮段、浮苏段。

（五）引江济淮工程

安徽省引江济淮工程是一项跨流域调水的多目标综合性开发利用工程，属全国南水北调总体规划中的4条引江线路之一。

引水补给范围主要有安徽淮河蚌埠闸上游淮北地区和沿淮河淮南市、蚌埠市以及阜阳地区南部，该区是重要的能源和商品粮基地，同时兴建本工程还可沟通长江、淮河间的水运，解决有关地区的供水问题和改善生态环境等。

上述地区水资源短缺，淮北地区多年平均年地表水资源量为77亿 m^3，人均333 m^3，亩均244 m^3，分别为全省人均和亩均值的1/3、1/4。全区为广阔平原，除蚌埠节制闸可调蓄小部分水量外，缺乏其他调蓄工程。当前淮南、蚌埠市已面临水源不足，同时淮河水污染严重，为发展农业，淮北地区的低产田改造和扩种水稻工作正全面铺开。针对上述情况，特别是在淮河枯水期的水量和水质都远不能满足各方面需水要求情况下，除进一步加强计划用水、实施节约用水外，引江济淮将是解决该地区水资源不足的一项战略性举措。

（六）引黄灌溉工程

引黄灌区位于淮河流域北部的河南、山东两省沿黄市、县，西起京汉铁路，东至东平湖，包括河南省郑州、开封、中牟、尉氏、通许、杞县、民权、兰考等市县，山东省菏泽市的东明、菏泽、鄄城、郓城、梁山等市县，送水补源到商丘地区、菏泽地区的其他县。

目前引黄灌区已连成片，属黄河滥泛冲积平原，地面坡降1/2 000～1/5 000，土壤多为砂质土，土壤母质含有盐分，地下水位偏高，气候属半干旱区，多年平均年降水量600～700 mm，年蒸发量约1 300 mm。农作物以小麦、玉米、棉花、大豆为主，其次是水稻、花生、高粱等。

河南省现有花园口、杨桥、三刘寨、赵口、黑岗口、柳园口、三义寨等7处灌区，设计灌溉面积508万亩，有效灌溉面积122万亩，淤改面积80万亩。山东省有阎潭、谢寨、刘庄、苏泗庄、旧城、苏阁、陈垓、东平潮等8处灌区，农业人口136万人，耕地255万亩，设计灌溉面积241万亩，有效灌溉面积129万亩，淤改面积135万亩。

黄河是举世闻名的多泥沙河流，含沙量居世界河流首位，要引黄河水将无法回避泥沙问题。由于大量引水，且多为无沉沙地浑水灌溉，加之管理不善等因素，引黄以来已使大量泥沙沉积在渠系、田间、排水河道中，影响了灌溉排水渠系的正常运用，部分农田已出现了沙化现象。

引黄灌区下游的排水河道普遍淤积严重，如涡河的淤积量随着上游引黄灌区引水引沙量的增加而递增，1959～1981年的22年间，干流淤积泥沙量已达3 419.68万m^3，最大淤高约6 m，因而使原有河道的防洪、除涝标准明显降低，如遇较大洪水，农业生产和群众生活都将受到严重威胁。

针对上述情况，今后可采取以下对策：①各引黄灌区应制定今后长远的引黄规划，按计划引水引沙，制别要加强对泥沙的处理；②改善灌区的管理，强化管理措施，抓好工程的续建配套，逐步提高灌溉用水的利用率，合理控制沙量；③加强泥沙的科研工作，研究水沙分配的规律，逐步制定有效的防沙、用沙、沉沙措施，保证引黄灌溉事业顺利发展。

第四节　海　河

一、概述

海河地处中国华北地区，流域范围南以黄河为界，西起太行山，北接内蒙古草原，以燕山山脉分水岭为界，东临渤海。流域地跨8省（区、市），包括北京、天津市的全部，河北省的大部，山西省的东部，山东、河南两省的北部以及内蒙古自治区、辽宁省的一小部分，流域面积31.8万km^2，耕地1.7亿亩，总人口1.25亿人。

海河流域年均河川径流量为288亿m^3。地表水年人均占有量270 m^3，耕地亩均占有量约170 m^3，相当于全国平均每人和每亩占有量的1/10左右，为全国占有量最低的地区。本流域水力资源贫乏，理论蕴藏量为294万kW，仅占全国蕴藏量的4%，其中可开发量为213万kW。

流域属华北暖温带半湿润半干旱气候。冬季受西伯利亚大陆性气团控制，寒冷少雨雪；夏季受太平洋高压及台风影响，常在太行山、燕山山前区出现强大暴雨。

海河流域西部的太行山、北部的燕山山脉，海拔500～2 000 m，山区面积约占60%。山区河流源短流急，汛期容易形成山洪而发生洪灾。东南部为广阔的华北平原地区，海拔大都在50 m以下。山脉环抱着华北平原，形成一道高耸的屏障。在太行山北部、西部分布着面积较广的黄土丘陵，区内植被差，水土流失严重。在永定河、滹沱河及漳河上游有大同、忻定及长治盆地。

海河流域多年平均年降水量539 mm。流域年降水量的年际变化极大，丰水年可达800 mm以上，枯水年仅有270 mm左右。流域降水的主要形式是暴雨，暴雨的成因十分复杂,主要影响因素有环流形势、副高压位置、天气系统和地形等。

本流域暴雨一般多由以西南水汽输送为主的天气系统造成,特大暴雨多以台风雨为主造成。与国内外其他地区暴雨相比,海河流域为中国东部降雨量最小的地区,但历时在10 d以下的暴雨量则十分突出,中国大陆暴雨极值多出现在本流域。如河北省尚义县玻璃沟1973年6月25日1.5 h降雨430 mm,康保县白脑包1992年6月25日2.5 h降雨550 mm,内丘县1963年8月4日24 h降雨950 mm,8月2~8日降雨2 050 mm。

新中国成立前的海河是中国著名的害河之一。据统计,1368~1948年的580年间,就发生过387次严重水灾,407次严重旱灾。

此外,海河也是一条多泥沙河流,多年平均年输沙量达1.6亿t。泥沙主要来源于永定河、漳河和滹沱河上游山丘区。永定河官厅站在官厅水库修建前,多年平均含沙量达60.8 kg/m^3,漳河观台站为12 kg/m^3,滹沱河黄壁庄站为10 kg/m^3。

二、河道水系

海河流域包括海河、滦河和徒骇—马颊河三大水系。滦河水系位于海河流域的东北部,包括滦河及冀东沿海诸河,其下游有冀东沿海若干条独流入海的小河;海河水系位于滦河水系的西南,包括北系的蓟运河、潮白河、北运河、永定河和南系的大清河、子牙河、漳卫南运河及海河干流和黑龙港河远东地区;徒骇—马颊河水系位于流域的最南部,是平原排涝河流,单独入海(见图4-9)。

海河流域平均长度450 km,平均宽度700 km,宽度为长度的1.6倍,为典型的扇形流域。海河的河长为1 050 km(从浊漳河南源计)。流域的河系众多,虽已实现了各河分流入海,但河道泄洪能力仍然不足,特别是在下游表现更为突出。此种河势,使上游大量洪水一时难以入海,中、下游地区分布的众多的蓄洪滞洪洼淀,是各河共有的形态。海河流域各行洪河道一般都是地上河,汛期大水时容易形成洪涝争道、相互顶托的局面。天津市以南有一条与海河南系河道入海流向相垂直的南运河(地上河),加重了各河下游尾闾泄流不畅的问题。

特定的地形地貌等条件,使海河流域各河分为两种类型:第一类是发源于蒙古高原的北部河流和发源于黄土高原的西部河流,在山区汇集大量支流,并有一条主干河道穿越山区而入平原。这类河流源远流长,流域调蓄能力较强,泥沙较多,计有滦河、潮白河、永定河、滹沱河、漳河。第二类是发源于燕山、太行山迎风山区,源短流急,流域蓄调能力较小,泥沙也较少的河流。这类河流有蓟运河、北运河、大清河、滏阳河、卫河。这两类河流的洪水特性截然不同,而且是相间分布,从防洪角度看,这种分布形势还具有有利的一面。

三、海河的治理

历史上,流域内水旱灾害频繁。据统计,自1368~1948年的580年间,流域发生严重旱灾407次,水灾387次。17世纪以来,共发生大水19次,其中5次淹及北京,8次淹及天津。20世纪出现的大水年份有1917年、1924年、1939年、1963年,其中1939年淹及天津,特别是1963年8月上旬海河南系发生的大洪水,漳河暴雨中心最大7 d降雨量达2 050 mm,超过中国大陆有史料记载的最高记录。

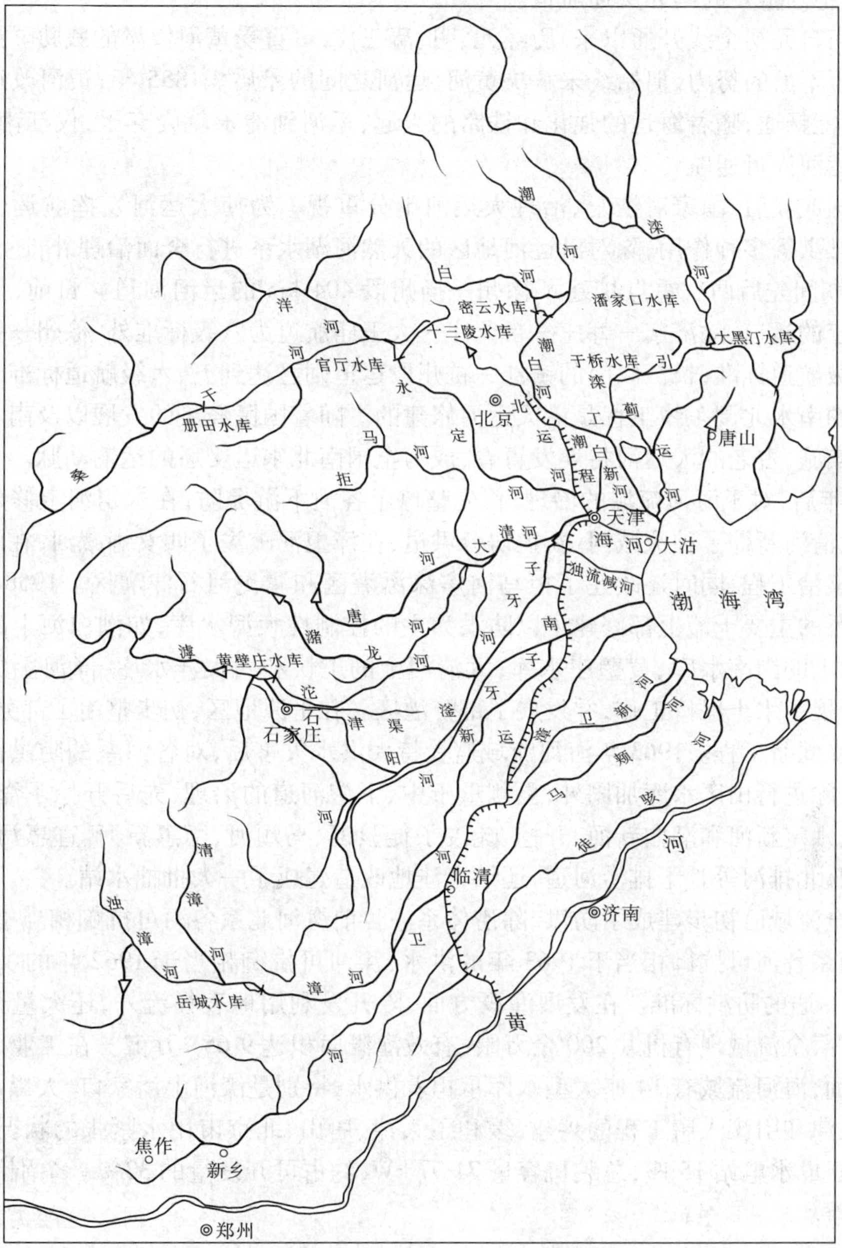

图 4-9　海河流域水系示意图

古代海河的治理主要是控制海河泛滥，稳定社会及生产。公元前 3 世纪开始利用漳河水发展灌溉，以后历代在引用河水和利用井水灌溉方面，在开辟人工运河通航方面都不断有所发展。到隋代已开通了长达 1 000 km 的永济河，成为后来形成的中国大运河的主要组成部分。

大运河北起首都北京，南抵浙江省杭州，全长约 1 700 km，纵贯中国南北，跨越北京、天津、河北、山东、江苏、浙江六个省（市），沟通了海河、黄河、淮河、长江、钱塘江五大水系，是古代中国重要的南北交通航道。

大运河自元初全线开通以来，历经元、明、清三代，一直受黄河侵淤的威胁。虽三代对此都做出了不懈的努力，但始终未解决黄河、运河之间的矛盾。1855 年，黄河改道入大清河，运河不能畅通，随着海运的强化和铁路的兴起，运河到清末就废弃了，仅江南段、淮扬段和南北运河尚可通航。

新中国成立后，国家对恢复、治理大运河十分重视。为使大运河发挥航运、调水、灌溉、防涝、排洪等多种作用，除对沿运河地区的天然河湖水系进行全面治理外，还于1958年和“六五”期间先后两次重点扩建了徐州—扬州段 404 km 的运河河道。目前，长江以北扬州—济宁的运道，除济宁—韩庄—台儿庄—大王庙航道为六级标准外，徐州—扬州段均已建成二级航道标准；长江以南的镇江—杭州段运道则已达到五、六级航道标准。

规划的南水北调东线工程是沿大运河修建的。随着国民经济的发展以及南水北调东线工程的实施，古老的大运河将焕发青春，成为全国南北水运交通的运输动脉。

1949 年后，对于海河流域的治理，首先整修了各河下游堤防，在永定河上修建了官厅水库，在大清河新辟了独流减河、新盖房分洪道，在漳卫河疏浚了四女寺减河，在滹沱河完成了泛区整治工程，同时还改建了拒马河房涞涿灌区和滹沱河石津灌区。1958 年后，在山区各水系的主要干流上都修建了以防洪为主的控制性大型水库，如潮白河上的密云水库，子牙河上的岗南水库、黄壁庄水库，大清河上的王快和西大洋水库，漳河上的岳城水库，同时开展了水土保持工作，并发展了部分灌区。在平原地区，初步整治了部分河道，并修建了引水灌溉工程。1963 年海河流域遭受特大洪水灾害后，对各河系的防洪措施重新作了安排，除进行山区水库加固外，更侧重于中、下游河道的治理，先后开挖了滏阳新河、子牙新河、永定新河和潮白新河，开挖、疏浚了徒骇河、马颊河、德惠新河、宣惠河、南大排河、东排河、北排河等骨干排涝河道，还结合洼地改造建成了一大批抽水站。

现在全流域已初步建成了防洪、除涝体系。目前海河北系各河可抗御相当于 1939 年的洪水，南系各河可抗御相当于 1963 年的洪水，滦河可抗御相当于 1962 年的洪水，达到 20 ~ 50 年一遇的防洪标准。在发展灌溉方面，除开发利用地表径流外，还大量开发利用地下水资源，全流域现有机井 200 余万眼，有效灌溉面积达 9 651 万亩。在工业用水及城市用水方面，海河流域有 14 座大型水库承担着供水，特别是滦河上潘家口、大黑汀水利枢纽、引滦入津和引滦入唐工程的兴建，缓和了天津、唐山、北京市用水紧张的状况。此外，全流域已建成水电站 15 座，总装机容量 71 万 kW，约占可开发量的 33%。个别河道还可季节性通航。

四、水利工程建设

新中国成立以来，海河流域的水利事业有了很大的发展，修建了大中小型水库1 900 座，扩建后的总库容为 315 亿 m^3。山区大型水库 30 座，总库容为 243 亿 m^3；山区中型水库 95 座，总库容为 28.8 亿 m^3。大中小型水库控制山区面积的 83%。本流域多年平均地表年径流量为 288 亿 m^3，大中小型水库的总库容与多年平均径流量的比值为 1.09，这为控制山区洪水、调节水量创造了条件。海河三大水系分流入河，改变了过去各河洪水汇集天津的局面。1963 年大洪水以来，在防洪方面认真贯彻了“蓄泄兼施”的方针，在续建水库的同时，着重于中、下游治理，新辟和整治了主要排洪排涝河道50余条。先后扩建、新辟的主要河道有永定新河、独流减河、滏阳新河、子牙新河、漳卫新河、卫运河、潮白新河等，使各河系排洪入海能力达到24 680 m^3/s，为治理前的10倍。流域内纳入建设规划的滞洪区26处，蓄滞洪容量约180亿 m^3。

(一)潘家口水利枢纽

潘家口水利枢纽位于河北省迁西县滦河干流上，是一座供水、发电、兼顾防洪的大型综合利用水利枢纽，是引滦工程的总水源。

坝址控制流域面积337万 km^2，约为滦河流域面积的75%。坝址多年平均年径流量为24.5亿 m^3，库容26.2亿 m^3。

潘家口水利枢纽主要包括两部分，一部分由上游主坝、溢洪道和泄水建筑物以及右岸坝后河床混合式抽水蓄能电站组成；另一部分由下游闸及河床式水电站组成。当坝上游形成潘家口水库并作为混合式抽水蓄能电站的上池，而由下游闸所形成的有效库容1 000万 m^3，则为抽水蓄能电站的下池。

枢纽主要建筑物有：混凝土宽缝重力坝、坝后式厂房、副坝及下池。主坝（见图4-10）最大坝高107.5 m，坝顶长1 040 m。泄洪建筑物布置在河床中部，溢流坝设18个15 m×15 m的表孔，另设4个4 m×6 m的深式泄水孔。两座副坝均为土坝，坝高分别为22.5 m及5 m。坝下右侧为坝后式电站厂房，装机4台共42万kW。主坝下游6 km处建一座混凝土坝，高28.8 m，长1 098 m，形成有效库容1 000万 m^3 的下池，用于抽水蓄能，调节发电与供水的矛盾。

潘家口水利枢纽工程于1975年10月开工，1984年主体工程全部完成。

(二)密云水库

密云水库位于北京市密云县潮河、白河的汇流处，是一座防洪、供水、灌溉、发电的大型综合利用的水利枢纽。坝址控制流域面积15 788 km^2（其中潮河、白河分别为6 716、9 072 km^2），为总流域面积的88%。

密云水库由白河和潮河两个枢纽工程组成，为多年调节水库。当水库水位在133 m以下时，水库分为潮河、白河两个水库。坝址多年平均年径流量为14.9亿 m^3，年输沙量为190万 m^3，总库容43.75亿 m^3。

水库下游建有京密引水渠道工程，长110 km。引水渠起于密云水库电站尾水渠调节池，穿越怀柔水库，入昆明湖。在北京市海淀区罗道庄处与永定河引水渠汇合，为北京市城区生活和工业供水，并为沿线5个县（区）农业供水。

枢纽主要建筑物有：白河主坝、潮河主坝、引水式电站两座、第一第二溢洪道、走马庄泄洪隧洞、黄各庄输水隧洞、副坝。水库建成后，保护下游农田600万亩，平均每年可向下游供水7.8亿 m^3，潮河枢纽装机容量8.8万kW，白河枢纽装机容量8.2万kW，平均年发电量0.6亿kWh。

密云水库主体工程于1960年建成，引水工程于1960年、1964年分两期施工，1964年4月全线竣工通水。

(三)官厅水库

官厅水库位于河北省怀来县永定河干流上，该工程系防洪、供水，兼顾发电、灌溉的大

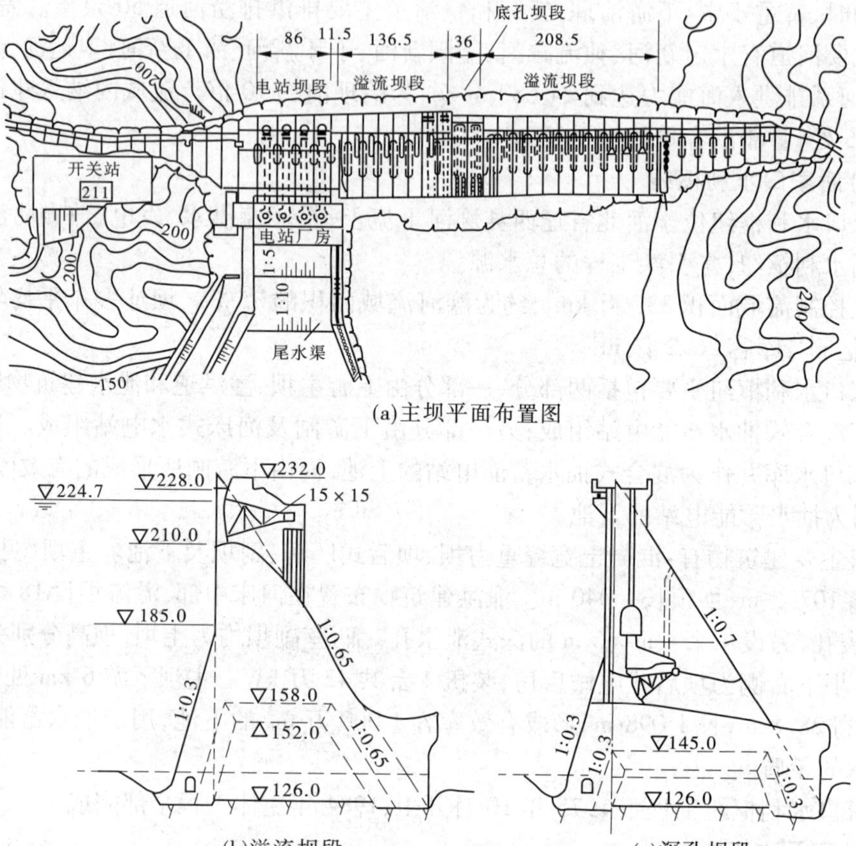

(a)主坝平面布置图

(b)溢流坝段

(c)深孔坝段

图 4-10　潘家口水利枢纽图　(单位:m)

型综合利用水利枢纽。

枢纽位于官厅山峡的入口处,坝址前地形开阔,坝址多年平均年径流量为 14.1 亿 m^3,年输沙量为 5 000 万 m^3,为多泥沙河流。坝址控制流域面积 43 400 km^2,约占永定河流域面积的 83%,水库总库容 41.60 亿 m^3。

永定河历史上称为无定河,水流出官厅山峡后,进入华北平原,由于泥沙淤积,河道普遍高于两岸地面。1949 年以前,下游地区洪灾频繁,威胁着北京和天津市的安全。

水库枢纽主要建筑物有黏土心墙拦河坝、输水洞、溢洪道、水电站厂房。拦河坝加高前坝高 45 m,库容 22.7 亿 m^3,大坝加高 7 m 后,总库容增加到 41.6 亿 m^3。输水洞为无压马蹄形隧洞,洞宽 8 m。左岸设有开敞式岸边溢洪道,总宽 64 m,分 4 孔,每孔净宽 13 m,装有弧形闸门。引水隧洞直径 6 m,长 813 m,电站厂房设在左岸,装机 3 台,总装机容量 3 万 kW。官厅水库枢纽图见图 4-11。

官厅水库于 1951 年 10 月开工,1954 年 5 月竣工。

(四)岳城水库

岳城水库位于京广铁路西约 12 km 的河北省磁县岳城镇,是海河流域漳河干流上的一座控制性工程,控制流域面积 1.81 万 km^2,占漳河山区面积的 99.4%,现有总库容12.2 亿 m^3,是一座以防洪、灌溉为主,兼顾发电的大型水库。

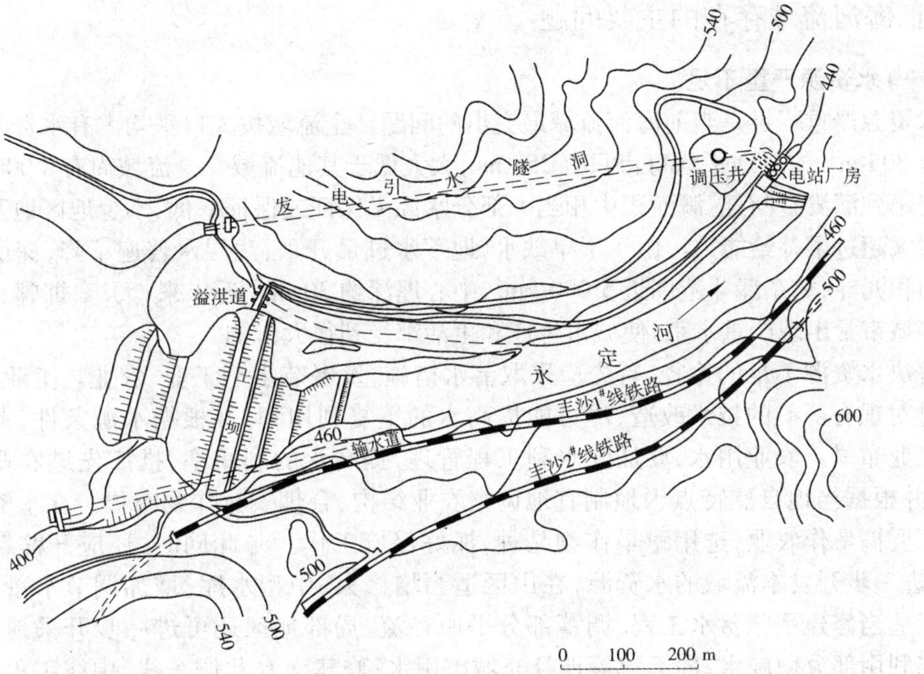

(a)平面布置图

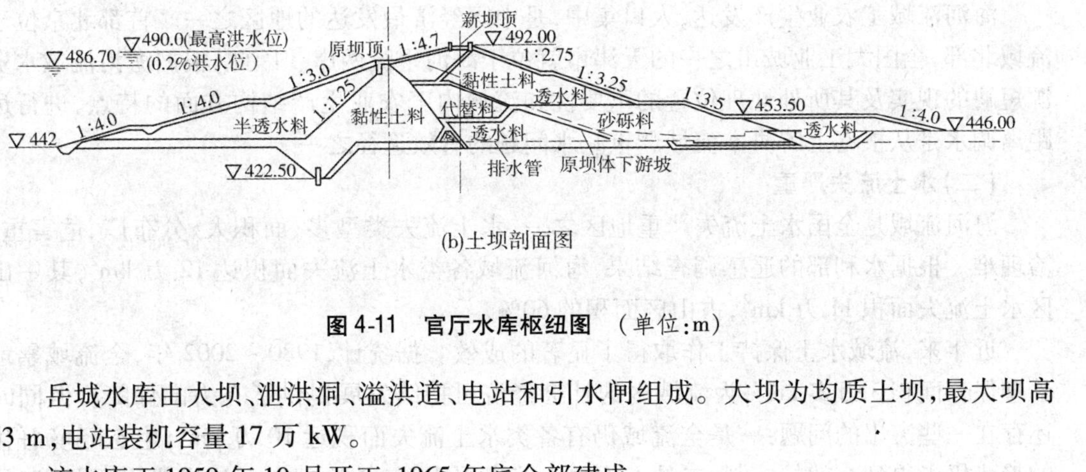

(b)土坝剖面图

图 4-11　官厅水库枢纽图　（单位:m）

岳城水库由大坝、泄洪洞、溢洪道、电站和引水闸组成。大坝为均质土坝,最大坝高 53 m,电站装机容量 17 万 kW。

该水库于 1959 年 10 月开工,1965 年底全部建成。

(五) 大黑汀水利枢纽

大黑汀水利枢纽工程位于潘家口水库下游 30 km 的滦河干流上,它承接上游来水,抬高水位进行反调节。通过与上游潘家口水库联合运用,共同承担向天津市、唐山市及滦河下游的供水任务。潘家口水库与大黑汀水库的区间流域面积为 140 km^2。

大黑汀水库大坝为混凝土宽缝重力坝,最大坝高 52.8 m,总库容 4.73 亿 m^3。大坝右岸建有渠道电站和放水洞,它们是引滦干渠的取水口。电站装机容量 2.16 万 kW。

大黑汀水利枢纽于 1973 年 10 月开工,1983 年建成投入使用。

五、海河流域存在的主要问题

(一)水资源严重不足

水资源严重不足是当前海河流域最突出的问题。全流域按人口平均占有水资源量每人只有 305 m^3,按耕地平均每亩只有 255 m^3,大大低于其他流域。全流域尚有 8 000 万亩耕地得不到灌溉,现有灌溉面积中相当一部分水源无保证或保证率低,不少地区地下水开采已大大超过了补给能力。由于干旱缺水,地下水过量开采,浅层水普遍下降,深层水出现大面积漏斗,冀东漏斗范围近 5 000 km^2,中心埋深约 30 m。近年来,天津、邯郸、沧州、德州等城市常出现严重水荒,使城市生产和生活都受到很大影响。

解决水资源不足的途径,首先应采取节水措施,发展节水型工业、农业。工业用水,要通过对现有厂矿的技术改造,尽可能提高水的重复利用率,并根据水源条件,考虑合理的工业布局。农业用水,要加强水利工程管理,提高水的利用率,推广先进农业灌水技术,并根据当地自然特点因地制宜地调整农业结构,合理安排作物布局。在水资源缺乏地区要搞旱作农业,选用耐旱作物品种,抓好保墒工作。与此同时,还应开辟新的水源:要进一步开发本流域的水资源,在山区适当增修大、中型水库,增加调节水量;在平原地区适当修建平原蓄水工程,调蓄部分平原径流,局部地区还可进一步开采地下水,并研究利用部分微咸水,向天津等地补充城市用水;修建南水北调东线、中线工程,调引长江水量补充。

海河流域工农业生产发达,人口集中,是中国经济最发达的地区之一。首都北京位于流域北部,全国大工业城市之一的天津市就位于海河干流两岸。因此,根据海河流域水资源短缺的现实及其所处地理位置的重要性和流域内工农业生产结构方面的特点,进行远距离调水是从根本上解决本流域严重缺水问题的有效途径之一。

(二)水土流失严重

海河流域是全国水土流失严重地区之一,水土流失类型多、面积大、分布广、危害重、治理难。根据水利部的遥感调查结果,海河流域各类水土流失面积达 12 万 km^2,其中山区水土流失面积 11 万 km^2,占山区面积的 60%。

近年来,流域水土保持工作取得了显著的成效。据统计,1980 ~ 2002 年,全流域累计治理保存面积 3 万多 km^2,为流域内的社会经济可持续发展提供了有力的保障。但同时还存在一些突出的问题:一是全流域仍有各类水土流失面积近 10 万 km^2,生态环境恶化的趋势仍未得到有效的控制;二是人为水土流失严重;三是治理水土流失投入不足;四是治理水土流失的科研和技术还比较落后。流域水土流失治理任重而道远。

(三)水源污染

海河流域水源污染问题也很突出。2004 年,海河流域年排废污水量已超过 50 亿 t,流域受污染的河流长达 3 068 km,在全国各大流域中属最严重的,这对于水资源极为短缺的华北平原威胁极大。实际上许多河段在枯水季节流淌的全部是废污水,特别是城市附近河段的这一状况还在发展,严重影响城市生活用水水质,应切实解决。防治水源污染、保护生态环境、保护广大人民的健康,也是一项不可忽视的任务。

第五节　珠　江

一、流域概况

珠江是中国南方的一条大河，横贯华南大地，是中国七大江河之一。珠江流域面积 45.37 万 km^2，其中：中国境内有 44.21 万 km^2，地跨云南、贵州、广西、广东、湖南、江西 6 省(区)；越南境内有 1.16 万 km^2。

珠江流域是一个复合的流域，由西江、北江、东江及珠江三角洲诸河等 4 个水系组成。西、北两江在广东省三水市思贤滘、东江在广东省东莞市石龙镇汇入珠江三角洲，经虎门、蕉门、洪奇门、横门、磨刀门、鸡啼门、虎跳门及崖门等八大口门汇入南海。其中磨刀门、蕉门和虎门分别为西江、北江和东江的主要出口(见图 4-12)。

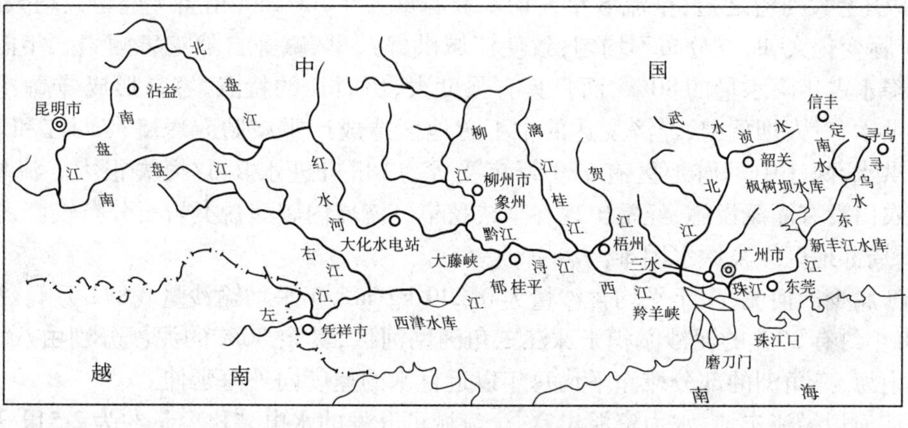

图 4-12　珠江水系示意图

主流西江发源于云南省曲靖市境内的马雄山，在广东省珠海市的磨刀门企人石入注南海，全长 2 214 km。西江由南盘江、红水河、黔江、浔江及西江等河段所组成，主要支流有北盘江、柳江、郁江、桂江及贺江等。思贤滘以上河长 2 075 km，流域面积 35.3 万 km^2，占珠江流域面积的 77.8%。西江流经中国著名的石灰岩分布地区，形成众多伏流和岩溶湖，河网结构得天独厚。

北江发源于江西省信丰县大茅坑山，思贤滘以上河长 468 km，流域面积 46 710 km^2，占珠江流域面积的 10.3%，主要支流有武水、滃江、连江、绥江等。北江上游为浈水，源于江西信丰县石碣大茅坑山，至广东韶关市与武水汇合后始称北江，自此以下为中游，出清远县飞来峡后为下游，南流至思贤滘与西江相通后注入珠江三角洲。北江是一条山区性河流。

东江发源于江西省寻乌县椏髻钵山，石龙以上河长 520 km，流域面积 27 040 km^2，占珠江流域面积的 5.96%。主要支流有新丰江、西枝江等。干流上游称寻乌水，广东龙川县合河坝至博罗县观音阁为中游，观音阁以下为下游。

珠江三角洲包括思贤滘以下西江、北江三角洲和石龙镇以下东江三角洲，为冲积平原，总面积2.68万km^2，占珠江流域总面积的5.91%。境内地势平坦，河网密布，水道纵横，平均1 km^2有0.8 km的河道。西江、北江三角洲主要水道近百条，总长达1 600 km，东江三角洲主要水道有5条，总长达138 km。

珠江流域北靠五岭，南临南海，西部为云贵高原，中部丘陵、盆地相间，东南部为三角洲冲积平原，地势西北高、东南低。山地和丘陵占总面积的82.8%，全流域土地资源共66 300万亩，其中耕地7 200万亩，林地18 900万亩，耕地率低于全国平均水平，流域人均拥有土地仅9.31亩，约为全国人均拥有土地的3/5。

珠江流域地处亚热带，北回归线横贯流域的中部，气候温和多雨，多年平均温度为14～22 ℃，年降水量1 200～2 200 mm，降雨量分布明显呈由东向西逐步减少之势，降雨年内分配不均，地区分布差异和年际变化大。

珠江流域水资源丰富。据1956～1979年水文资料统计，全流域多年平均天然年河川径流总量为3 360亿m^3，仅次于长江，居中国第二位；1 km^2土地上平均每年产水74万m^3，为中国七大河流之冠，全流域年人均水资源量为4 700 m^3，相当于全国人均数的1.7倍，但年际变化大，时空分布不均匀，致使流域洪、涝、旱、碱等自然灾害频繁。年内4～9月汛期降水占年降水量的80%，而且具有强度大、历时长的特点，容易形成峰高、量大的流域性洪水，对人烟稠密、经济发达的中下游地区造成严重威胁。1915年西江和北江同时发生洪水，两江中下游地区有780万亩受灾，广州市进水7 d，损失很大。流域内近38%的农田没有灌溉设施，经常出现春旱或秋旱。流域内碳酸盐类岩石分布较广，岩溶地貌发育，局部地区人畜饮水困难。

珠江属少沙河流，多年平均含沙量为0.249 kg/m^3，年平均输沙量8 872万t。据统计分析，每年约有20%的泥沙淤积于珠江三角洲网河区，其余80%的泥沙分别由八大口门输出到南海，三角洲的部分滩涂平均每年以近百米的速度向外海延伸。

珠江河川径流丰沛，水力资源丰富，全流域可开发的水电装机容量约为2 512万kW，年发电量可达1 168亿kWh。其中西江的红水河落差集中，流量大，天生桥至大藤峡940 km河段可能开发的容量就有1 120万kW，开发条件优越，素称水力资源的"富矿"。目前已开发利用的尚少，亟待加快开发。

珠江流域内各河流水量充沛，河道稳定，具有良好的航运条件，现有通航河道1 088条，通航总里程14 156 km，约占全国通航里程的13%，年货运量仅次于长江而居第二位。

珠江流域自然条件优越，资源丰富。据1993年统计，流域工农业总产值5 365.56亿元，其中工业总产值为4 556.67亿元，农业总产值为808.89亿元。珠江流域所属地区贫富差距大，而欠发达地区所占面积达90%以上。

二、治理与开发

珠江流域最早建设的水利工程是灵渠。公元10世纪，珠江三角洲就开始修筑堤防。1949年以后，兴建了大量工程。据1979年统计，中国境内已建成大中型水库310座，总库容361亿m^3；大中型水闸196座；万亩以上灌区451处；固定机电灌站4万多处，机电装机容量158万kW；千瓦以上的水力发电站539座，总装机容量427万kW；修建江海围堤1万km，保护耕地1 100多万亩。各类水利设施可灌溉农田4 457万亩；除涝755万亩，占易涝农田的68%；水土保持措施面积2 094万亩，占水土流失面积的44%；解决了474万人和313万头牲畜的饮用水困难，约占缺水人口和牲畜总数的60%。珠江三角洲堤防逐年加高培厚，联围筑闸，提高了防洪能力，一般能防御10～20年一遇洪水；西江、东江、北江中游堤防能防御5～20年一遇洪水。部分航道经过治理，通航条件有所改善。西江梧州以上可全年通航至南宁和柳州；梧州以下至广州市和各河口，可通航300～500 t级轮船；三角洲主要航道可通航100～1 000 t级轮船，万吨海轮可驶入黄埔港，3 000 t海轮可乘潮驶入广州港。

存在的主要问题有：许多地区和城市防洪除涝标准不高，尤其是中下游平原和河谷存在着较大洪涝灾害的严重威胁。水力资源已开发利用的只占可开发的17%；许多水电站调节库容小，保证出力低，南方缺煤，开发水力资源显得更为重要。多数航道没有整治，有的有闸坝碍航，通航里程缩短，不能发挥水运优势。灌溉设施分布不平衡，灌溉保证率不高，因旱减产时有发生。水资源缺乏通盘安排和统一管理，部分河段水质污染严重。局部边远山区人畜用水还有困难。

20世纪80年代，《珠江流域综合利用规划报告》中提出了上中下游统筹兼顾、泄蓄兼施、以泄为主的方针。采用堤、库结合，提高主河段防洪能力，加高加固西江、北江、东江和三角洲地带的堤防，兴修北江飞来峡、黔江大藤峡、红水河梯级的龙滩、右江百色等水库，对水资源进行综合利用。计划使西江、浔江堤防防洪标准提高到30年一遇，珠江三角洲堤防提高到40～100年一遇，北江大堤堤防提高到300～500年一遇，东江中、下游堤防提高到100年一遇。梅州大堤、南盘江干堤、韩江南北堤、贵港、海口防洪堤是珠江干流或重要支流的二级堤防，其建设对提高流域整体防洪标准具有重要作用。近期建设堤防总长363.64 km。对珠江三角洲、浔江和西江三个易涝区进行重点治理，增加电排装机容量，修建水闸，整治排水系统，扩大治涝面积，提高治涝标准。

珠江流域近期防洪建设的目标是：广州市的防洪标准达到100年一遇，其中北江大堤与飞来峡水库联合运用可防御北江300年一遇洪水，城区防洪(潮)堤可防御200年一遇的内洪和潮水；珠江三角洲重点防护区和南宁、柳州、梧州等重点防洪城市的防洪标准达到50～100年一遇；其他重要地区的防洪标准达到20～50年一遇；一般防护区的防洪标准达到10年一遇。

珠江流域水电发展前景广阔，在南盘江、北盘江、红水河、西江中下游、柳江、郁江、桂江、贺江、北江和东江共10条干支流河段规划建设总装机容量1 865万kW、年发电量940亿kWh的梯级水电站，其中重点建设红水河水电基地，项目有南盘江天生桥一级、天生桥二级，红水河的龙滩、岩滩，黔江的大藤峡等水电站。同时在中小河流上积极发展中小型水电站。

规划中有西江南宁至广州的航运干线，通航标准1 000 t级；南盘江、北盘江及红水河航线，通航标准为250～500 t级，以分担滇、黔两省煤、磷等矿产资源外运任务；柳江、右江、桂江、贺江、北江、东江航道，通航标准为50～100 t级。珠江三角洲及其出海航道干线通航标准：广州至黄埔港为3 000～5 000 t级，黄埔港出海航道为2万～3.5万t级。今后还计划兴建湘桂、粤赣等运河，沟通长江和珠江两大流域的水运，为桂、滇、黔打通较近的出海口，解决闸坝碍航问题。

河口有 8 个入海口门，水流分散，浅滩发育，泥沙淤积，潮沟纵横。治理方针是：有利于排洪纳潮，改善和发展航运，进行滩涂围垦和水产养殖，改善生态环境，珠江河口整治涉及香港和澳门特别行政区，要按照相关规定，加强协作、综合治理。既要考虑防洪安全，又要兼顾通航及生态环境建设，满足珠江三角洲地区经济社会发展的需要。近期河口整治的重点是磨刀门水道、横门水道、洪奇门水道和蕉门水道。目前，广东省正在按已批准的《珠江河口疏浚整治 99 实施方案》进行疏浚整治，珠江水利委员会组织制定了《珠江河口综合治理规划》，珠江河口治理工程的总体规划方案确定后，应分轻重缓急逐步安排建设，2005 年前完成了洪奇门、横门、磨刀门和蕉门的初步整治，2010 年完成上述 4 个口门的全部整治和其他口门及浅海区的初步整治。

珠江干流中下游河道经多年整治，河势基本稳定，但局部河段因深槽靠岸、主流顶冲，出现滑坡塌岸，部分河段严重无序采砂，影响河道行洪安全。近期要完成北江大堤险段、芦苞涌和西南涌、深圳河、韩江干流等重点险工险段的整治。

灌溉规划方针是巩固提高现有工程、加强管理、挖潜配套、扩大效益。灌溉水源依靠中小河流分散解决，重要灌区水源由附近大型水利枢纽提供。

城市供水以广州、深圳、珠海、香港、澳门及其他沿海城市为重点。云贵高原、滇东南、黔南、桂西、桂北等边远地带，交通不便，经济落后，人畜饮水困难，这些地区主要改善人民生活用水条件，发展农田灌溉和小水电，同时要治理水质污染、清除重点污染源。

水土保持划分为上游云贵高原区、中游岩溶区和下游丘陵平原区。采取水利措施与农、林、渔、牧措施相结合，进行综合治理，分片实施。对开发渔业资源、发展旅游事业进行统一规划。

三、治理珠江的主要工程

（一）百色水利枢纽

百色水利枢纽工程位于广西郁江上游右江河段，坝址在百色市上游 22 km 处，是珠江流域综合利用规划中治理和开发郁江的一座大型骨干水利工程。该项目已列入国家《国民经济和社会发展第十个五年计划纲要》，是西部大开发的重要基础设施项目之一，被列为国家实施西部大开发战略的重要标志性工程之一。该工程是一座以防洪为主，兼顾发电、灌溉、航运、供水等综合利用效益的大型水利枢纽。百色水库总库容 56.6 亿 m^3，其中防洪库容 16.4 亿 m^3，有效库容 26.2 亿 m^3，属不完全多年调节水库。水库正常蓄水位为 228 m，汛期限制水位 214 m，死水位 203 m。工程概算总投资 47.13 亿元，建设总工期为 6 年。工程建设对提高自治区首府南宁市防洪标准，对促进广西、云南经济的发展，带动右江革命老区脱贫致富，保障当地经济社会的可持续发展具有重要意义。

该工程主要建筑物包括：一座主坝和两座副坝，主坝为全断面碾压混凝土重力坝，最大坝高 130 m，坝顶长 720 m，坝顶宽 10 m，坝顶高程 234 m；两座副坝位于主坝左侧约 5 km 处，分别为坝高 39 m 的银屯土石坝和坝高 26 m 的香屯均质土坝；一个装机容量达 54 万 kW（4 台机组）的地下发电厂房系统；通航建筑物采用远离主坝的 2 × 300 t 两级垂直升船机方案，船闸进水闸部分水下工程与主体工程同时施工。其余通航工程作为二期工程建设。

该工程建成后，可使南宁市的防洪能力提高到50年一遇洪水标准；远期与下游老口水利枢纽联合调度，可使防洪标准提高到100年一遇。同时还可使右江沿岸的百色、田阳、田东、平果、隆安等市县基本免除50年一遇以下标准洪水的威胁。结合郁江河段防洪标准为10年一遇的堤防，可使南宁下游的邕宁、横县、贵港、桂平等市县的防洪能力提高到20年一遇以上标准。可保护187.3万人口和109.2万亩耕地，水库多年平均防洪效益达7.75亿元。

百色水利枢纽电站为地下式厂房，总装机容量54万kW，安装4台单机容量分别为13.5万kW的水轮发电机组，电站年均利用小时数3 130 h，年均发电量16.9亿kWh，其中可调峰电量占64%以上，可缓解电网峰谷差矛盾和电力供需矛盾。电站建设总工期为6年，单位千瓦投资8 728元，单位电能投资2.79元/kWh，经济内部收益率27.22%，财务内部收益率4.73%，以还贷期20年测算电站上网电价为0.26元/kWh，具有较强的市场竞争力。

百色水利枢纽工程项目于1998年3月经国务院同意国家计委批准立项；工程可行性研究报告于2000年12月经水利部审查、2001年4月通过中国国际工程咨询公司的评估，2001年8月经国务院同意国家计委下达了批复通知；工程初步设计报告、水土保持方案、环评复核报告、首期淹没处理及移民安置规划补充报告相继完成并分别通过了相关部门组织的审查；2001年9月通过国家计委对开工报告的审查，10月初国务院同意该工程开工。

百色水利枢纽工程2001年10月主体工程开工，2002年10月大江截流，2005年10月第一台机组发电，2006年全部机组建成投入使用。目前，工程设计、施工、监理等单位密切配合，努力做好各项工作，决心早日实现“八桂展宏图，右江锁蛟龙”的宏伟蓝图。

（二）红水河的开发利用

红水河素有“壮乡母亲河”之称，年平均流量为1 500 m^3/s，蕴藏着巨大的水能资源。据勘测，红水河的水能总装机容量为1 365万kW，年发电量可达610亿kWh，占广西水电资源的68%，系全国十大水电基地之一，也是华南重要的能源基地。该水电基地包括上游南盘江自黄泥河口至北盘江汇合口河段、红水河及下游黔江至大藤峡河段的所有梯级水电站，全长1 050 km，流域面积19万km^2，总落差达750多m，其中南盘江自天生桥至纳贡，全长仅14.5 km，集中落差达181 m，平均12～13 m/km，是全河落差最集中的地方。通过规划选10级开发方案，即天生桥高坝、天生桥低坝、平班、龙滩、岩滩、大化、百龙滩、恶滩、桥巩、大藤峡，加上黄泥河上的鲁布革水电站合计装机容量1 192万kW，多年平均年发电量502.5万kWh（见图4-13）。

红水河梯级水电站，水库调节性能好，发电效益大，地质构造较稳定，地震烈度不高，淹没损失较小，位置适中，距负荷中心较近，而且中型与大型水电站相结合，有利于适应近期与远期负荷的发展。除发电外配合河道整治，还可发展航运、灌溉、水产养殖和旅游业，综合利用效益显著。

红水河的开发已取得了巨大成效，大化、岩滩、百龙滩、天生桥一级和天生桥二级一期工程等大中型水电站的先后建成，形成了408.2万kW的总装机规模。在建的总装机规模为540万kW的龙滩水电站是一座仅次于三峡水电站的巨型电站，被誉为红水河上的

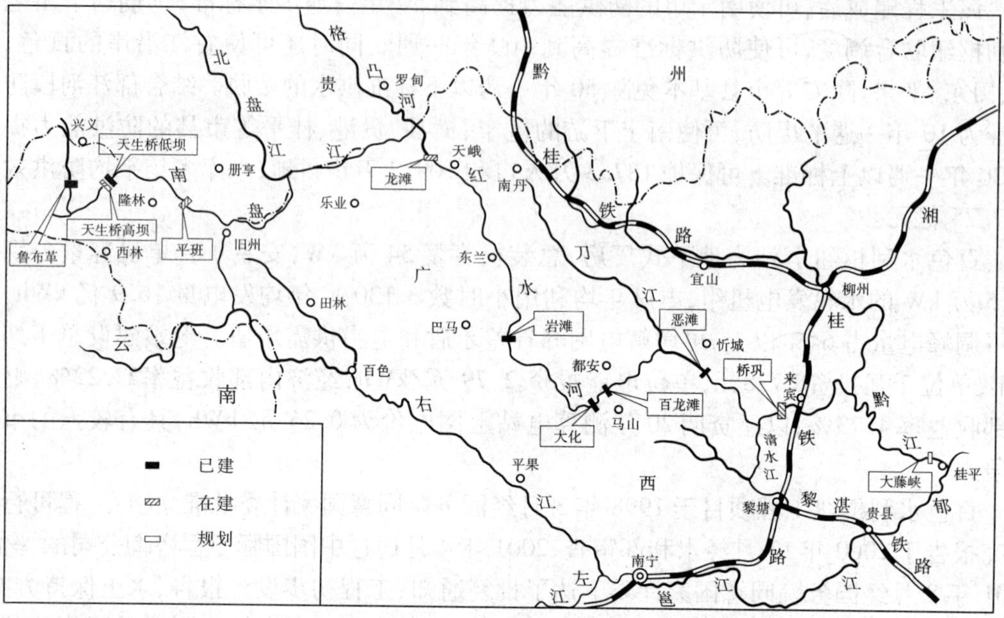

图 4-13　红水河水电基地电站位置示意图

“龙头电站”，是西部大开发中西电东送的标志性工程，是“十五”计划实施的重要组成部分，它的建设对红水河下游防洪、增加梯级电站发电量等有重大的经济效益。

在全面建设有中国特色社会主义的今天，这条既养育了壮乡人民又给壮乡人民带来洪灾的红水河，将会更多地崛起一座座造福壮乡人民的能源“新城”。

第六节　东北地区诸河流

一、松花江

（一）流域概况

松花江位于中国东北地区北部，是黑龙江最大的支流，系中国七大江河之一。整个流域位于东经 119°～132°、北纬 41°～52°，流域面积 55.68 万 km^2，河道全长 2 308 km，流经内蒙古、辽宁、吉林、黑龙江等省（区）（见图 4-14），是东北地区最主要的河流之一。

松花江有南北两个源头。南源为第二松花江，发源于长白山主峰白头山天池，西北流经吉林市，在扶余县三岔河口与嫩江汇合，河道长 958 km，流域面积 7.34 万 km^2。吉林市以上河段两侧悬崖陡壁、河谷狭窄、河床弯曲、高山峻岭纵横交错，吉林市以下河段由低山丘陵区过渡到平原区。北源为嫩江，发源于大兴安岭山脉的伊勒呼里山南麓，自北向南经嫩江县、齐齐哈尔市后，在三岔河口与第二松花江汇合，嫩江全长 1 370 km，流域面积为 29.7 万 km^2。嫩江县以上属于山丘区，以下由丘陵过渡到嫩江平原。

三岔口以下河段为松花江干流，长 938 km，流域面积 18.64 万 km^2，流向为自西向东再折向东北，在同江市附近流入黑龙江。干流两岸主要河流有拉林河、呼兰河、蚂蚁河、牡丹江、倭肯河、汤旺河、梧桐河等。松花江下游与黑龙江、乌苏里江的汇合处为大片低洼湿

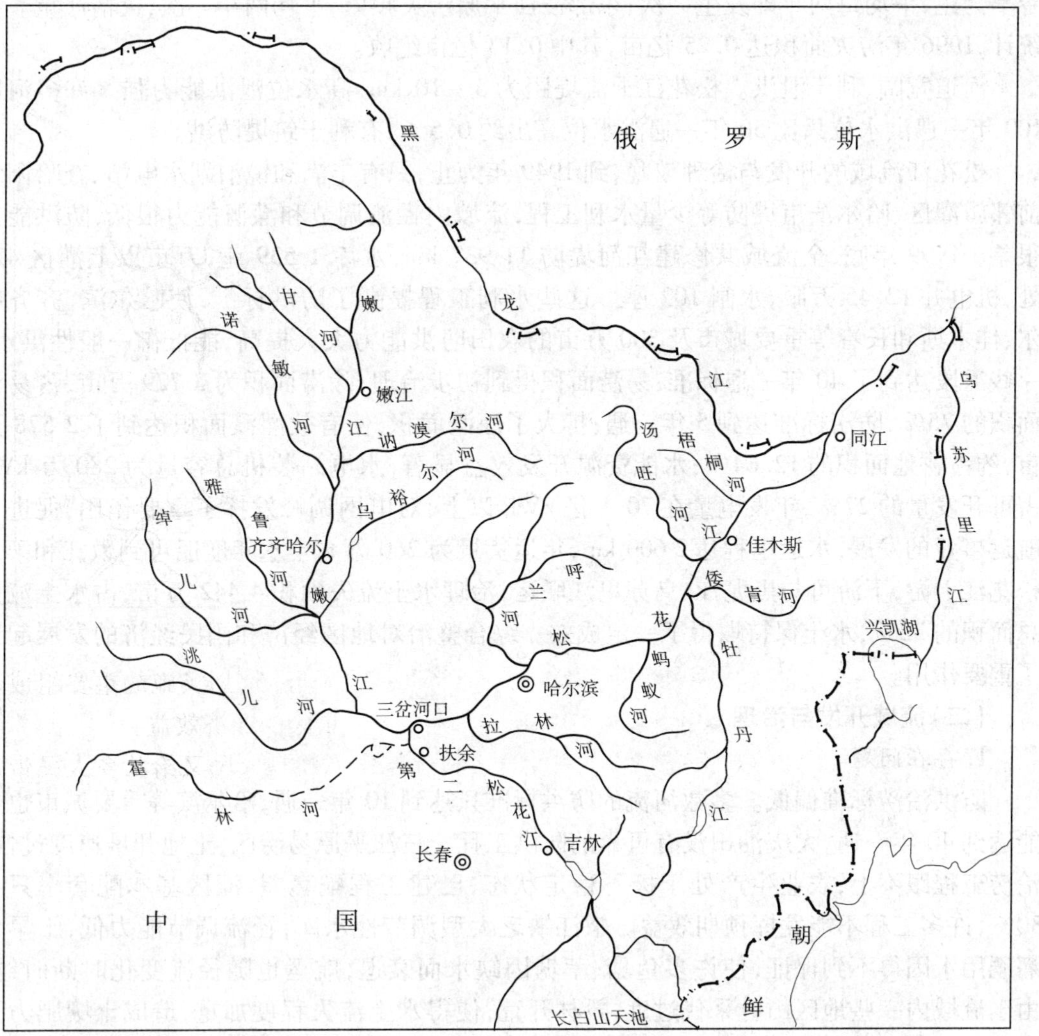

图 4-14　松花江水系示意图

地，多沼泽，是著名的三江平原。

全流域三面环山，其中山地占 61%，丘陵占 15%，平原占 23.9%，湖泊占 0.1%。流域内资源丰富，开发潜力巨大。松花江上游的大小兴安岭山区，森林茂密，是中国主要的林业基地；草原连片，有耕地 2 亿亩，可耕荒地 300 万亩，农业发展潜力大；松嫩平原石油资源丰富，建有大庆油田，1985 年原油产量占全国的 50%；三江平原煤炭资源也丰富。

松花江流域冬季严寒漫长，一般从 11 月初封冻，翌年 4 月中下旬解冻，封冻期长达 130～160 d，最大冰层厚度为 1.0～2.0 m，最低气温为 －50 ℃。解冻后，积雪融化，产生凌汛。个别河段由于两岸高山阻挡，日照不均，冰层厚，造成各河段解冻日期不同，极易产生冰坝，造成危害。夏季温热多雨，最高气温达 40 ℃，年平均降雨量为 526.8 mm，降水分布极不均匀。

东涝西旱，旱涝频繁。由于本流域降水分布极不均匀，西部松嫩平原多发生旱灾，以春旱为主,平均每两年即发生一次;东部三江平原涝灾频繁,平均两年一次,灾情严重。据统计,1996 年涝灾面积达 0.25 亿亩,其中 0.13 亿亩绝收。

河道宽阔,利于泄洪。松花江干流堤距为 5 ~ 10 km,高水位泄洪能力强。许多河段 100 年一遇洪水位只比 50 年一遇洪水位高出约 0.5 m,有利于筑堤防洪。

松花江流域的开发与治理较晚,到 1949 年为止,只有丰满和镜泊湖水电站、查哈阳和前郭旗灌区、哈尔滨市堤防等少量水利工程,流域内径流调节和灌溉能力很低,防洪能力很差。1999 年底,全流域共修建江河堤防 11 937 km,水库 1 539 座,万亩以上灌区 424 处,机电井 12.45 万眼,水闸 102 座。这些水利工程提高了防洪标准,使哈尔滨、齐齐哈尔、佳木斯和长春等重要城市及 300 万亩的农田防洪能力大大提高,能抵御一般性洪水,一些河段达到了 40 年一遇标准;易涝面积得到初步治理,除涝面积为 3 729 万亩,占易涝面积的 75%,防涝标准达到 5 年一遇;扩大了灌溉面积,使有效灌溉面积达到了 2 528 万亩,约占耕地面积的 12.64%;水能资源开发效益显著,水电站装机总容量为 280 万 kW,占可开发量的 27%,年发电量在 70.1 亿 kWh 以上,对电网调峰发挥了重要作用;促进了航运事业的发展,水运里程达 2 600 km,年运货量为 260 万 t,丰水年航船可到嫩江和第二松花江上游,下游可与黑龙江、乌苏里江联运;治理水土流失面积 4 442 万亩,占水土流失总面积的 32%,水土保持取得了一定成效。综合整治对地区经济和国民经济的发展起到了重要作用。

(二)流域开发与治理

1. 存在问题

防洪治涝标准偏低。多数河流的防洪标准只达到 10 年一遇,哈尔滨等重要城市也仅能达到 40 年一遇,大庆油田没有可靠的防洪工程。三江平原易涝区,土地开垦速度过快,治涝工程跟不上,农业生产处于极不稳定状态,已建工程配套差,灌区基本配套率只有 30%,许多工程不能发挥预期效益。嫩江缺乏大型调节性水库,径流调节能力低,干旱年灌溉用水因得不到保证,使许多鱼塘、苇塘因缺水而衰退,航运也随径流变化时断时续。由于流域内一些地区山林采伐过度,毁林开荒,使得水土流失程度加重,造成土壤肥力下降,生态环境恶化。水污染逐年增加,水质下降。由于工矿企业和城市生活废水污水的排放量逐年增加,松花江水系受到不同程度的污染,第二松花江中下游河段和松花江干流污染较重,使水资源价值大减。

2. 治理措施

松花江治理应以防洪治涝为重点。在防洪方面,继续整修加固现有堤防,提高城市和农田的防洪标准,采取工程措施,在嫩江、第二松花江上游修建布西、大费和哈达山等水利枢纽,提高径流调节能力,使农田达到能抵御 20 ~ 50 年一遇洪水标准,哈尔滨、长春、齐齐哈尔、大庆和佳木斯等重要城市达到 100 年一遇洪水标准。在治涝方面,以排水为重点,提高除涝标准。西部松嫩平原旱涝并存,采取蓄排兼施,以排为主,有利于改善风沙干旱的生态环境;松花江中部以河谷平原为主,农业发达,应提高治涝标准,达到 5 ~ 10 年一遇;下游的三江平原是沼泽化涝区,易涝面积大,由于排水基础设施差,近期可按 5 年一遇低标准过渡,之后逐步提高标准。

全面开发,促进发展。对现有工程加强配套和管理,提高使用效率,有计划地扩大水田面积，合理调整农业结构，使农、林、牧、副、渔各业协调发展；在嫩江、牡丹江和第二松花江上兴建水力发电枢纽，开发利用水能资源，各个支流上兴建小型水电站，补充农村用电不足，加快地方水电建设。充分利用现有条件搞好水运和水产，提高通航能力。做好水资源综合平衡和统一管理，在节约用水、合理安排用水的基础上，调出一部分水量支援邻近流域的缺水地区。

加强水源保护。在流域内大力实施水土保持措施，还坡造林，全面绿化，对各小流域实行综合治理，防治水土流失。对水源采取必要的保护措施，健全法规，依法管理，对已污染的河段进行整治，控制污染源，形成良性循环。

二、辽河

（一）流域概况

辽河系中国七大江河之一，是东北地区主要的河流，位于东北的南部。辽河流域包括辽河和大辽河两个水系（见图4-15），流域总面积为21.9万km^2。流域内山地占35.7%，丘陵占23.5%，平原占34.5%，沙丘占6.3%。

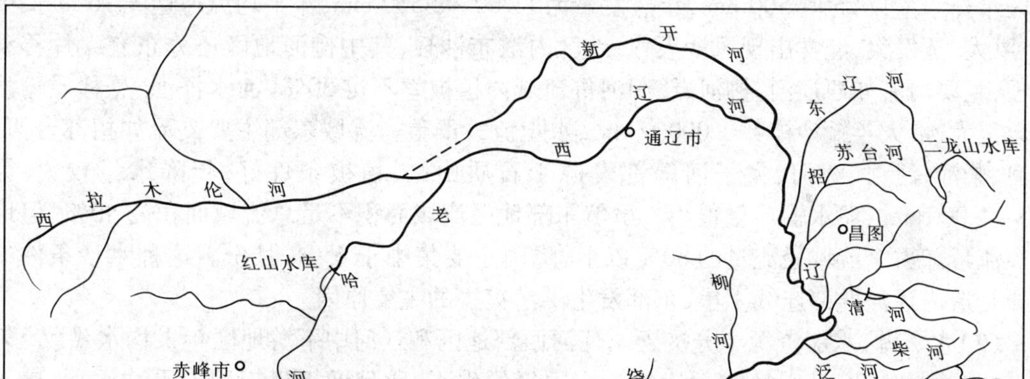

图4-15　辽河水系示意图

辽河全长1 394 km，有东西辽河两大支流。东辽河发源于吉林省辽源市哈达岭的隆哈岭，西北向经吉林十屋镇再转向西南至福德店与西辽河汇合，流域面积为1.13万km^2。西辽河有两个源头，一个发源于河北省平泉县七老图山脉的光头山，称为老哈河，另一支发源于内蒙古克什克腾旗境内的白岔山瀑布，称为西拉木伦河。两河在内蒙古自治区苏家铺附近汇合后称为西辽河，然后自西向东再折向南，在辽宁省昌图县福德店与东辽河汇合后称辽河,流域面积为 13.7 万 km^2。辽河干流自福德店纳入招苏台河、清河、柴河、泛河、柳河、绕阳河等主要支流,经盘锦市双台子河闸泄入渤海,干流长度 516 km,流域面积为 4.37 万 km^2。

大辽河也有两个源头,一支发源于辽宁省清原县,称为浑河,西南流经抚顺市和沈阳市,在海城市三岔河与太子河汇合;另一支流为太子河,发源于辽宁省新宾县,西南流经本溪市和辽阳市,在三岔河与浑河汇合。两河汇合后称为大辽河,流经营口市入海。大辽河流域面积为 2.7 万 km^2。

辽河流域的西部是大兴安岭、七老图山和努尔虎山,高程为 500 ~ 1 500 m,东部是老哈山、龙岗山和千山,高程为500 ~ 2 000 m,地势大体为自北向南、自东西两侧向中间倾斜,中下游为辽河平原,高程在200 m以下。辽河干流流经辽河平原,纵贯辽宁中部地区,沿途有铁岭、沈阳、盘锦、鞍山、抚顺、本溪和辽阳等重要城市,人口密集、交通发达、工矿企业云集,是辽宁省水稻集中产区和中国重要工业基地之一。流域特点如下:

(1)东西部水沙条件反差极大。辽河西部干燥少雨,干旱灾害频繁,水土流失严重;东部雨量充沛,但年内分配极不均匀,经常发生洪涝灾害。产沙条件各不相同,流域西部地区年降水量仅 250 ~ 500 mm,年蒸发量为 1 700 ~ 2 500 mm,年平均风速达 3 ~ 6 m/s,雨少、风大、蒸发大,经常出现风沙天气,地区内散布沙丘,其中柳河地区还分布有大片移动沙丘,主要河流如西辽河、柳河、绕阳河等流域内植被率不足 30%,河水浑浊,悬移质输沙模数很大,最大年输沙模数 1 000 t/km^2,水土流失严重。流域东部主要支流如招苏台河、清河、柴河、泛河、浑河、太子河等都发源于石质山区,植被条件好,年降水量较大,为 500 ~ 1 000 mm,河水输沙量很小。虽然东部地区流域面积不足总流域面积的 40%,但地表径流量却占全流域径流量的 80% 以上,降雨主要集中于 6 ~ 8 月份。这种水沙条件的差异是造成辽河西部连续干旱、东部发生洪涝灾害的主要原因。

(2)水资源、水能资源十分贫乏。辽河西部地区和辽河中下游地区年人均水量仅 587 m^3,亩均水量为 364 m^3,不仅远远低于全国平均水平,而且低于辽宁地方平均水平,属于严重缺水区。区域内城市密度大、人口多、工业发达,工农业生产用水和城市生活供水矛盾十分突出。流域内水能资源更为贫乏,只能结合农业灌溉适当发电。

(3)经济发展极不平衡。西辽河流域面积占全流域的 62%,人口仅占 23%,耕地 2 600万亩,其中水田不足 2 万亩,工农业总产值仅占全流域的 5%。辽河东部及辽河中下游地区,流域面积仅占全流域的 38%,人口为 2 200 万人,占全流域的 77%,耕地为 4 300 万亩,其中水田 500 万亩,工农业总产值占全流域的 95%。区内有抚顺、辽源、沈北、铁法等煤矿,鞍山、本溪钢铁公司,辽宁、清河、抚顺发电厂,辽阳化纤厂,辽河油田等国家大中型企业,经济地位十分重要。

(二)流域开发与治理

1.流域开发与治理取得的成效

流域的开发与治理起步较晚,1949 年以前,流域内仅有二龙山水库和闹德海水库,堤防共1 200 km。水库库容小,堤防标准低,对辽河防洪作用很小。辽河的治理和水资源的开发,1949 年后才进入正式发展阶段,到 1990 年底,全流域建成了大中小型水库 676 座,其中大中型水库 87 座,水库总库容为 139.18 亿 m^3;整修堤防 8 960 km;开挖排水干渠9 500 km;建成机电井13.91万眼;万亩以上灌区245处。灌区的面积已扩大到2 101万亩。全流域中1 788万亩易涝面积,有1 738万亩得到了治理,占总数的97%。西辽河地区通过治理,生态环境有了一定的改善,输入辽河干流的泥沙已明显减少。通过开发和整治,辽河干流的防洪标准达到20年一遇,浑河、太子河上由于有大型水库控制,防洪标准达到50年一遇,在很大程度上保证了农田和城市的防汛安全,保证了城市和工农业用水的基本要求。

2.流域开发与治理存在的主要问题

(1)河道淤积严重,防洪标准偏低,泄洪能力有限。柳河每年输入辽河大量泥沙,造成辽河干流河床抬高,河道淤积。主要支流和清河、柴河、泛河、浑河、太子河等,由于河滩上建房、围垦等缩小了泄洪断面,增大了行洪阻力,壅高了水位,降低了应有的泄洪能力,致使辽河的防洪标准仍然偏低。

(2)水资源短缺,供需矛盾尖锐。辽河流域已建工程总供水能力为138亿m^3,占流域多年平均年径流量的60%,中下游地区水资源开发利用程度更高,一些城市大面积超采地下水,造成地下水位下降,漏斗深度加深,局部地区达80~100 m,有的地区地下水已近枯竭,入海口有海水入侵。工业的发展和规模的扩大,人民生活水平的提高,使工农业用水矛盾加大。生活用水需求增长过快,加剧了水资源的紧张。

(3)水源污染严重。辽宁省工业比重大,污水废水排放量大。浑河沈阳段以上日排污168万t,工业污水占80%以上,河水浑浊异臭。太子河经本溪、辽阳和鞍山段,日接纳排污水181万t,不仅河水被污染,地下水也受到了影响。污染的结果使许多河段水质恶化,鱼虾绝迹,河口及近海水产品产量和质量严重下降。

(4)水土流失严重。据1990年统计,全流域水土流失面积为69 657万亩,其中西辽河占76%。已经治理3 371万亩,占流失总面积的4.84%,边治理边破坏的问题应引起重视。砍伐森林、开荒种地、放坡养参使得植被较好的东部山区也出现程度不同的水土流失。

3.今后治理开发应加强的几方面工作

(1)对现有工程要完善配套,加强管理,进一步挖掘老工程的潜力。加强河道整治,提高干支流的防洪标准,将干支流河滩上的阻水设施全部予以清理,整修加固堤防,加固处理险工险段,提高河道的行洪能力。在辽河干流和柳河上,分别兴建石佛寺水库和颜家水库,使清河口以上干流防洪标准达到50年一遇,清河口以下干流达到100年一遇。对西辽河上游红山水库、台洞口分洪枢纽进行加固改造,使西辽河防洪标准达到50年一遇,城市达到100年一遇。对浑河和太子河上的大伙房水库、观音阁水库和汤河水库等进行联合调度,增加径流调节能力,使浑河、太子河农田防洪标准达到50年一遇。沿河城市防洪标准相应得到提高,抚顺达到300年一遇,沈阳、辽阳、本溪、鞍山达到500年一遇。

(2)加强对水资源的合理使用。水资源短缺是长期制约辽河流域社会经济发展的一个关键因素,兴建新的水源工程已没有多大余地,应建立节水型工农业体系,统一分配水资源,优先考虑工业用水和城市生活用水,提高污水处理和再生利用能力,提高水的利用率。大力推广喷灌、滴灌、微灌、渗灌等先进的节水灌溉技术。修建石佛寺水库,提高辽河的区间调节和流域补偿能力。

(3)加强水资源保护,制定本流域的水资源保护法规。对已经污染的水源限期进行治理,并采取新措施防止污染,对工矿企业排污的标准应严格管理。新建工业项目,没有污水处理措施的不得立项,已经兴建的项目,污水不处理的不得投产,使水源形成良性循环。

(4)水土保持应进一步加强。西辽河、柳河作为水土保持重点治理地区,应以小流域为单元进行综合治理,积极调整单一的农业结构。东辽河和大辽河流域应抓紧制定水土保持长远规划,采取得力措施改善与恢复生态,防止水土条件恶化。

(5)跨流域引水。辽河流域水资源开发利用程度很高,靠本身的水资源解决当前的用水已经极为困难,只有采取跨流域调水才能从根本上解决问题。方案一是从水量较丰沛的鸭绿江支流引水到太子河的东水西调方案;另一方案是在嫩江和第二松花江上修建取水枢纽,经松辽分水岭引水到辽河,由石佛寺水库进行反调节的北水南调方案。两方案实施后,辽河流域水资源供需矛盾可暂时缓解。

三、东北国际界河的开发与治理

(一)鸭绿江

鸭绿江是中国与朝鲜两国的界河,发源于长白山南麓,西南流经中国丹东市后注入黄海。河流全长795 km,流域面积63 788 km^2,其中中国境内流域面积为32 466 km^2。鸭绿江临江以上为上游段,两岸陡峻,河谷狭窄,坡陡流急;临江至水丰为中游河段,河面较宽,水流渐缓,水量增加;水丰以下为下游段,河流进入丘陵地区,河谷逐渐开阔。在中国一侧的主要支流有浑江、蒲石河等。流域内年均降水量为927.1 mm,辽宁丹东市附近为120 mm,吉林长白县附近为700 mm。结冰期为4个月。年均径流量为291亿 m^3,干流总落差为240 m,可能开发的水能资源为237万kW。鸭绿江干流上有中朝共建的云峰、老虎哨、水丰和太平湾等4座电站,总装机容量为188万kW,中国拥有装机容量94万kW。中朝两国正计划在鸭绿江干流上兴建临江、义洲两座水电站。

(二)图们江

图们江是中国与朝鲜两国的界河,发源于中朝两国边境的长白山东麓,东北向流至图们市转东南流入日本海。全长520 km,流域面积为3.3万 km^2,其中中国境内2.2万 km^2。南坪以南为上游,流经玄武岩台地,多峡谷、险滩和急流;南坪至甩湾子为中游,多深谷,河道宽窄相间,水流较慢;甩弯子以下为下游,是典型的平原河流。主要支流右岸有西头水,左岸有嘎呀河和珲春河。流域位于温带北部,河水以降雨补给为主,春季有少量的冰雪融水,洪枯水量变化大。流域年均降水量为600 mm,年均径流量为75.2亿 m^3,图们市以下通航,水能资源尚待开发。

(三)黑龙江

黑龙江是中国、蒙古、俄罗斯三国的界河。黑龙江有南北两源:南源为额尔古纳河,由克鲁伦河和海拉尔河汇合而成,其中海拉尔河发源于中国内蒙古自治区大兴安岭西麓,克鲁伦河发源于蒙古人民共和国肯特山脉东坡。北源为俄罗斯境内石勒喀河,其上游称为鄂嫩河,发源于蒙古肯特山脉东侧。南北两源在中国黑龙江省漠河以西的洛克河附近汇合后称为黑龙江,然后自西北向东南,沿途有右岸中国境内的呼玛河、逊河、松花江和乌苏里江(界河)及左岸俄罗斯境内的结雅河、布列亚河等支流汇入,在肇兴折向东北经尼古拉耶夫斯克(庙街)注入鞑靼海峡。以额尔古纳河为源计算,全长 4 440 km,流域面积为 185.5 万 km^2,其中中国境内为 89.11 万 km^2。

黑龙江每年 7 ~ 9 月份多发生暴雨洪水,汛期长达 6 个月,在与乌苏里江汇合处以上,年平均流量为 8 600 m^3/s,水量丰沛。自漠河以下江宽水深,非冰冻期可以通航,水能资源丰富。根据中苏(原苏联)两国政府 1986 年 10 月 23 日达成的《关于组建中苏两国指导编制额尔古纳河和黑龙江界河段水资源综合利用规划委员会》的协议,中俄两国专家正在积极工作,初步确定漠河水利枢纽作为黑龙江上段第一期工程,太平沟水利枢纽为黑龙江中段的第一期工程。

(四)乌苏里江

乌苏里江是黑龙江的支流,中俄两国的界河,发源于俄罗斯境内的马拉河与刃比河上游的锡霍特山脉的西南坡,由南向北流,纳松阿察河后称乌苏里江,向东北至哈巴罗夫斯克(即伯力)汇入黑龙江。河长 890 km,流域面积 18.7 万 km^2,其中中国境内流域面积为 5.67 万 km^2。乌苏里江江面宽阔,水流平缓,多岔流和岛屿,结冰期约 5 个月。下游多年平均流量约 1 200 m^3/s,最大流量为 10 520 m^3/s,不定期通航里程 622 km。

乌苏里江水资源丰富,尚待开发利用。

第七节　西南地区诸河流

一、概述

西南诸河区域流域辽阔,河流众多,位于中国西南边陲,是青藏高原和云贵高原的一部分。总面积 85.14 万 km^2,耕地 2 689 万亩,人口 1 524 万人,分别为全国的 9%、1.8%、1.5%,但水资源总量高达 5 853.3 亿 m^3,为全国的 21.6%。具有水多、人稀、耕地少的特点,区域内人均水量 3.8 万 m^3,亩均水量 2.2 万 m^3,分别为全国人均、亩均水量的 15 倍、12 倍。

该区域总的地势是西高东低、北高南低,东南部最低。该地区北部有唐古拉山脉、冈底斯—念青唐古拉山脉,南部有喜马拉雅山脉,东部为横断山脉。除了东部的山脉大体呈南北走向外,其他山脉基本上呈东西走向。

区域内水资源虽十分丰富,但时空分布却很不均匀,水土资源不相适应的状况十分突出。耕地稀少的藏东南地区集中了全区域约 50% 的水量,亩均水量高达 50 万 m^3,其中藏南诸河东部地区亩均水量更高达 100 万 m^3 以上;而耕地较集中的雅鲁藏布江拉孜—羊村段,以及云南境内的几个分区,亩均水量都在 1 万 m^3 以下。如果考虑水土资源沿高程的不均匀分布,则亩均水量的地区差别更大。例如,本区域所属云南境内山势陡峻、河谷深切,坝区(盆地)面积仅占总面积的 3%,平均 1 km^2 耕地多达 700 亩,坝区又分布于支流的中上游段,集流面积小,亩均水量为 0.1 万 ~ 0.4 万 m^3,山区平均 1 km^2 有耕地约 80 亩,水资源又丰富,亩均水量为 0.4 万 ~ 0.6 万 m^3。

该区域具有水资源丰富,时空分布极不均匀,耕地多的地区水少,需水的季节来水少,来水与需水时空分布极不相适应的特点,实际上能被利用的径流量却很少。因此,因地制宜地修建水利工程，对径流进行人工调节，就成为影响经济发展的重要因素。然而本区域地势高峻、山峦重叠、耕地分散、交通不便，水利工程施工艰难，需要的投入较大，加上工、农、牧业基础薄弱，水资源的开发利用较为困难。同时，该区域水资源和水力资源十分丰富，并且水质良好。目前，开发利用率仅为0.67%，最高的元江区也只有2.6%，是全国水资源开发利用率最低的地区之一。这一状况说明本区域开发的潜力很大，开发的前景还是乐观的。

该区域河流多属山区性河流，有利于水能资源的开发利用，但河流与流域的产水量都存在时空分配不均和农时用水不协调的矛盾。这一矛盾在坝子分布最多的中部地区最为突出，而这一地区是人口、政治、经济、文化的中心，也是首先要进一步开发的地区。因此，今后水利建设不能只限于考虑灌溉用水，还必须综合考虑水能以及农业、工业、城乡居民生活等多方面的用水问题。

近年来，西南地区的水利建设有了较大的发展，水利设施为新中国建立前的5倍，水资源的开发利用（利用率）也由新中国成立前不到1%增加到5%。但总的来看，目前西南地区的水利化程度还很低。以云南省为例，境内年产生地表水和地下水2 222亿m^3，邻区、邻国年流入的过境水量为1 943亿m^3，即全省年总水量为4 165亿m^3，但目前开发利用的仅103亿m^3，其中现有水利工程所提供的水量为88.96亿m^3，用于农业的水量为84.8亿m^3，用于工业及生活的水量为4.11亿m^3。可见，水资源的利用率还很低，开发潜力很大。

二、区域主要河流

本区域除西藏南部零星分布着一些面积大小不等的内陆河外，其余河流分别自新疆、西藏、云南、广西流出国境，经其他国家入海，均属外流国际河流。这些外流河，按入海的位置可分为印度洋和太平洋两大水系，其中怒江及怒江以西的河流注入印度洋，怒江以东的河流注入太平洋。

（一）雅鲁藏布江

雅鲁藏布江是中国乃至世界上海拔最高的大河，发源于西藏西南部喜马拉雅山北麓的杰马央宗冰川。河流大体由西向东流，经西藏米林县转向东北之后，又急剧向南流，形成举世闻名的雅鲁藏布江大拐弯段。该江经巴昔卡流入邻国印度，进入印度后称布拉马普特拉河，它又流经孟加拉国与恒河相汇后注入印度洋的孟加拉湾。河流全长约2 900 km，流域面积93.5万km^2，其中在中国境内为2 057 km，集水面积24.1万km^2。

雅鲁藏布江可分为三段：上游段从源头到里孜，中游段从里孜到派区附近，下游段从派区附近至巴昔卡。

雅鲁藏布江在萨噶以上称马泉河，它有两个源头，正源为杰马央宗曲，出自杰马央宗冰川；另一个源头库比曲，出自阿色甲果冰川。雅鲁藏布江上游河床都在海拔3 950 m以上，两岸山岭连绵不断，但山势都比较和缓。

雅鲁藏布江干流河谷是沿着一条东西向断裂带发育起来的，干流南部横卧着喜马拉雅山脉，北部及东北部有冈底斯、念青唐古拉等山脉。干流两岸支流众多，但大多短小，集水面积在10 000 km^2以上的支流有拉喀藏布、年楚河、拉萨河、尼洋河、帕隆藏布河5条。

雅鲁藏布江自派区以下开始进入高山峡谷段。在北岸支流帕隆藏布汇口六龙附近，河道绕过海拔 7 755 m 的那木岔巴瓦山，骤然由东北折向南流，随后又转向西南，从而形成了世界上罕见的雅鲁藏布江马蹄形大河湾段。自派区至巴昔卡整个河段山高水深，水流湍急，河床平均坡降 50% ~60%，许多地方江面宽不到 100 m，江流迂回曲折，汹涌澎湃，地势极为险要。如果将马蹄形大河湾段予以裁直，最短的德阳至希让的距离仅 40 km 左右，两地河床落差可达 2 000 m。因此，这里拥有数千万千瓦的水能蕴藏量，是世界上能源最为集中的地点之一。

雅鲁藏布江流域上、中游地区大部属高原温带或寒温带气候，下游河谷地区多属热带、亚热带气候。受地形影响，流域内降水量地区差别很大，并明显地呈现出沿干流河谷自下而上逐渐减少的规律。下游地区中的墨脱县戴林站，22 年平均年降水量高达 5 317 mm，一般大都超过 2 000 mm，往上游至通麦附近下降为 1 000 mm 以上，村芒为 650 mm 左右，拉萨为 450 mm，江孜 288 mm，江孜以西降水量更少。

雅鲁藏布江控制站奴下站以上集水面积约 1.9 万 km^2，根据 1956 ~1979 年年径流量资料统计，平均年径流量 601 亿 m^3。奴下站至国境线的下游区间集水面积约 5.1 万 km^2，这里是全国大陆上降水量最丰富的地区之一。

雅鲁藏布江流域，集中了西藏境内绝大部分水力资源，位居中国各大河流流域水能蕴藏量的第二位（仅次于长江流域），平均单位面积水能蕴藏量则居于首位。在各大河干流水能蕴藏量中，雅鲁藏布江也占居第二位（仅次于长江），平均单位河长水能蕴藏量则居于首位。

（二）怒江

怒江发源于西藏自治区北部唐古拉山南麓的吉热格帕附近，该江在西藏境内先向东流，之后改为南偏东流向，流经云南时向南流，从云南省的西南部流入邻国缅甸，最后注入印度洋的安达曼海，在国外称为萨尔温江。云南省境内的南定河、南滚江、南卡河等，流入缅甸先后汇入萨尔温江。

（三）澜沧江

澜沧江发源于青海唐古拉山北麓夏茸扎加的北部，大体呈南偏东流向，流经中国的青海省、西藏自治区和云南省，出境后称湄公河，经老挝、缅甸、泰国、柬埔寨、越南等国，最后注入太平洋的南海。云南省境内的南垒河、南览河等河流入邻国缅甸后，均汇入湄公河。

（四）沅江

沅江发源于中国云南省巍山县境内，大体呈西北—东南流向，进入越南后称红河。在中国还有李仙江、藤条江、盘龙河、南利河、百都河等，也属沅江水系。广西壮族自治区那坡县的百都河源出云南，在云南及广西境内的面积分别为 650 km^2 和 1 454 km^2，出境后经锦江汇入红河。

三、水能资源及其开发利用

（一）澜沧江水电基地

澜沧江水电基地位于中国西南，是澜沧江干流梯级水电站的总称。澜沧江发源于青海省唐古拉山北麓，流经西藏、云南两省区，在云南省西双版纳州南腊洞口处流出中国境后称为湄公河，经缅甸、老挝、泰国、柬埔寨、越南汇入南海。在中国境内水流短促，流域面积不大，其中超过 1 万 km^2 的支流仅有子曲、昂曲、漾濞江 3 条，许多支流的流域面积仅有几百平方公里，漾濞江是最大的支流。澜沧江干流全长 4 500 km，总落差 5 500 m，中国境内干流长 1 612 km，落差达 5 000 m。

在中国境内澜沧江干流从溜筒江到南腊河口初步拟定 15 级开发方案，自上而下为：溜筒江、佳碧、乌弄龙、托巴、黄登、铁门坎、功果桥、小湾、漫湾、大朝山、四家村、糯扎渡、景洪、橄榄坝、南腊河口（见图 4-16），共利用落差 1 655 m，总装机容量 2 073 万 kW，保证出力 958.5 万 kW，多年平均年发电量为 1 088.3 亿 kWh。在这 15 个梯级中有 9 座水电站装机容量超过 100 万 kW，总容量达 1 713 万 kW，占整个梯级总容量的 83%。澜沧江干流梯级开发纵剖面见图 4-17。

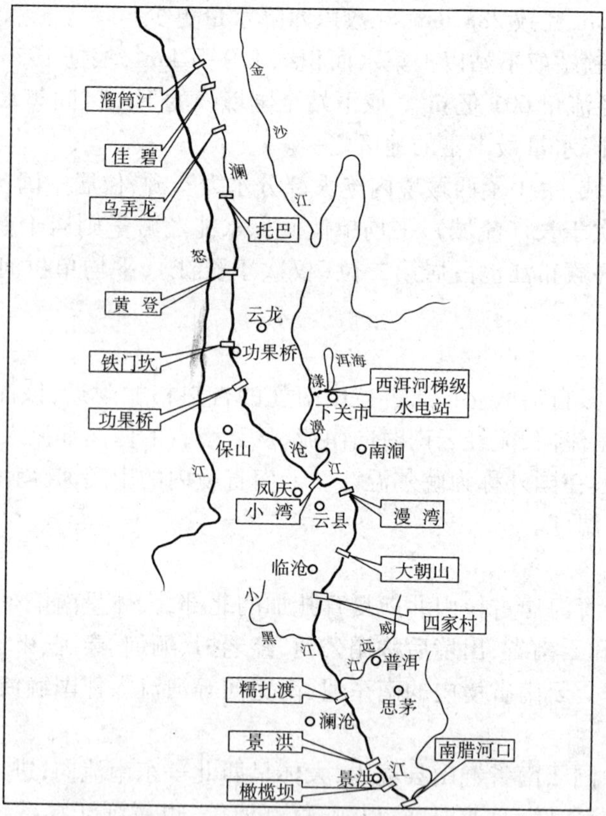

图 4-16 澜沧江水电基地电站位置示意图

澜沧江梯级开发以发电为主。在 15 个梯级水电站中，以中下游河段（自功果桥至南腊河口）9 座梯级的开发条件较好，特别是中游河段地理位置适中，地形条件好，水库淹没损失小，交通比较方便。现将其中几个主要水电站简要介绍如下。

1. 功果桥水电站

功果桥水电站坝址位于云南省云龙县功果桥附近，曾进行过规划阶段的勘测工作。该电站坝址处覆盖层较厚，坝址附近缺乏土料和砂料。在上游各梯级水电站未开发前，装机容量 75 万 kW，保证出力 15.4 万 kW，多年平均年发电量 33.8 亿 kWh；待上游开发后，

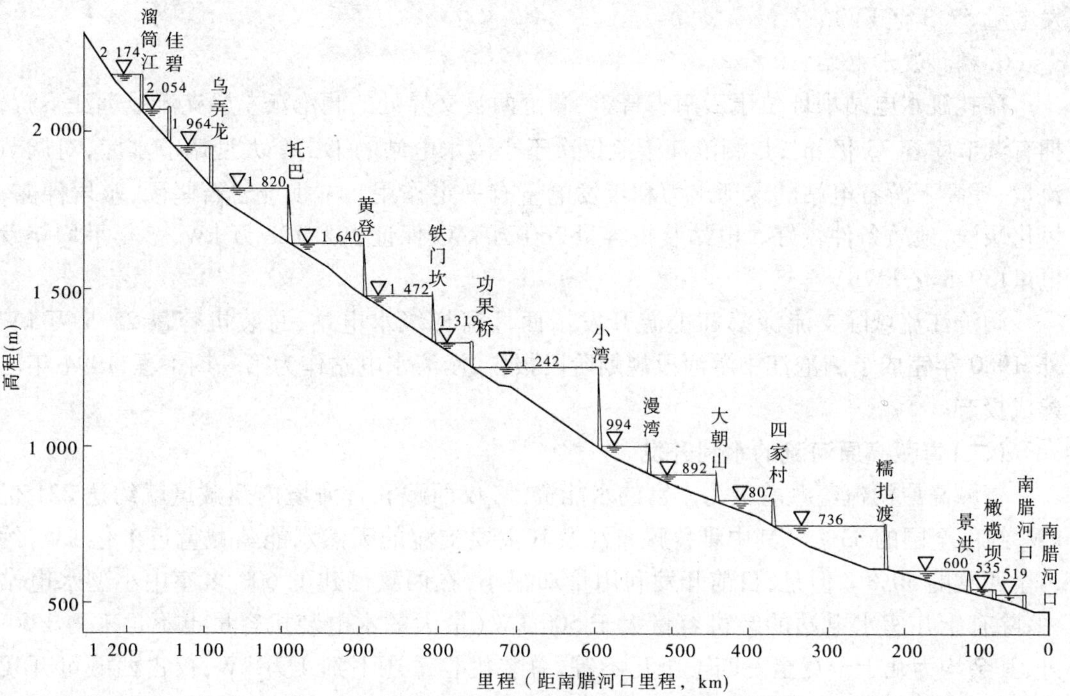

图 4-17　澜沧江干流梯级开发纵剖面

装机容量可达 90 万 kW，保证出力 41. 8 万 kW，多年平均年发电量 47. 7 亿 kWh。

2. 小湾水电站

小湾水电站坝址位于云南省南涧、凤庆两县境内，两岸山高 1 000 余 m，地质条件好，是开发澜沧江中游的控制性工程。修筑 300 m 高坝，可获得 156 亿 m^3 库容，初期装机容量 320 万 kW，保证出力 159 万 kW，多年平均年发电量 168 亿 kWh，并可使下游各电站保证出力增加 1 倍，装机容量和发电量各增加 30% 左右，效益显著。

3. 漫湾水电站

漫湾水电站坝址位于云南省云县境内，是澜沧江中游的第一期建设工程。电站能量指标优越，坝址地形、地质条件好，工程量小，施工场地开阔，坝址附近有公路通过，交通方便，可就近利用天然砂石料，输电昆明距离较近。电站初期装机容量为 125 万 kW，保证出力34. 9万kW，多年平均年发电量63. 03亿kWh；待小湾水电站建成后，装机容量可增加到 150 万 kW，保证出力66. 8 万 kW，多年平均年发电量 77. 95 亿 kWh。

4. 大朝山水电站

大朝山水电站坝址位于云南省云县境内澜沧江右岸支流那果河汇口下游 1. 5 km 处，上距漫湾水电站 95 km，坝段两岸山势整齐对称，山头高出水面 600 ~ 700 m，坝址基岩为岩浆岩，节理发育，但岩性较坚硬，胶结较好，施工交通条件较差。电站装机容量 130 万 kW，保证出力 63 万 kW，多年平均年发电量 68. 7 亿 kWh。

5. 四家村水电站

四家村水电站坝址位于云南省临沧县境内，坝址处为变质砂页岩，地质条件差，坝址处有公路通过，对外交通方便。电站装机容量 110 万 kW，保证出力 51 万 kW，多年平均年发电量 57.3 亿 kWh。

6. 糯扎渡水电站

糯扎渡水电站坝址位于云南省普洱、澜沧两县交界处的澜沧江左岸支流威远江下游，拥有调节库容 73 亿 m^3，是澜沧江干流仅次于小湾水电站的第二个大型调节水库，对调节流量、提高下游各电站的保证出力和年发电量有一定作用。本坝址岩石坚硬，基岩裸露，风化层浅，地质条件较好。电站装机容量 260 万 kW，保证出力 128 万 kW，多年平均年发电量139.5 亿 kWh。

澜沧江流域除支流漾濞江上游开发了西坪河梯级水电站，总装机容量 25.5 万 kW 外，1980 年完成了澜沧江中游河段规划阶段报告，漫湾水电站作为第一期工程，1994 年已建成投产。

(二) 青藏高原河流的水利开发

青藏高原河流蕴藏着极为丰富的水能资源，仅西藏和青海境内蕴藏量就约达 221 亿 kW，约占全国的 33%。其中雅鲁藏布江及其主要支流的天然水能蕴藏量近 1 亿 kW，约占全西藏的 50%。但是，目前开发利用量却很小，在西藏已建的 600 多座中小型水电站中，除有十几座水电站的装机容量大于 500 kW（最大的水电装机容量也不足 1 万 kW）外，其余均为几十千瓦至三四千千瓦不等，总装机容量还不到 4 万 kW，仅占西藏可开发水能资源的 0.07%。由于西藏工农业生产及生活用电需求的增大，现有发电量已不能满足要求，而且枯水期保证出力很小，小型水电站甚至停工，中型水电站出力一般也仅为装机容量的 1/3 ~1/2，冬春季节用电更为紧张。因此，电力提灌和农业、牧副业产品加工的发展受到很大的限制，许多工厂被迫部分停产或改用其他燃料。此外，西藏高原大部地区燃料十分缺乏，拉萨市的工矿企业和机关需从数百里外运来木材或煤炭，广大居民仍以牛粪、草皮为生活燃料。电力不足严重地影响了工农业生产的发展和人民生活水平的提高。

青藏高原东北部地区是长江、黄河的发源地，水能资源的理论蕴藏量达21 650万 kW，可开发利用 17 891 万 kW，年发电量可达 772 亿 kWh，目前开发利用 43 万 kW，仅占 0.24%，水能资源开发潜力很大。

雅鲁藏布江及金沙江、澜沧江和怒江流域，水能资源开发的条件优越，但雅鲁藏布江干流上至今尚未修建水电站。根据用电量分布特点和今后国民经济发展的要求，可逐步考虑兴建以下几座水电站：从上游向下依次为岗来、彭错林、永达、桑日—加查水电站。这些电站坝址良好，又处于西藏工农牧业发达地区，供电距离近，且装机容量均在 10 万 kW 以上，规模较大。在雅鲁藏布江的支流上，除已建的水电站外，还可考虑在帕隆藏布、尼洋曲、拉萨河、多雄藏布等支流上逐步建立装机容量分别为几万千瓦至 10 万 kW 的水电站，以满足这些地区中近期工农牧业生产发展的需要。西藏还可以作为中国的动力基地之一，从长远出发，可考虑修建派区—墨脱水电站。

雅鲁藏布江下游，从派区至墨脱，河道呈 U 字形大拐弯，河段长 200 多 km，落差达 2 000余 m，因此有利于水电建设。该水电站属引水式电站，若开凿约 40 km 的引水隧道兴建派区—墨脱水电站，其装机容量可达 4 000 万 kW，这将属于世界上规模最大的电站之一，可向区外实行远距离输电，使西藏成为中国的动力基地之一。

第八节　东南地区诸河流

一、概述

中国东南沿海，主要是丘陵山地，濒临海洋，属亚热带季风气候区，气温高，空气湿润，水汽来源充沛，季风盛行，夏秋之间台风频繁，常发生强大暴雨，因而水资源丰富，单位面积产水量为全国之冠。

该地区降水的水汽来源，主要来自南海及太平洋。台风频繁出现，携带大量湿热的西太平洋、南海的水汽。该地区的地形地貌以山地、丘陵为主，除少数河流下游有小面积平原以外，绝大多数地区为山岭耸峙、丘陵起伏、河谷盆地错落的地形。高山丘陵起伏的地形，使丰沛的水汽受到迎风坡的动力抬升作用，为降水提供了极为有利的条件。

该地区降水在年内及地区上的分配均与季风的活动关系密切。每年春、夏季节降水丰沛，秋、冬季节尤其冬季雨水较少。一年内大多数地区出现两个降雨高峰，第一个高峰发生在4～6月，第二个高峰在8～9月，两峰之间的7月份，往往出现一个相对雨量较低的过程。一般每年的5、6月份是降雨最大的月份。与其他流域相比，降水的年际变化相对较为稳定，丰水年与枯水年的降水量之比一般为1.7～3.6。

二、本区域主要河流

（一）闽江

闽江是福建省最大的河流，发源于武夷山脉，流域面积60 992 km^2，占福建全省土地面积的一半。河流全长577 km，河道平均坡降为5%，有沙溪、富屯溪、建溪三大支流，沙溪为其主流。沙溪发源于宁化县枫树排，全长304 km，流域面积11 792 km^2；富屯溪发源于光泽县司南乡；建溪发源于崇安县铜钹山。此三溪的流域面积占全流域面积的69%。沙溪与富屯溪汇合于沙溪口后称闽江，干流全长256 km。沙溪口以下20 km至南平汇入建溪，南平以下又汇入尤溪、古田溪、大漳溪等支流，然后流经福州、马尾出海（见图4-18）。

闽江地区平均年降水量为1 043.1亿 m^3（相当于年降水量1 710.2 mm），年平均径流量629亿 m^3。闽江水能资源丰富，理论蕴藏量632万kW，可开发量463万kW，已开发18%。已建有桂口水电站、安砂水电站、池潭水电站、沙溪口水电站、水口水电站等一批大中型水电站。

水口水电站位于福建省闽清县境内闽江干流上，坝址以上流域面积5.24万 km^2，坝址处多年平均流量1 720 m^3/s，年径流量545亿 m^3。水库正常蓄水位高程65 m，相应库容23.4亿 m^3。枢纽由混凝土溢流重力坝、电站厂房、船闸组成，坝顶高程74 m，最大坝高101 m，大坝全长786 m，电站装机140万kW，是中国华东地区最大的水电站。

（二）钱塘江

钱塘江位于浙江省境内，为该省最大河流，由于河道在杭州附近曲折呈“之”字形，故又名之江、曲江。钱塘江发源于浙、赣、皖交界的山区，流域面积5.56万 km^2，全长688

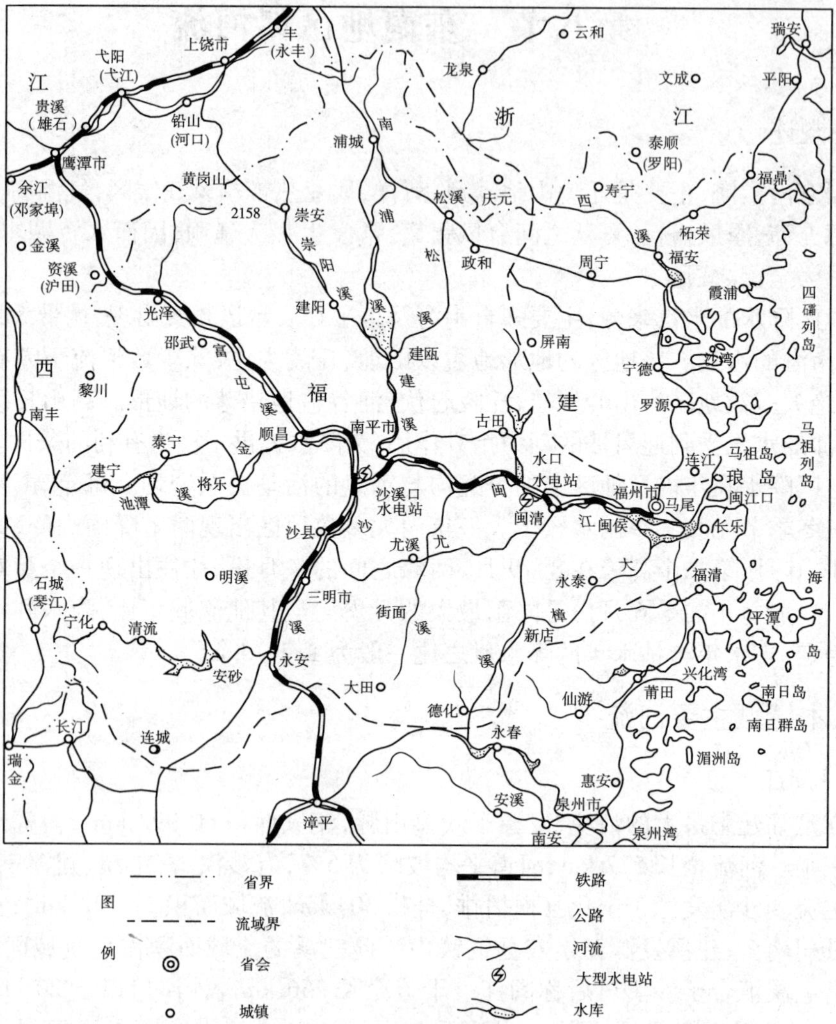

图 4-18　闽江流域示意图

km,河流平均坡度为 5‰,钱塘江由杭州湾入海(见图 4-19)。流域多年平均降水量为 1 200 ~ 2 200 mm,多年平均天然河川径流量 442.5 亿 m^3。

钱塘江主流自发源处至衢州有江山港和乌溪江汇入,称为衢江;至兰溪市有金华江汇入,称为兰江;至梅城与主要支流新安江相汇后成为干流,称桐江;桐庐以下称富春江;闻家堰以下始称钱塘江,其间还有浦阳江汇入。

闸口以下至澉浦 102 km,称为河口,澉浦至扬子角 80 km 水域称为杭州湾。河口和杭州湾的平面呈喇叭形,闸口处的水面宽度约1 km、澉浦处为 21 km、扬子角处为 100 km。东海潮波进入杭州湾和河口受喇叭口收缩以及沙坎抬高的强烈作用而急剧变形,东海潮差在扬子角为 2.8 m,而澉浦最大潮差达 8.93 m,潮波溯至澉浦以上 13 km 的鼠尾山成为举世闻名的"钱塘江涌潮"。实测最大涌潮高度 2.5 m,传播速度 9.6 m/s,潮水气势磅礴,景象壮观。

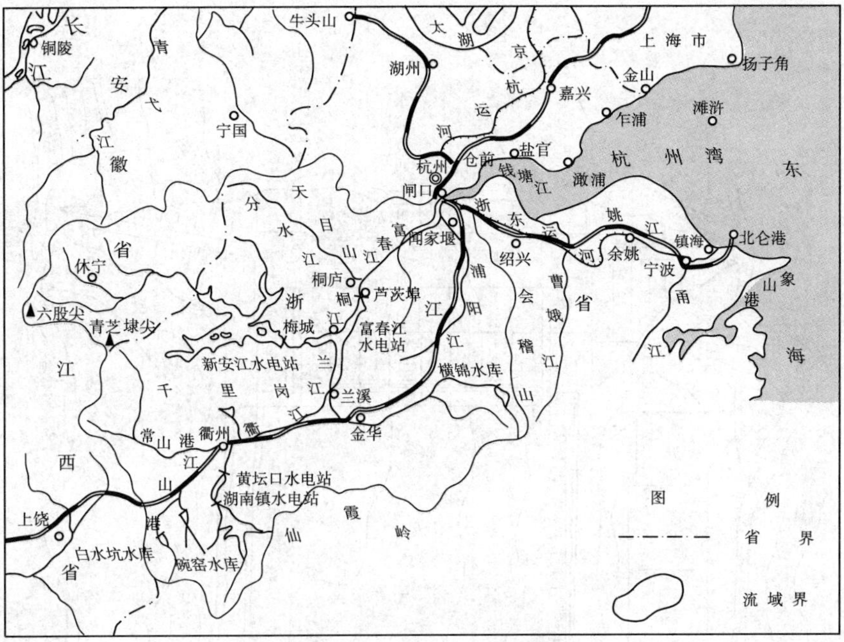

图 4-19　钱塘江流域示意图

在钱塘江水系上建有新安江、富春江等大中型水电站。

新安江水电站位于浙江省建德县境内钱塘江支流新安江上，是中国第一座自己勘测、设计、施工和制造设备的大型水电站。水库控制流域面积 1.048 0 万 km^2，坝址处多年平均流量 357 m^3/s，年径流量 113 亿 m^3。水库正常蓄水位高程 108 m，总库容 220 亿 m^3。枢纽由混凝土宽缝重力坝、坝后溢流式电站厂房组成（见图 4-20），坝顶高程 115 m，最大坝高 105 m，全长 465.4 m，电站装机容量 66.25 万 kW。

富春江水电站位于浙江省桐庐县境内钱塘江上游富春江上，坝址以上流域面积 3.164 5万 km^2，坝址处多年平均流量 1 000 m^3/s，年径流量 315.6 亿 m^3。水库正常蓄水位高程23.0 m，总库容 8.74 亿 m^3。

枢纽由混凝土溢流重力坝、电站厂房、船闸及溢洪闸组成（见图 4-21）。坝顶高程 32.2 m，最大坝高 47.7 m，溢流坝全长 287.3 m，电站装机容量 29.72 万 kW。

三、闽浙赣水电基地

闽浙赣水电基地是中国福建、浙江、江西省境内大中型水电站的总称。闽浙赣水电基地可开发水能资源 1 681.5 万 kW，多年平均年发电量 656.34 亿 kWh，占全国可开发水能资源的3.5%，其中大中型水电站 1 118 万 kW，多年平均年发电量 416 亿 kWh。

福建省可开发的大中型水电站有 47 座，总装机容量 500 万 kW，多年平均年发电量 212 亿 kWh。其中闽江流域的水口水电站装机容量 140 万 kW，保证出力 26 万 kW，多年平均年发电量 49.5 亿 kWh，是华东地区最大的水电站。水口电站具有地质条件好、淹没损失小、装机容量大、能量指标优越等优点，电站建成后，除解决福建本省用电外，还可送

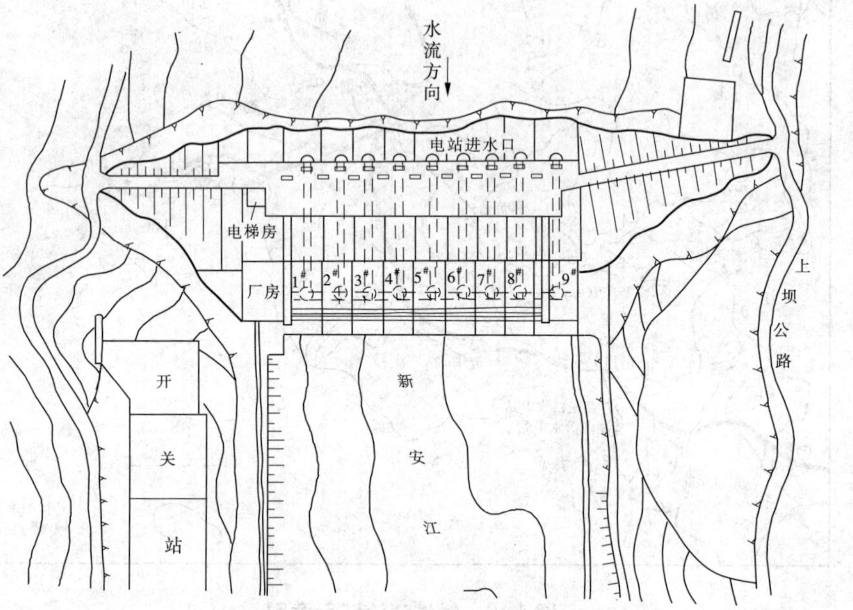

图 4-20　新安江水电站平面布置图

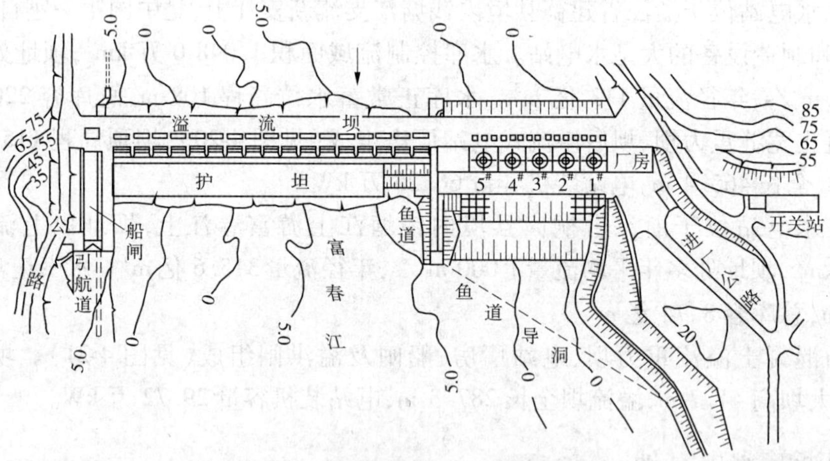

图 4-21　富春江水电站平面布置图

电华东电网，缓解所缺调峰容量。沙溪口水电站装机容量 30 万 kW，保证出力 5 万 kW，多年平均年发电量 9.6 亿 kWh，该电站淹没损失小，施工条件优越，第一期装机容量 22.5 万 kW。闽江支流尤溪上的街面水电站（40 万 kW）、建溪上的坤口和横塘峡两座水电站（装机容量分别为 9.6 万 kW 和 7.8 万 kW），都具有一定的调节性能，建成后对提高水口水电站的保证出力作用较大。南部汀江流域的棉花滩水电站，装机容量 50 万 kW，多年平均年发电量 14.5 亿 kWh，建成后不仅可以满足闽西南地区的用电需要，而且还可送电至粤东潮汕地区，并可减轻潮汕平原的洪水灾害。闽浙赣水电基地福建部分 10 万 kW 以上电站地理位置见图 4-22。

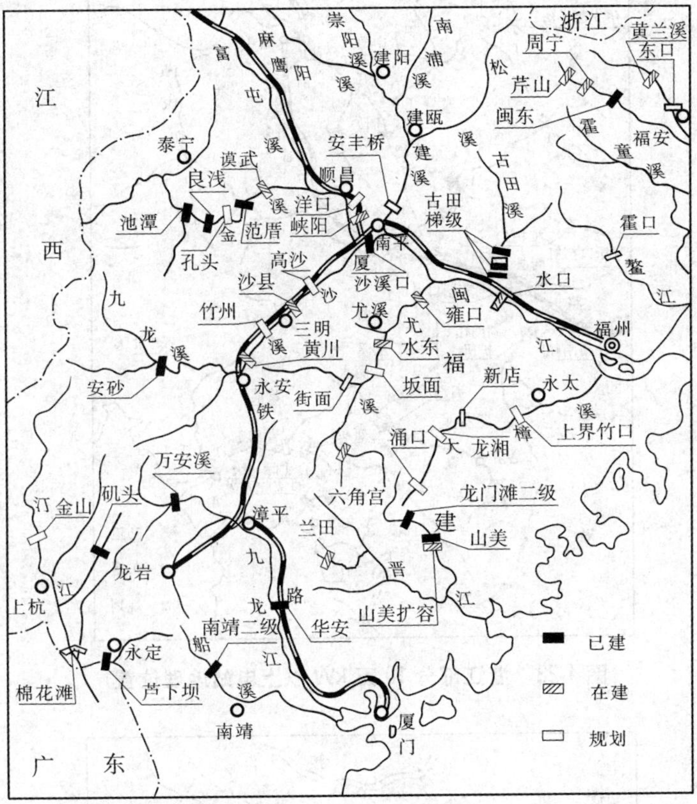

图 4-22　福建部分 10 万 kW 以上电站地理位置

浙江省可开发大中型水电站有 22 座，装机容量 274 万 kW，多年平均年发电量 84 亿 kWh。其中钱塘江水系的主要大中型水电站已经开发利用，今后开发的重点将转移到浙江南部的瓯江流域。瓯江水系可开发的水电站装机容量为 136 万 kW，主要水电站有紧水滩、石塘、滩坑、黄浦、大赤等，都具备良好的建设条件。水库、坝址的地质条件好，工程造价低，仅个别水电站如黄浦淹没损失较大。这些水电站都靠近华东电网，送电距离近，联网投资省，有利于并网联合运行。浙江南部飞云江上的珊溪水电站，装机容量 24 万 kW，综合利用效益大，也是浙江省条件较优越的中型水电站。闽浙赣水电基地浙江部分 10 万 kW 以上电站地理位置见图 4-23。

江西省可开发的大中型水电站有 33 座，装机容量 344 万 kW，多年平均年发电量 120 亿 kWh。其中：赣江可开发 256 万 kW，占全省可开发容量的 74%，是今后开发的重点。赣江开发规划共分 9 级，其中峡山、万安、峡江等 3 座水电站调节性能较好，能量效益较为显著，但淹没损失较大。闽浙赣水电基地江西部分 10 万 kW 以上电站地理位置见图 4-24。

闽浙赣水电基地开发较早，已建成的主要水电站有：闽江水系的古田溪梯级水电站、安砂、池潭、华安，钱塘江水系的新安江、富春江、乌溪江的湖南镇、黄坛口，以及赣江水系的柘林、上犹江等，近期建成的有福建的水口（140 万 kW）和沙溪口、浙江省的紧水滩和石塘、江西的万安（50 万 kW）等。

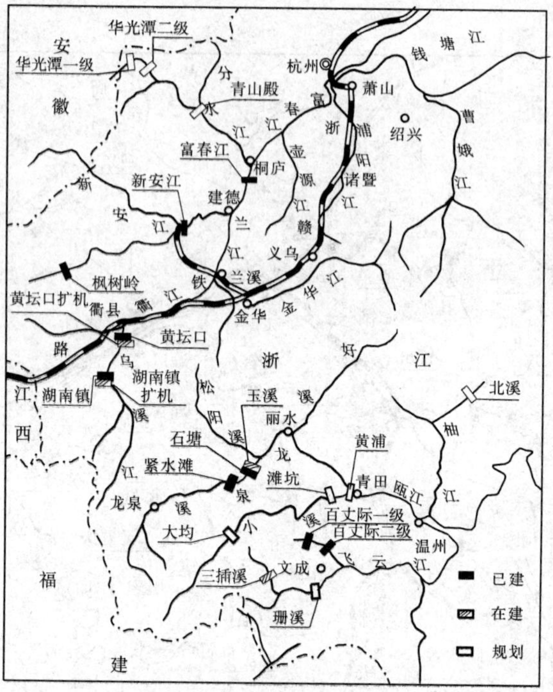

图 4-23　浙江部分 10 万 kW 以上电站地理位置

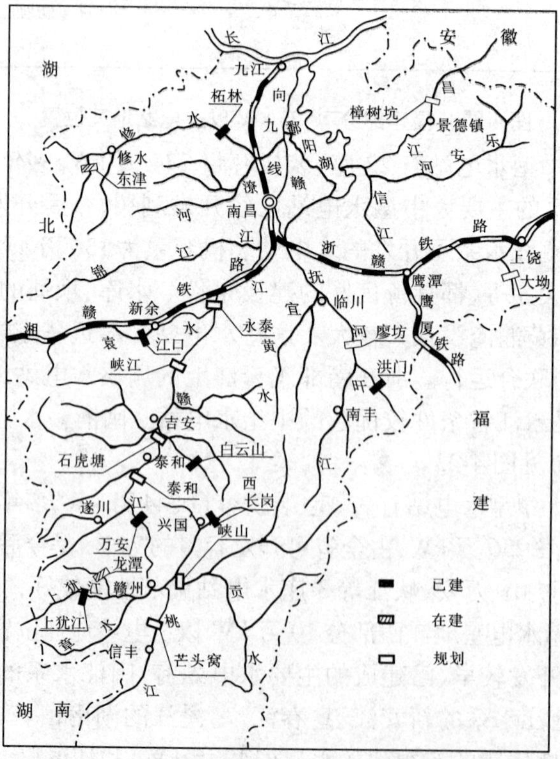

图 4-24　江西部分 10 万 kW 以上电站地理位置

第五章　中国水资源存在的问题与对策

水是人类赖以生存和社会发展的最宝贵的自然资源。随着社会的不断进步，水资源的研究已日益成为世界所关注的话题。联合国第47届大会根据联合国环境与发展大会在《21世纪议程》第十八章《保护淡水资源质量和供应：水资源开发、管理和利用的综合性办法》中所提出的建议，决定从1993年开始，每年的3月22日为“世界水日”。本章对中国水资源存在的几个突出问题，即水资源污染与对策、跨流域调水、节水灌溉、城市防洪、水土保持予以介绍。

第一节　水资源污染与对策

水资源的开发利用为人类社会进步、国民经济发展提供了必要的基本物质保证，但长时间的无序开采和不合理利用，产生了一系列与水资源有关的环境、生态和地质问题，严重制约了工农业生产的发展和城市化进程，严重威胁着人类的健康和安全，其中水资源的污染尤为严重。

一、中国水资源的质量

2007年度根据全国水资源保护监测站网的监测资料，对全国10个水资源一级区170个水系的1 300余条河流、44个重点湖泊、321座重要水库及294个省界断面的水体水质进行了评价。评价标准为《地表水环境质量标准》（GB 3838—2002）。全国总评价河长143 604.4 km，其中Ⅰ～Ⅲ类水河长占总评价河长的59.5%，Ⅳ～Ⅴ类水河长占18.8%，劣Ⅴ类水河长占21.7%。江河水资源污染基本特征表现在：①下游水质劣于上游，干流水质好于支流，流经城市的河段水质最差；②南方地区河流水质优于北方地区河流水质，中西部地区的水质优于东部发达地区的水质；③从整个流域分布来看，污染最严重的为淮河流域、黄河流域、海河流域和松花江流域，而长江流域的太湖地区污染也十分严重；④全国的水质污染以耗氧有机污染为主，有毒及易积累物质类污染次之，其中前者污染相对严重的为海河、淮河，污染河长均超过评价河长的50%，后者较严重的为黄河、松花江、淮河和海河流域。对全国44个重点湖泊的18 093.9 km^2 水面进行了水质监测评价。湖泊评价成果表明：全年湖泊以Ⅲ类、Ⅳ类和劣Ⅴ类水质为主。

所谓水资源污染，是指江河或其他水域，由于工业废水和生活污水排放量超过水体的自身净化作用的容许量而造成的水体污染现象。水体的自身净化作用，一般是指污水进入水域后，污染物被稀释，同时其中的有机物和其他物质，由于受到氧和微生物的作用而分解、沉淀等，从而达到自然净化的作用。

按照国家《地表水环境质量标准》（GB 3838—2002）规定，中国水资源质量标准共分以下五类。

Ⅰ类:主要适用于源头水、国家自然保护区;

Ⅱ类:主要适用于集中式生活饮用水地表水源地一级保护区、珍稀水生生物栖息地、鱼虾类产卵场、仔稚幼鱼的索饵汤等;

Ⅲ类:主要适用于集中式生活饮用水地表水源地二级保护区、鱼类类越冬场、洄游通道、水产养殖区等渔业水域及游泳区;

Ⅳ类:主要适用于一般工业用水区及人体非直接接触的娱乐用水区;

Ⅴ类:主要适用于农业用水区及一般景观要求水域。

一般超过三类标准的水,水中有毒物质的含量已高出国家有关规定的指标,已影响到人身健康,故无法满足饮用水的要求。

二、水资源污染特征

在人类活动影响下,水质变化朝着水质恶化方向发展的现象,统称为水污染。不管此种现象是否使水质恶化达到影响使用的程度,只要这种现象发生,就应视为污染。

水污染主要分为地表水体污染和地下水体污染。地表水体污染可视性强,易于发现,其循环周期短,易于净化和水质恢复。而地下水体污染则具有以下特点:

(1)隐蔽性。因污染发生在地表以下的孔隙介质之中,尽管地下水已遭到相当程度的污染,也往往从表观上很难识别,一般仍然表现为无色、无味,即使人类饮用了有害或有毒成分污染的地下水,其影响一般也是慢性的,不易觉察。

(2)难于逆转性。地下水一旦遭到污染就很难得到恢复。地下水流速缓慢,如果等待天然地下径流将污染物带走,则需要相当长的时间。而且孔隙介质中的砂土对很多污染物具有吸附作用,使污染物的清除更加困难。即使在切断污染源后,靠水层本身的自然净化,少则需几十年,多则甚至需上百年的时间。

(3)延缓性。在含水层上部的包气带土壤中,由于各种物理、化学及生物作用,因而会在垂直向上延缓潜水含水层的污染。对于承压水层,由于上部隔水层顶板的存在,污染物向下运移的速度会更加缓慢,因此地下水污染向附近的运移、扩散也相当缓慢。

三、水的污染源、污染物和污染途径

(一)水的污染源

水的污染来源繁多,根据形成原因可将其分为两大类:即人为污染源和天然污染源。

(1)人为污染源。包括城市液体废物如生活污水、工业污水、地表雨水径流,城市固体废物如生活垃圾、工业垃圾、污泥,农业生产及采矿活动。

(2)天然污染源。即天然存在的污染物,主要是海水及含盐量高和水质差的地下水。

(二)污染物

污染物的种类甚广,一般可分为以下10类:

(1)有毒物质。主要包括氰化物、有机农药、酚、砷及其化合物和重金属类物质等,有毒物质污染的水质,易引起人的中毒。

(2)致病微生物。致病微生物,一般能够传染各种疾病,并具有较强的繁殖能力,主要包括各种细菌、病毒、原生动物等。

(3)植物营养物。植物营养物是指植物生长所需要的营养成分,如氮、磷、碳等化合物。这类物质一旦流入水域,易造成水域的“富营养化”,其结果将严重威胁鱼类和人的健康。

(4)耗氧废弃物。这类物质又分为有机物和无机物两大类,前者主要是可以生成分解的天然有机物,而后者一般是还原性物质,如亚硫酸盐、硫化物、亚铁盐和氨等。水中由于耗氧废弃物的存在,将会在生物、化学氧化的同时,大量消耗水中溶解氧,致使水质恶化,甚至使水质变臭,严重者还会造成鱼虾的大量死亡。

(5)放射性物质。主要是指各种裂变的物质在裂变过程中所放出的射线,这种放射性危害往往具有一定的潜在性。如来自原子反应堆、铀矿加工厂、科研机关以及应用放射性等部门排放的放射性废物、废水。

(6)有机化学物质。这种物质是一些高稳定合成化学物质,生物分解难度很大,一般是通过食物链逐渐浓缩而造成一定的危害,如多氯联苯、合成洗涤剂等。

(7)无机化合物和矿物质。这类物质的浓度过高会降低水质,危害水生物,也易于腐蚀水下的各种器具设备,如各种水溶性氯化物、盐类和其他各种酸性、碱性物质。

(8)冲积物和其他不溶性固体物。由于水土流失,在汇流过程中所冲刷的泥沙,将出现堵塞渠道、河道积淤和积水等现象,造成水体浑浊、水质污染。

(9)油类物质。油类物质往往比水轻,又不溶解于水,极易形成水面薄膜层,从而阻隔空气中的氧气溶于水中,致使水体中溶解氧量降低,恶化水质,对水产养殖威胁很大。严重者还将引发火灾事故,必须引起高度重视。

(10)热流出物。主要是指热电厂、各种工业冷却循环水等流出物。这些流出物由于具有较高温度的杂物和水,一旦流入水域后将使局部水体生态发生强烈的变化,引起热污染现象。

(三)污染途径

地表水体污染较为简单,主要为连续注入或间歇注入,如工矿企业、城镇生活的污水、固体废弃物直接注入地表水体。造成地表水体的污染属于连续注入式污染,而农田排水、固体废弃物存放地降水淋滤液对地表水体的污染则属于间歇式污染。地下水体污染要复杂得多,大致分为以下几种:

(1)间歇型。这种污染主要是污染潜水,污染物通过大气降水或灌溉水的淋滤,使固体废弃物、表层土壤或地层中有害有毒成分周期性地从污染源通过包气带渗入含水层。这种途径的地下水污染,其污染成分是呈固体形式赋存于固体废物或土壤里的。

(2)连续型。主要是指污染物随水连续不断地渗入含水层,污染潜水。如在废水聚集地段和受污染地表水范围内,若是连续的渗漏,则会造成地下水的污染。连续入渗型的另外一种形式,是通过受到污染的河流、湖泊的侧向渗入而污染地下水含水层。

(3)越流型。污染物通过越流方式,从已污染的含水层转移到未被污染的含水层当中。如系由于地下水的开采改变了水流方向以后,使已被污染的潜水进入到未被污染的承压水而造成的污染情况,则当开采潜水或浅层承压水时,深层承压水如果是咸水同样也可以通过上述途径向上越流污染潜水或浅层承压水。上述情况发生在勘探石油、煤田或其他矿产时,由于一些勘探孔未作严格的封孔处理,致使勘探孔成为深层咸水向浅层流动的通道,从而造成浅层水的污染。

(4)径流型。指污染物通过地下径流而进入含水层,致使潜水或承压水遭到污染。如污染物通过地下岩层渗孔道而进入含水层造成的污染现象。污染物不是从地表通过包气带土层下渗,而是将污水送到地面以下一定深度处或直接送入含水层中。有些特殊的高浓度工业废水处理费用昂贵,所以常常将其排入到地下深处的土壤孔隙或岩石裂缝中,这种处理废水的方法称为工业废水的"地下处理法"。利用土壤、岩石表面对污染物的物理、化学的自净作用,可以使污染物浓度降低,乃至达到完全净化的目的。

四、水资源污染的危害

水资源的污染,将直接影响人的身体健康和工、农业生产的发展,使水环境恶化,因此必须予以高度重视。

(一)水资源污染对人体健康的危害

水资源的污染对人的身体健康危害极大,随着现代化工业的高速发展,人口的高度密集,大量污水、废水未经处理直接进行排放,导致水质污染日趋加重,危害越来越大。按照水质污染对人体危害的性质,可将其分为以下三大类:

(1)水中有病毒微生物引起疾病传染。污染物中的各种病毒、微生物直接进行排放进入水体后都可存活一定时间,如痢疾杆菌可以在地面水中存活数天至数星期,伤寒杆菌可以在地面水中存活1~3星期,脊髓灰质炎病毒可以在水中存活数月或更长,这些病毒微生物可以引起某些肠道传染病的流行蔓延。

(2)水中有毒物质超标引起人的中毒。水中有毒物质,主要来源于工业废水和农药污水。水源被工业废水污染后,水的浑浊度将显著提高,出现色、味、气泡与油膜现象。对于长期生活在这种水质中的鱼类,鱼鳃及体内会溶解大量有害成分,鱼鳃变乌紫,鱼肉变异味,人们食用后易引起中毒。

(3)水中有致癌化学物质易引起癌症。工业废水中常带有一些具有致癌作用的化学物质,常见的有砷、汞、铅、镍、铬、苯等,这些物质能在悬浮物、水生物体内蓄存,通过食物链的逐渐积聚,最后才进入人体造成危害。如1996年4月,贵州省平坝县某磷业化工有限公司违法超标大量排放有毒污染物质砷,造成该县重要饮用水源及风景区红枫湖上游羊昌河特大水污染事故,致使407人中毒,1人死亡。

(二)水资源污染对农业的危害

水资源污染对农业的危害,主要表现在两个方面,即对农作物和对农机设备的危害。

(1)对农作物的危害。水源污染对农作物的危害,随着污染物质的种类与浓度、作物品种、气候条件、土壤性质、作物生长周期等因素的不同而有所不同。主要表现在:①水中污染物的浓度过高,可以直接杀死农作物,而导致减产或绝收;②有毒有害的污染物质能积聚于作物中,进而危害人类;③污染物存积在土壤中恶化土壤的物理、化学性质,使土壤中的微生物活动受到影响,进而妨碍农作物的发育生长等,促使农作物早熟、减产,加剧了水资源短缺的矛盾,严重制约了社会经济的发展。如早在20世纪40年代,日本的足尾矿由于大量含铜矿山废水侵入农田,造成土壤结构严重破坏,恶化了土质,结果使矿区周围80 km以内的稻苗发育不良,大面积减产90%。

(2)对农机设备的危害。这种危害主要表现在:①浮游物质附着在各种管道上,从而降低机械效率,而无法充分发挥机具应有的作用;②各种酸性污水对机具的腐蚀作用,易使机械的使用寿命降低,增加了生产成本。

此外,由于地表水的污染加剧,使得大量农业灌溉渠道系统不得不放弃掉,重新进行投资打井,超量开采地下水,极大地增加了农民负担,提高了粮食、蔬菜的成本。

(三)水资源污染对工业的危害

水资源污染对工业的危害,应该说是最大的。工业的发展与多方面因素有关,除了上述内容之外,还会造成工业原材料及能耗的增加,污水处理的成本增加,工业产品的质量下降,工业产品的价格提高,甚至使得企业倒闭。洛阳市一些水源井由于铬、总硬度等超标,不得不停止使用,既造成了严重的经济损失,又给城市水供给增大了压力。

五、防治水污染的对策

水质污染的日趋严重,极大地制约了城市社会经济的发展。因此,治理水环境,防治水资源污染已成为我们水资源开发利用和保护的一项极为紧迫而艰巨的任务。

防治水污染是指运用各种措施,对水环境污染进行防治。

(一)防治水污染的基本原则

1. 转变经济增长方式,提高资源利用率与水污染治理相结合

人类生态系统中水循环有两个方面,一是自然水循环,另外一个是社会用水循环(工农业生产用水和生活用水)。在水循环过程中要保证安全用水界限,并尽可能不降低水的质量,就只有对经济再生产过程进行调节和控制,包括转变经济增长方式,调整经济结构,特别是要调整工业结构和改善工业布局,以及推行清洁生产等。当前调控手段和方法还很难做到完全不产生污染、不排放污染物,所以还需要有污染治理措施,两者相结合。

2. 合理利用环境的自净能力与人为措施相结合

排海工程、排江工程、优化排污口的分布都是合理利用水环境自净能力的措施。但要从整体出发进行系统分析,土地处理系统,排江、排海工程、一级和二级污水处理,氧化塘等各种措施要优化组合。

3. 污染源分散治理与区域污染集中控制相结合

《污水综合排放标准》(GB 8978—1996)规定的第一类污染物必须由污染源分散治理达标排放,对于小型工业企业可以采取污染治理社会化的方法来解决。对于其他的污染物应当以集中控制为主,提高污染治理效益,将两者结合起来。

4. 技术措施要与管理措施相结合

在规划、评价的基础上选定技术方案可以避免盲目性;技术方案实施后只有加强管理,才能使技术措施正常运行,获得良好的效益。

(二)防治水污染的主要对策

1. 对水环境进行合理的功能分区

水环境功能分区是进行水污染综合防治的依据。根据水环境的现行功能和经济、社会发展的需要,依据《地表水环境质量标准》(GB 3838—2002)进行水环境功能区划,是水源保护和水污染控制的依据。

按功能区控制污染，保护水资源。首先，按照水域功能划定保护级别，提出控制水污染的要求。其次，按照功能区实行总量控制。所谓总量控制是指为了保持某环境功能区的环境目标值，所能容许的某种污染最大排放量。所以，水环境功能区划是实施水污染总量控制的依据。

2. 制定水污染综合防治规划

水污染综合防治的主要内容和制定工作步骤如下：

在水环境调查评价的基础上，分析确定水环境的主要问题。根据水环境问题分析结论，考虑行政区划、水域特征、污染源分布特点，将污染源所在区域与受纳水域划分为一个水污染控制单元。提出环境目标，进行可行性论证。环境目标要由主要污染物总量控制目标和水环境综合整治各分项具体目标组成。确定取样污染物削减量，以及削减比例分配方案。制定水污染综合防治规划及实施方案。

3. 实行排污许可证制度，对主要污染源逐步由浓度控制向总量控制过渡

在推行排污许可证制度时，遵循下列要求：从实际出发确定总量控制目标。当排放污染物的受纳水体的环境容量难以确定时，可以根据国家环保局提出的总量控制方案所确定的原则，以主要水污染物的排放总量作为一个目标总量，按所在地区的实际技术经济水平，确定削减比例，分配到主要污染源。选好发证对象。发放许可证的对象主要是本地区的污染大户，一个城市抓十几户或者几十户即可。要经过污染源调查评价，选好控制重点。控制污水总量，因地制宜地进行计量。强化发证后的环境监督管理。

第二节　跨流域调水

跨流域调水就是通过改变河流的流向或修建能输送大量可利用水量的大运河等人工措施，从余水地区向缺水地区大量调水的方法。跨流域调水，是一项必要的、有效的工程措施，在中国有着悠久的历史。特别是当前工农业生产用水量大幅度增加，北方缺水矛盾更显突出，跨流域调水工程已经成为人们普遍关心的热门话题。

一、跨流域调水的重要性

中国水资源的分布极为不均，随着工、农业生产的飞速发展，特别是近几年来，其用水矛盾变得日益严重。特别是黄淮海流域，目前面临严重的资源性缺水现象。

黄淮海平原是中国最大的平原，黄淮海流域的人口、国内生产总值、工业总值、有效灌溉面积、粮食产量均占中国的1/3以上，是中国重要的经济区和粮食、棉花的主产区，在中国国民经济与社会发展中具有重要的战略地位。但是，黄淮海流域水资源总量仅占全国的7.2%，年人均水资源量462 m^3，为全国人均水平的1/5，是中国水资源承载能力与经济社会发展最不适应的地区。

由于长期干旱缺水，尽管这些地区都加大了节约用水的力度，但是仍不得不过度开发利用地表水、超采地下水，不合理占用农业用水、生态用水以及使用未处理的污水，造成黄河下游频繁断流，淮河流域严重污染，海河流域基本处于“有河皆干，有水皆污”和地下水严重超采的窘况。尤其是海河流域由于地表水长期过量开发，平原河道长期干涸，被迫大

量超采地下水，造成地下水埋深大面积持续下降。黄淮海流域水资源的过量开发，导致河湖干涸、河口淤积、湿地减少、土地沙化、地面沉陷以及海水入侵等，生态环境日趋恶化，严重制约着经济社会的可持续发展。

有关研究表明，黄淮海流域年现状缺水量为145亿～210亿m^3，预计2010年为210亿～280亿m^3，2030年为320亿～395亿m^3。黄淮海流域的缺水量80%分布在黄淮海平原和胶东地区，在缺水量中，又有60%的集中在城市，缺水对经济社会的发展造成了很大的影响。

因此，实施跨流域调水，从水量丰富的余水地区向缺水地区适量调水，可以为缺水地区补充新水源，缓解水资源的供需矛盾，有利于该地区工农业生产发展和人民生活的改善，对于全国经济持续发展和粮食安全至关重要。

二、中国的跨流域调水工程

中华人民共和国成立以后，跨流域调水工程得到了高度的重视和发展，如江苏修建了江水北调工程，广东修建了东深引水工程（向香港供水），山东修建引黄济青工程，河北与天津修建了引滦入津工程，甘肃兴建了引大入秦工程，辽宁引碧入大工程（从辽东半岛的碧流河水库引水至大连，1984年通水，年供水量1.3亿m^3），此外较著名的还有引青济秦工程等。正在进行前期工作或正在实施的引黄入晋、东北的引松济辽（北水南调）和宏伟的南水北调工程等。

（一）江苏江水北调工程

江苏江水北调工程，是在江苏省扬州附近的江都抽水站抽取长江水，用于灌溉里运河以东的里下河地区，并经沿途各个泵站抽水进入洪泽湖，再沿京杭大运河经骆马湖送水至徐州附近，以补给徐州、淮阴地区的灌溉和航运用水。

江水北调工程中已建成江都、淮安等多个梯级泵站，计划总抽水流量470 m^3/s，累计扬程30 m，以18个大型泵站为骨干，配以上万计的中小型排灌站，形成了大范围的机电排灌系统。

（二）广东东深引水工程

广东东深引水工程位于东江东莞桥头，利用石马河和新挖河道送水，并通过8级提水，将东江水调入深圳河支流的深圳水库，除沿途一部分水用于灌溉外，主要任务是向深圳和香港、九龙地区供水。

工程自1965年通水后，在1982年进行了2期扩建，1990年进行了3期扩建，30多年来每年可以为香港供水6.2亿m^3，为香港的经济繁荣奠定了坚实的基础。

（三）山东引黄济青工程

引黄济青工程位于山东省境内，是从黄河下游打鱼张引水至青岛市，工程始建于1986年4月，1989年11月竣工通水，路线全长250多km。一般年份每日可向青岛市供水30万m^3，并且可向沿线的地区年供水6 400万m^3，其中1 100万m^3供给高氟地区作为人畜饮水。

引黄济青渠道所通过的部分地区为高氟区，由于可以利用的地表水有限，人和牲畜不得不饮用高氟地下水，因此对人体健康造成了严重的影响。引黄济青工程不但缓解了青岛的水荒问题，还向高氟区提供了良好的饮水条件，真可谓功在当代，利在千秋。

（四）引滦入津、引滦入唐工程

引滦工程始建于1978年，1985年建成通水，是从华北的滦河向天津和唐山市跨流域引水的工程，其设计引水流量分别为60 m^3/s 和80 m^3/s，一般干旱年份可供水给天津市10亿 m^3，供给唐山市3亿 m^3。滦河来水由潘家口水库调蓄后，经大黑汀水库抬高水位，再通过分水枢纽分别送入引滦入津和入唐工程，工程总体布置图如图5-1所示。

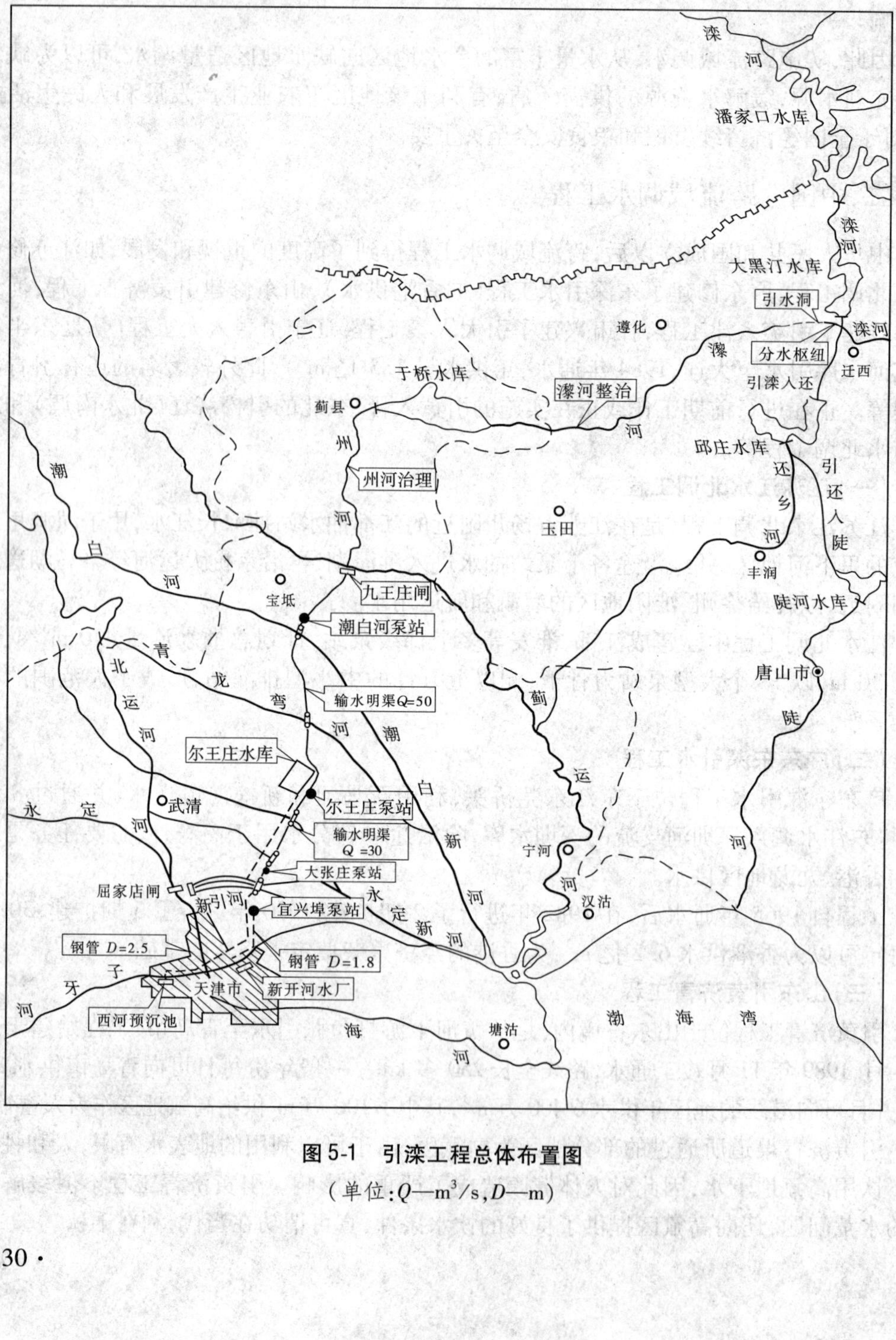

图5-1　引滦工程总体布置图

（单位：Q—m^3/s，D—m）

(1)引滦入津工程。该工程是从滦河流域向海河流域调水，引水路线全长 234 km。自分水枢纽开始，通过隧洞穿越滦、縢分水岭进入縢河，行程 56 km 后到达王桥水库，再经州河向南 48 km 穿新开挖输水明渠进入尔王庄水库，通过尔王庄水库调蓄，分两路送往天津市：一路是沿钢筋混凝土暗渠，先经宜兴埠泵站加压，再通过管道分别送入天津市区的西河预沉池和新开河水厂；另一路是沿明渠经新引河、北运河和海河进入天津市。

主要工程有：引滦入津隧洞，长 12. 39 km；縢河、州河整治，长 110 km；挖筑九王庄至大张庄明渠，长 64 km；新建 5 000 万 m^3 库容的尔王庄平原水库；修建尔王庄至宜兴埠钢筋混凝土暗管，长 26 km；修建多座倒虹吸管、加压泵站、提升泵站等。

(2)引滦入唐工程。该工程分上、下两段，设计引水流量分别为 80、40 m^3/s，全长 52 km。上段为引滦入还（还乡河）工程，长 26. 3 km，自分水枢纽与引滦入津工程分流后，经明渠、渡槽、隧洞及暗渠等进入还乡河，然后再进入邱庄水库；下段为引还入陡（陡河水库）工程，自邱庄水库左岸穿越隧洞，沿明渠，跨渡槽，再经跌水进入陡河西支，南流 13. 2 km后进入陡河水库，经过水库调蓄后，沿陡河输水进入唐山市区（见图 5-1）。

主要工程有：隧洞 7 条总长 7 700 余 m，2 座渡槽共长 2 700 余 m，6 处暗管总长 4 200 m，挖明渠 14. 3 km。此外，还有整治河道、邱庄水库加固等工程。

三、规划中的跨流域调水工程

(一)东北地区的北水南调工程

东北地区的北水南调工程，也称为引松济辽工程，是为了促进东北地区的经济与社会发展，充分发挥水资源的综合效益，将水量较为丰沛的松花江流域部分水量调往辽河，用于补充辽河中、下游及吉林省和内蒙古自治区沿线地区用水的工程。

为了向南调水和调蓄径流，计划在松花江上修建哈达山水库，在嫩江上兴建布西水库，下游在辽河上修建石佛寺反调节水库和 400 km 长的引水渠道。引水渠自哈达山水库和嫩江上的大赉渠首取水，两条输水渠道汇合后，在太平川近郊穿越松辽分水岭，最后注入辽河。本工程最大调水流量拟定为 400 ~ 500 m^3/s，规划在实现调水后，通过再兴建松辽运河，使黑龙江、松花江、松辽运河和辽河成为南北贯通的内河航线，并且可连通海运（见图 5-2）。

北水南调工程一旦实施，每年可以往南调水 70 亿 m^3，并且通过计划用水和节约用水，可以使辽宁、吉林、内蒙古 3 省（区）的工农业生产和人民生活用水问题基本得到解决。此外，还有利于改善输水沿线地下水高含氟地区的饮水条件。通过兴建布西、哈达山、石佛寺等水库，还可使嫩江、松花江干流和辽河干流的防洪标准，由 20 年一遇提高到 100 年一遇，并且对改善沿线的排涝条件也将发挥积极的作用。

(二)引黄入晋工程

引黄入晋工程，是为了解决山西能源和重化工基地的缺水问题，而在山西省偏关县兴建的万家寨引黄工程。该工程由万家寨水利枢纽、总干渠、北干渠和南干渠四部分组成，全长 314 km。其中枢纽工程位于黄河干流上，是一座拦河坝，大坝高 90 m，库容 8. 96 亿 m^3，坝后式水电站，装机容量 108 万 kW。总干渠从水利枢纽开始到偏关下土家村，分为南干渠、北干渠。南干渠每年向太原地区供水 5. 4 亿 m^3，北干渠向朔州、大同供水 5. 6 亿

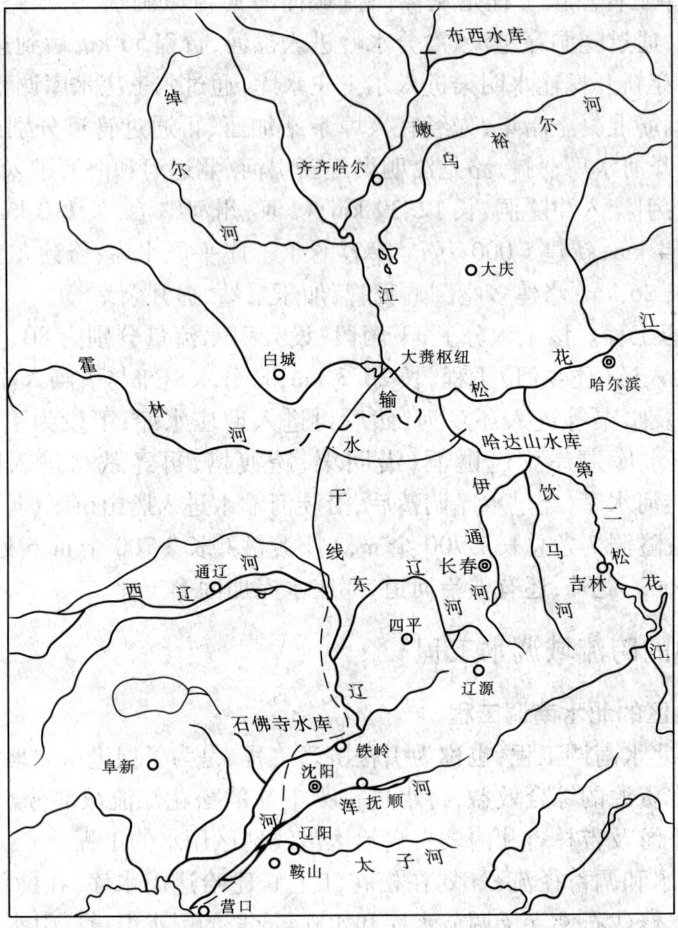

图 5-2　北水南调工程示意图

m^3。向太原送水，要经过 5 级扬水，总扬程为 637 m。

引黄入晋工程，是世界上难度最大的引水工程之一，地下隧洞长达 220 km，占线路总长的 2/3，居世界首位。南干渠 7 号洞长 43.5 km，比英吉利海峡地下隧洞还长 7.5 km，当属世界之最；北干渠上的所埋涵管也长达 101 km。

（三）南水北调工程

南水北调的设想，自从 20 世纪 50 年代提出后，根据中国的地形地貌特点、水土资源分布与组合状况，以及经济社会发展对水资源的要求，经过近 50 年的勘测、规划和研究，在分析比较 50 多种规划方案的基础上，分别在长江下游、中游、上游规划了三个调水区，形成南水北调工程东、中、西 3 条调水线路（见图 5-3），与长江、黄河、淮河和海河相互连接构成了“四横三纵”的总体格局。利用黄河贯穿中国从西部到东部的天然优势，通过黄河对水量重新调配，可协调东、中、西部经济社会发展对水资源的需求，达到中国水资源南北调配、东西互济的优化配置目标。

中国大陆地势形成三个阶梯，西线工程位于最高一级的青藏高原，地形上可以控制整

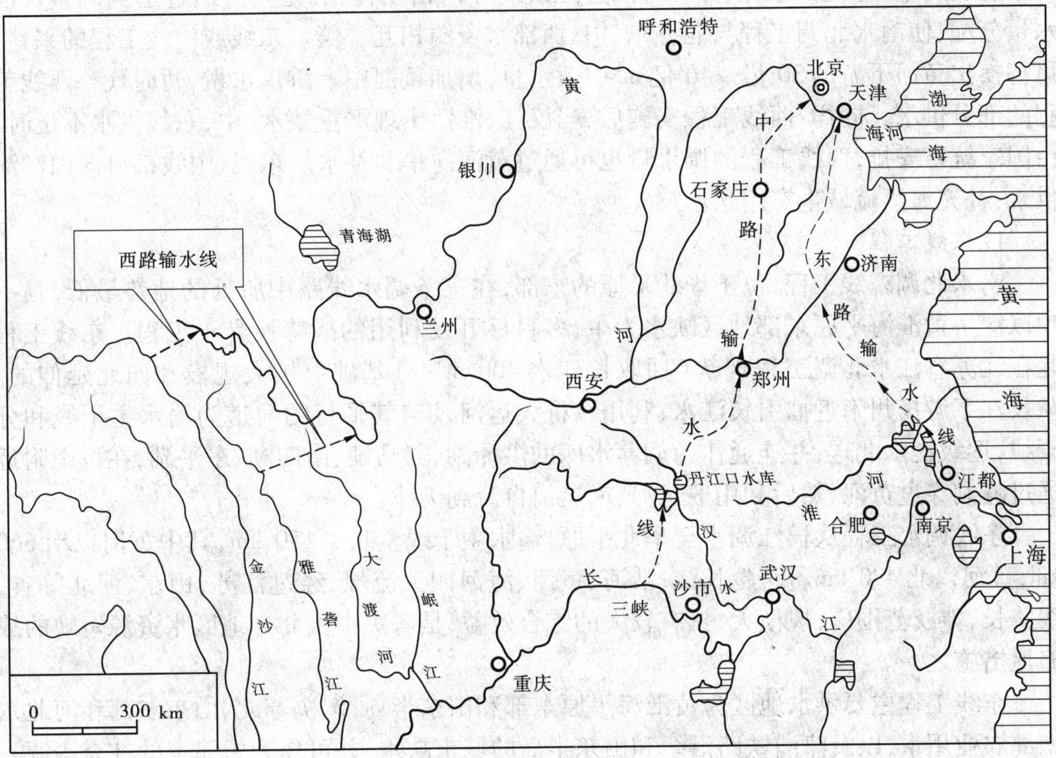

图 5-3 南水北调输水线路示意图

个西北和华北,因长江上游水量有限,只能为黄河上、中游的西北地区和华北部分地区补水;中线工程从第三阶梯西侧通过,从长江中游及其支流汉江引水,可自流供水给黄淮海平原大部分地区;东线工程位于第三阶梯东部,因地势较低需要抽水北上。

长江是中国最大的河流,水资源丰富,多年平均年径流量约 9 600 亿 m^3,特枯年有 7 600亿 m^3。由于长江的入海水量约占天然径流量的94%以上,所以从长江流域调出部分水量,可以缓解中国北方地区水资源严重短缺状况。南水北调中的东线、中线、西线三项工程的年调水总规模 380 亿 ~480 亿 m^3,相当于黄淮海平原和西北地区增加一条黄河的水量。

早在 20 世纪 50 年代,水利部就对水资源量丰沛、大部分水流出国境的澜沧江、怒江等西南诸河进行了实地考察,研究从这些河流调水的可能性,认为其工程难度很大。从发展战略上考虑,合理调配水资源在地区间的不平衡,补充中国西北地区的水资源不足,从澜沧江、怒江等西南诸河调水,远景可能是需要的。水利部在研究西线工程的后续水源时初步考虑了从这些河流调水的方案,构建了西线工程的远景设想,且该设想属于总体布局的延伸。

南水北调工程,是解决中国北方地区水资源严重短缺问题的重大战略举措,是关系中国社会经济可持续发展的特大型基础设施建设项目。该工程各条线路的修建,可以共同实现中国水资源的优化配置,对北方地区特别是黄淮海地区经济社会的发展,将起到重要的支撑和保障作用。工程中的三条调水线路既有各自的供水目标和供水范围,同时又是一个有机的整体。在一定条件和时间这三条线可以相互补充，尤其可通过适当调整黄河水量分配，使南水北调工程与北方东、中、西部水资源相互补偿。东线或中线工程的兴建，可替换出黄河下游的30亿~40亿m^3引黄水量，增加黄河中上游供水量，暂时代替西线工程的部分供水。同样，西线工程实施后，当汉江、淮河出现严重缺水，中、东线供水不足时，由国家统筹安排，西线工程的调水量也可通过黄河向华北补水。东线、中线都可向白洋淀供水，补充海河流域生态用水。

1. 东线工程

南水北调东线工程，位于华北平原的东部，在三条调水线路中所处的地势最低，是一项以缓解黄淮海平原东部地区缺水为主、多目标开发利用的战略性骨干工程。东线工程是在江苏省江水北调工程现状（抽取长江水400 m^3/s）基础上扩大规模和向北延伸的。从长江下游扬州附近抽引长江水，利用京杭大运河及与其平行的河道为输水主干线和分干线，逐级提水北送，并连通作为调蓄水库的洪泽湖、骆马湖、南四湖、东平湖，在位山附近通过隧洞穿过黄河，然后利用卫运河、南运河自流到天津。

东线调水工程从长江调水至华北平原，输水主干线全长1 150 km，其中黄河以南660 km，黄河以北490 km。跨越长江、淮河、黄河、海河四大流域，经过江苏、山东、河北等省，线路长，涉及范围广，规模大，具有较大的综合效益，是解决中国北方地区水资源短缺的战略性措施之一。

东线工程主要供水地区为黄淮海平原东部和山东半岛，解决苏北、山东东部和河北东南部农业用水，以及津浦铁路沿线和山东半岛的城市缺水，并可作为天津市的补充水源。

从东平湖建山东西水东调工程，送水到山东半岛的烟台、威海。西水东调工程是解决山东半岛严重缺水的关键工程，其西段（240 km）由东平湖经济南至引黄济青干渠，中段（138 km）利用现有引黄济青工程的干渠，东段（318 km）从引黄济青干渠的家庄建分水闸，需建3~4级泵站扬水至烟台、威海。

东线工程全线最高点东平湖的蓄水位高于长江水位约40 m，黄河以南需建设13个梯级75座泵站，总扬程约65 m。黄河以北可自流到天津。抽水泵站大部分又可结合当地骨干排水河道排涝。东线工程除调水北送任务外，还兼有航运、防洪、除涝等综合效益。

江苏省江水北调工程的规划规模是“64321”，即抽江600 m^3/s、进洪泽湖400 m^3/s、出洪泽湖300 m^3/s、进骆马湖200 m^3/s、出骆马湖100 m^3/s。自1961年江苏省建设江都泵站开始，经过40年的建设，现已建成9个梯级、20座正规泵站，抽水泵站装机容量20多万kW，可送水到连云港、徐州及南四湖的下级湖。抽江规模已有400 m^3/s（现实际抽引长江水的能力为508 m^3/s），多年平均年抽江水量约33亿m^3，干旱年抽江水量可达60多亿m^3。目前，可送水到下级湖50 m^3/s，水量5亿~7亿m^3。

根据华北地区、山东半岛的需水要求和国家的经济承受能力，东线工程计划实行“先通后畅，分期实施”的方案，逐步扩大调水规模。

（1）第一期工程。该期工程也称应急工程，是在江苏省江水北调工程（抽江规模400 m^3/s）的基础上，于江苏段改扩建部分泵站和输水河道，扩挖山东境内河道和兴建四级泵站，年调水入东平湖水量10亿m^3左右，再续建一条穿黄隧洞，实现黄河以北利用正在建设的引黄济津线路进行输水。当华北遇连续干旱时，可以利用江苏省泵站的空闲时间，从

10月中旬至次年3月，向黄河以北或山东半岛送水，其中年向天津应急供水4亿～5亿 m^3。

(2)第二期工程。在第一期工程的基础上，抽江规模扩大至600～700 m^3/s，多年平均年抽江水量90亿～100亿 m^3；进上级湖的规模达到350 m^3/s，进东平湖达到300 m^3/s，可以向山东半岛供水50 m^3/s，年水量10亿～15亿 m^3；过黄河200 m^3/s，年水量30亿～40亿 m^3，可替换山东引黄灌区和河北、天津的部分引黄水量，补充海河东南部平原的供水不足。

(3)第三期工程。在第二期工程的基础上，抽江规模扩大至800～1 000 m^3/s，多年平均年抽江水量130亿～170亿 m^3；向山东半岛供水90 m^3/s，年水量15亿～20亿 m^3；过黄河400 m^3/s，年水量60亿～80亿 m^3，向城市供水20亿 m^3。预计在2030年前后开工建设。

东线工程的整个输水渠道，有90%的可以利用现有的河道和湖泊，这也是东线工程最大的优越条件。但是，东线也存在以下几个难点：沿线水质污染较为严重；难以解决北京的缺水问题；黄河以南需用电力泵站扬水，运行费用较高；由于江苏省江水北调工程与之共用输水河道、泵站和湖泊，遇淮河流域干旱或江苏用水高峰期，向北供水的水量和过程难以保证；工程的运行管理较为复杂。

2. 中线工程

南水北调中线工程是从长江中游引水进行北送的。长江干流水量丰富，但因从长江三峡引水难度较大，近期规划从长江支流汉江上的丹江口水库引水。

中线工程从丹江口水库陶岔闸引水，经长江流域与淮河流域分水岭方城垭口，沿唐白河流域和黄淮海平原西部边缘开挖渠道，在郑州京广铁路大桥以西孤柏嘴河段通过穿黄工程，沿京广铁路西侧北上，自流到北京、天津。输水总干渠从陶岔闸至北京全长1 246 km，其中黄河以南482 km，黄河以北764 km。天津干渠从河北省徐水县分水，全长144 km。

中线工程主要是向唐白河流域、淮河中上游和海河流域西部平原的湖北、河南、河北、北京及天津5省(市)供水，重点解决北京、天津、石家庄等沿线20多座大中城市的缺水，并兼顾沿线生态环境和农业用水。根据汉江流域的社会、经济和环境用水要求，中线工程多年平均年调水量宜为130亿～140亿 m^3，年过黄河水量80亿～90亿 m^3，除补充海河平原城市年供水50亿～60亿 m^3外，还可补充生态环境和农业用水。干旱年份汉江的年可调水量65亿～70亿 m^3，可保证京津及华北地区城市用水。

中线调水的规划有两种方案，即一次建成和分两期建成。

一次建成方案。根据北方汛期调水的风险性和更合理的供水过程，陶岔渠首流量规模由原论证、审查阶段的630～800 m^3/s 减为500～630 m^3/s，过黄河350～440 m^3/s，进河北300～350 m^3/s，入天津、北京各50 m^3/s；从清泉沟向南引水100 m^3/s，年供湖北省11亿 m^3。输水总干渠全线衬砌，与交叉河道全部立交。

分期建设方案。第一期陶岔渠首规模为350 m^3/s，多年平均年调水80亿～90亿 m^3；过黄河250 m^3/s，相应年水量40亿～50亿 m^3，年向北京、天津供水10亿 m^3。从清泉沟向南引水100 m^3/s，年供湖北省11亿 m^3。输水总干渠全线衬砌，与交叉河道全部立交，建一条穿黄工程。第二期工程是在一期总干渠旁再修一条输水工程，仍与交叉河道全部立交，全线衬砌，再建一条穿黄工程。黄河以南的输水工程也可以一次建成，黄河以北的工程则需要比较高线、低线输水或高低线等方案。

中线工程建设项目，主要包括水源工程、输水总干渠、穿黄工程、调蓄工程和汉江中下游补偿工程等。

(1)水源工程。中线工程的水源为丹江口水库，该水库控制汉江流域面积9.5万km^2，占汉江流域面积的60%，多年平均年径流量为409亿m^3，占汉江流域年径流量的70%。丹江口水库于1958年开工建设，1973年建成初期规模，拦河大坝为混凝土重力坝，坝顶高程162 m，水库的主要任务是防洪、供水、发电、航运。在库区河南省淅川县境内建有陶岔引水闸和清泉沟引水隧洞，并开挖了8 km长的引水渠，设计年引水量15亿m^3，为湖北、河南两省210万亩农田供水。

中线工程的实施，将需要对丹江口大坝进行加高。大坝加高的高度为14.6 m，正常蓄水位由157 m上升到170 m，坝顶高程176.6 m，增加库容约116亿m^3，总库容达到290.5亿m^3，水库将由年调节变为不完全多年调节。根据1990年的调查结果，丹江口大坝加高将涉及淹没区人口22.4万人移民，其中农业人口21.1万人；将淹没生产用地23.5万亩，其中耕地20.1万亩。

(2)输水总干渠。总干渠自陶岔渠首引水，沿已有渠道延伸，在南阳过白河后跨越江淮分水岭方城垭口进入淮河流域，途经宝丰、禹州、新郑西，在郑州西北孤柏嘴处穿越黄河，然后沿太行山东麓山前平原、京广铁路西侧北上，至唐县进入低山丘陵地区，经过北拒马河进入北京市境，最后过永定河进入北京市区，终点为玉渊潭。

总干渠渠首水位为147.2 m，终点水位为49.2 m。黄河以南渠道纵向坡度为1/25 000，黄河以北为1/15 000～1/30 000，全线为自流引水。为了减少总干渠输水损失，沿渠全线根据不同地质情况，分别采用混凝土、水泥土喷浆抹面予以断面衬砌。

总干渠沟通了长江、淮河、黄河、海河四大流域，沿渠工程种类多、数量大。穿越黄河干流及其他集流面积10 km^2以上的河流有219条，跨越铁路44处，需要建设跨越总干渠的公路桥571座。总干渠上需要建各类建筑物936座，如节制闸、分水闸、退水建筑物、隧洞、暗渠等。此外，天津干渠上的建筑物有119座，需穿越大的河流48条。

为保证2010年向京津及华北地区供水，结合目前对经济和产业结构调整的预测，实际需水增长将有一个过程，调水量应与经济社会的发展和经济承受力相适应。计划在丹江口大坝加高的基础上，采用逐步扩大调水规模的方案，对中线工程输水干渠分两期进行建设。

第一期工程。供水目标为沿线主要城市，2002年开工建设，计划2010年建成。工程包括：①加高丹江口大坝，分期分批安置移民；②兴建1 246 km单条渠道或涵管，陶岔渠首引水流量为350 m^3/s，多年平均年调水量为80亿～90亿m^3；③建设穿黄工程，输水规模250 m^3/s，年过黄河以北水量40亿～50亿m^3，年向北京、天津各供水10亿m^3；④汉江中下游补偿碾盘山工程；⑤兴建、扩建2座调蓄水库工程。

第二期工程。根据受水区经济社会发展对水的需求增长情况，在第一期工程输水渠道的旁侧增建一条输水渠道或涵管，黄河以南可采用“三堤两渠”，黄河以北可进一步比较论证后建设低线渠道或管道，再建设一条穿黄工程；汉江中下游补偿引江济汉工程，使年总调水量达到130亿~140亿 m^3,除满足供水范围内京津等大中城市用水外,可兼顾生态环境和农业用水。第二期工程将根据受水区的实际需要,在2030年前后开工建设。

(3)穿黄工程。输水总干渠与黄河立体交叉所需修建的工程,称穿黄工程,其方案有两种:其一是双渡槽,长3.5 km,每个净宽20 m,槽深5 m;其二是双隧洞,断面形式为圆形,每个内径8.5 m,全长约7.2 km,设计输水能力500 m^3/s。由于隧洞方案可以避免与黄河规划的矛盾,且可借鉴国内外施工技术和经验,故目前推荐隧洞。

(4)调蓄工程。除考虑线路以西的现有水库和以东的白洋淀等洼淀进行补偿调节外,可改建河北省徐水县的瀑河水库,扩建河南省的白龟山水库和河北省的东武仕水库等进行水量调蓄。

(5)汉江中下游补偿工程。从丹江口水库年调水130亿~140亿 m^3 北送,将对汉江中下游造成一定的影响。为了保证汉江中下游的社会、经济和环境不受影响,需要采取相应的补偿措施:兴建碾盘山水利枢纽以及引江济汉工程(全长约82 km,设计引水流量500 m^3/s)。用碾盘山水利枢纽的发电等效益,可以滚动开发丹江口至武汉间的兴隆等梯级枢纽工程。

中线工程建成后,可缓解京、津及华北地区城市的严重缺水状况,改善生态环境,促进国民经济和社会的持续稳定发展。但是也存在如下一些难点,如丹江口水库水量相对有限,移民数量较大,输水线路上的调蓄库容较小,基建投资较大等。

3.西线工程

南水北调西线工程,通过在长江上游大渡河、雅砻江、通天河上筑坝兴建水库,采用隧洞穿过巴颜喀拉山,实现向黄河上游补水,供宁夏、内蒙古、陕西、山西用水。东线、中线建成后,可调配给山东、河南的部分黄河水量给下游用。巴颜喀拉山南侧长江上游的各引水河段水面低于黄河水位80~450 m,在大渡河、雅砻江、通天河上调水,需修建150~300 m的高坝和开凿30~289 km的超长隧洞,以穿过长江与黄河的分水岭。

随着中国经济建设重心向中西部地区的转移,黄河上中游支流水资源的开发利用、水土保持生态环境建设和集雨工程的发展,势必减少进入黄河干流的水量。西线工程可以补充这部分水量,还可解决干流扬黄、自流引黄、黄河冲沙输沙和生态环境用水。此外,还可结合计划兴建的黄河大柳树水库调节作用,抬高黄河水位,往河西走廊供水。因此,西线工程是补充黄河水资源不足,解决中国西北地区干旱缺水,促进黄河治理开发的重大战略性工程。

西线工程的可调水量,与引水坝址的位置有关,坝址越往下游,海拔越低,水量越大,而离黄河越远,工程规模越大。有关研究表明:大渡河在海拔2 900 m附近,而雅砻江、通天河在海拔3 500~3 600 m附近,三条河的年径流总量约221亿 m^3。初步规划三条河流平均每年可调水量达120亿~170亿 m^3,其中大渡河30亿~50亿 m^3,雅砻江35亿~40亿 m^3,通天河55亿~80亿 m^3。西线第一期工程可先实施在靠近黄河的大渡河支流阿柯河、麻尔河、杜柯河三条支流上年调水30亿~50亿 m^3 的方案。

50多年来,在西线南水北调研究、规划过程中,有关部门和科技工作者提出了多种方案。西线工程的地形、地质条件复杂,工程十分艰巨,高寒地区规划、施工和管理的难度都很大。

第三节　节水灌溉

中国农业用水量2007年为3 602亿m^3，占全国用水总量的61.9%，属于最大的用水产业。长期落后的灌溉方式、粗放的管理，使全国灌溉用水的有效利用率只有47%，而发达国家已达70%～80%，可见在农业中实行节水灌溉具有重要的意义。中国节水灌溉技术的推广应用开始于20世纪70年代，从80年代到90年代，节水灌溉逐步引起重视。近年来，由于全国农业干旱缺水和水资源短缺的问题日益严重，引起了党和国家的高度重视，故节水灌溉进入了新的发展阶段。

一、节水灌溉的概念

节水灌溉，是在充分利用降水和土壤水的前提下高效利用灌溉用水，最大限度地满足作物需水，以获取农业生产的最佳经济效益、社会效益、生态效益。不同水资源条件，不同的气候、土壤、地形条件和社会经济条件，其节水的标准和要求也不相同。节水灌溉的根本目的，是提高灌溉水的有效利用率和水分生产率，实现农业节水、高产、优质、高效。

灌溉用水由水源到为作物利用，一般要经历三个过程，即从水源到田间的输水、储存在田间转化为土壤水、经作物根系吸收通过生理活动到形成产量。节水灌溉就是通过采取各种相关技术与方法，将水从水源到被作物吸收利用全过程的损失减少到最低限度。

灌溉措施，是人工补充农田作物生长所需水分的技术，一般要经过输配水、田间灌水和作物消耗水三个过程。

(1)输配水。主要是通过各级渠道来实现，对于土质渠道而言，经过输配水一般从水源到田间进水口，约有50%的水量会渗漏损失掉。

(2)田间灌水。这是指灌溉水进入田间以后，将分配到一定灌溉面积上，以满足作物生长需要。在此过程中，一部分水会形成深层渗漏损失，一部分水会通过土壤蒸发损失，还有一部分水量可能会从地表流失。如果田间灌水方法不当，用水管理粗放，田间水量损失可以占到进入田间水量的30%～40%。

(3)作物消耗水。这是指作物根系从土壤层中吸取水分供其生长并最后形成作物产量的过程。如果灌水过多，则株间蒸发量大；作物腾发量过多，也会造成水量损失。

上述前两个过程中的水量损失，将直接影响灌溉水的有效利用率。目前中国渠灌区的灌溉水利用率平均为0.4。最后一个过程的水量损失较小，一般可通过覆盖保墒和其他农业措施予以减少。

通常所讲的节水灌溉，是指通过采用各种工程节水技术措施、农业节水技术措施和行政管理节水措施等，来节约或减少从地表水(河流、水库等)、地下水或其他水源中引取的灌溉水量。从广义的节水概念和水文循环观点出发，节水灌溉还有另外一个含义，即节约水资源量。主要表现在：①减少从某一流域或地区排向大海的地表水，②减少无效流失的地下水，③减少从地表失散的无效蒸发量，④减少过多的作物腾发量。上述4种情况虽都是无法回收的水量，但是通过各种措施可以得到控制，把它减少到最低程度。

二、节水灌溉的重要性

中国是世界上贫水的国家之一，年人均水资源占有量只有2 300 m^3，为世界人均水平的1/4，低居世界第109位。近年来，随着人口增加、经济发展和城市化水平的提高，水资源供需矛盾日益突出。农业干旱缺水、水资源短缺和生态环境恶化，已成为中国经济和社会发展的重要制约因素。

现状用水量统计表明，全国中等干旱年缺水358亿 m^3，其中农业灌溉缺水300亿 m^3。20世纪90年代以来，中国农业年均受旱面积达2 000万 hm^2 以上，全国660多个城市中有一半以上出现了水危机，北方河流断流的问题日益突出，缺水已从北方蔓延到南方的许多地区。目前，中国农业用水占总用水量的比重已从1980年的88%下降到70%左右（发达国家为50%左右）。今后还会继续下降，农业干旱缺水的局面不可逆转。北方地区水资源开发利用程度已经很高，开源的潜力较小。

中国农业灌溉用水量大、灌溉效率低和用水浪费问题突出。目前全国灌溉水利用率约为45%，单方水粮食生产率只有1.0 kg左右，远低于发达国家灌溉水利用率70%～80%、单方水粮食生产率2.0 kg以上的水平。因此，通过节水灌溉技术改造传统灌溉农业，实现适时适量的“精细灌溉”，对促进农业结构调整、农民增收，提升中国农业竞争力以及改善生态环境，具有极为重要的意义。

“九五”期间，国家科技部、水利部等部门共同实施了国家重点科技攻关项目“农业节水技术研究与示范”，组织一批科研单位和学校，就节水灌溉发展中的关键技术和设备进行联合攻关，研究开发和应用了一批节水灌溉新技术及专利产品。“九五”后期，科技部又启动实施了国家科技产业工程项目“农业高效用水科技产业示范工程”，批准成立了国家节水灌溉工程技术研究中心。

“十五”期间，科技部首次将“现代节水农业技术体系及新产品”列入国家“863”计划，以构建具有中国特色的节水农业技术体系。同时，国家计委和水利部组织实施了“300个节水增产重点县”建设和大型灌区节水改造项目，推动和促进了全国节水灌溉技术的普及和推广。

据统计，“九五”期间的前4年，全国节水灌溉工程建设投资350亿元，新增节水灌溉工程面积1.16亿亩，节水180亿 m^3。截至2007年底，全国节水灌溉面积达到2 348万 hm^2，约占全国有效灌溉面积的40.7%，其中喷灌、微灌面积385万 hm^2、低压管道输水灌溉面积557万 hm^2，渠道防渗节灌面积1 006万 hm^2，其他400万 hm^2。

三、现代节水灌溉技术

推行、应用现代节水灌溉技术，其目的是为了减少输配水过程中的跑、漏损失和田间灌水过程中的深层渗漏损失，提高灌溉效率。

（1）渠道防渗技术。用于防渗的技术措施，主要有采用混凝土护面、浆砌石衬砌、塑料薄膜覆盖等。渠道防渗可以减少渗漏损失60%～90%，并可加快输水速度。采用管道输水技术，用塑料或混凝土等管道输水，可大大减少输水中的渗漏和蒸发，输配水利用率可达95%。另外，还能提高输水速度，减少渠道占地。

(2)喷灌技术。喷灌是利用专门的机械进行的高效节水灌溉技术,具有节水、省劳、节地、增产、适应性强等特点,被世界各国广泛采用。喷灌几乎适用于除水稻外的所有大田作物,以及蔬菜、果树等,对地形、土壤等条件适应性强。与地面灌溉相比,大田作物喷灌可节水30%~50%,但耗能多、投资大,在风多条件下不宜使用。

(3)微灌技术。微灌包括微喷和滴灌,是一种精细高效的现代化节水灌溉技术,具有省水、节能、适应性强等特点,灌水时可兼施肥,灌溉效率可达90%以上。目前,微灌由果树、蔬菜等少数经济作物向行播大田作物发展,如新疆发展棉花滴灌,取得了良好的节水增产效果。微灌的主要缺点是输水管易于堵塞、投资较高。

(4)改进地面灌溉技术。地面灌溉,是中国主要的灌溉方式。但是,地面灌溉并非"大水漫灌",只要在土地平整的基础上,采用合理的灌溉技术,其田间水利用率也可达到70%以上。多年来,中国普遍推广的沟、畦灌水技术,在土地平整的基础上,大畦改小畦,长沟改短沟,使沟畦合理化,可减少灌水定额1/5~1/4。

(5)农艺及生物节水技术。这一技术包括耕作保墒、覆盖保墒、优选品种、使用土壤保水剂及作物蒸腾调控技术等。目前,农艺节水技术已基本普及,而生物节水技术有待进一步研究。如喷施黄腐酸(抗旱剂1号),可以抑制作物叶片气孔的开张度,使作物蒸腾减弱;采用保水剂拌种包衣,能使土壤在降水或灌溉后吸收比自重多数百倍至上千倍的水分,在水分缺乏时将土壤所含的水分慢慢释放,供作物吸收,遇降水或灌水时土壤还可再吸水膨胀,如此重复发挥作用。

(6)节水灌溉管理技术。这一技术包括灌溉用水管理自动信息系统、输配水自动量测及监控技术、土壤墒情自动监测技术、节水灌溉制度等。其中,输配水自动量测及监控技术采用高标准的量测设备,能及时准确地掌握灌区水情,如水库、河流、渠道的水位、流量以及抽水水泵运行情况等技术参数,通过数据采集、传输和计算机处理,实现科学配水,减少弃水。土壤墒情自动监测技术采用张力计、中子仪、TDR等先进的土壤墒情监测仪器监测土壤墒情,以科学制定灌溉计划、实施适时适量的精细灌溉。

四、中国现行的节水灌溉模式

节水灌溉在中国经过近40多年实践,已形成多种适宜不同类型地区的节水灌溉工程技术模式,取得了显著的节水增产增效的效果。由于不同地区自然、经济、社会条件千差万别,灌溉对象也多种多样,不可能采用一种固定的模式而应根据不同地区、不同作物的要求,遵循因地制宜的原则,建立不同的节水工程技术模式。中国早在20世纪70年代就开始发展节水灌溉,特别是通过300个节水增产重点县建设,形成了适合中国不同类型区发展节水灌溉的工程技术模式。

(1)新建井灌区节水增效灌溉工程技术。按照"以水定井,统一规划,合理开采,严格管理"的原则,在新建的井灌区发展节水增效灌溉。以开采浅层地下水为主,将井灌与节水灌溉相结合,建设成节水型井灌区,以达到既促进农业的发展,又防止地下水超采、环境恶化的目的。这种模式的特点是合理布井,提高机井质量,配套小型移动式喷灌机等设施。这种模式已在吉林、黑龙江、河南等省的新建井灌区,进行了大面积的推广应用。

吉林省洮南县按照这种模式建成中心灌区1 014.6亩,辐射区4 050亩,灌水定额明显下降，年节水 30.67 万 m^3，实现全生育期灌溉后，地下水得到有效控制，灌溉期间地下水位基本保持不变，而非项目区同期地下水位普遍下降 2 m，有效地提高了农业抗灾能力。由于项目区取消了田间输水土渠，节省渠道占用耕地 149 亩。项目区的玉米、绿豆、小麦单产分别比建成前提高 41%、38% 和 36%。

(2)井灌区节水改造。中国井灌区主要分布在华北地区，总面积约 2 亿亩，占全国灌溉面积的 1/4 左右。这些缺水地区，由于灌水技术落后，地下水超采严重，生态环境日益恶化，灌溉保证率下降，已危及当地的农业持续发展。因此，对已建成井灌区进行节水改造，采用低压管道输水、田间平地，划小畦块实行小畦灌溉，并与非充分灌溉及覆盖保墒等农艺节水措施相结合，在维持地下水采补平衡的基础上，实行以水定面积发展灌溉。中国河北、山东、河南、山西、北京、天津等省(市)的井灌区大面积推广应用了这种模式。

山东省桓台县通过充分利用降水、开发利用土壤水、合理调控地下水为主的节水改造，采用低压管道输水，田间实行小畦灌溉，并与节水高效的农业增产措施密切结合的工程技术模式，取得了节水 29.8%，节能 28.8%，省工 33.2%，省肥 34.6%，增产 46.7%，纯收益增加 247.3 元/亩的效果。年减少地下水开采量 30 亿 m^3，从而有效控制了地下水位下降，大大缓解了水资源供需矛盾，促进了高产、优质、高效农业的发展。

(3)渠灌区田间工程节水改造。中国北方渠灌区输水渠道防渗衬砌率低，田间工程不配套，灌水方法落后，是发展节水灌溉的重点区域，特别是田间工程部分为节水灌溉较薄弱环节。这类灌区在干、支渠等输水工程进行防渗的同时，要对田间工程进行节水改造，即：对斗、农渠进行防渗衬砌，完善土地平整，重新确定沟渠规格，采用先进的灌水技术，如小畦灌、沟灌、长畦短灌和波涌灌等，并通过推行非充分灌溉、水稻控制灌溉、降低土壤计划湿润层深度和覆盖保墒等综合节水技术，实现渠灌区全方位节水。

甘肃省武威市在节水建设中，新建衬砌斗、农渠道 4 859.4 km，配套田间节水灌溉面积 64.85 万亩，基本实现了耕地面积无土渠；完成土地平整 38.64 万亩，基本实现了条田化，极大地改善了农业生产条件，使农业生产效益得到了显著提高。根据测定，山水灌区渠系水利用率达 59.2%，田间水利用率 90%，灌溉水利用率 53.3%；井泉灌区渠系水利用率 82%，田间水利用率 95.1%，灌溉水利用率 78%。作物的灌溉净定额由 400 m^3/亩降到 365 m^3/亩，每亩节水 35 m^3。

(4)井渠结合灌区节水灌溉工程技术。中国这类灌区约有 2 亿亩，其特点是开展地面水与地下水在时空上的联合调度。渠灌部分的渠道通过防渗措施输水，井灌部分采用管道输水，田间采取长畦改短畦，实施小畦灌溉及覆盖、化学节水、节水灌溉制度等措施，实现水资源的优化调度和农业高效用水。该模式在山东、河北、河南、山西等省的井渠结合灌区进行了推广。

河南省清丰县在节水建设中，采取河水引黄河水与地下水联合运用、咸水与淡水联合运用，建成地表水、地下水联合运用的节水工程与节水高效模式化栽培技术相结合的节水灌溉模式，使节水率达30.4%，水分生产率提高 63.3%，地下水位有所回升。从而改变了大量开采地下水，干旱缺水制约农业发展的局面。

(5)水利富民集雨节灌。中国适宜这类模式的地区，包括西南、西北、华北的 14 个省(区)，涉及耕地面积 4.1 亿亩，人口 2.86 亿人。这些地区的相当一部分，农业生产主要

"靠天吃饭",生产条件落后,农民收入低,是中国主要的扶贫地区。因此,实行节灌工程与农业节水措施相结合,即建雨水集流工程(包括集流面、水窖(旱井)或水窑、输水管),实行等高耕种、挖鱼鳞坑蓄水、深耕蓄水保墒、覆盖保墒、适水种植、坡地粮草轮作等农业集雨措施,田间采用小畦灌、点灌或滴灌。

甘肃实施了每户建100 m^2的集流场,打2眼水窖,发展1亩庭院经济的雨水集流节灌工程模式。内蒙古实施了1户建1眼旱井或水窖,采用坐水种和滴灌技术,发展2亩抗旱保收田的集雨节灌模式。陕西的"甘露工程"及山西、河南、河北等省雨水集蓄利用工程,都对解决农民温饱、增收、脱贫致富起到了巨大作用。

(6)小型机电提水灌区节水改造。中国南方小型机电提水灌区,普遍存在泵站布局不合理、泵站老化失修、机泵装置效率低、能耗高、输水损失大、田间工程标准低、灌水方法落后等问题。节水改造中对泵站进行合理布局,实行节能更新改造;将输水土渠改为低压管道或衬砌渠道;田间水稻灌区实现格田化,采用水稻节水灌溉制度,蔬菜灌区采用喷灌或滴灌。这种模式在湖南、湖北、广东、广西、福建等省(区)得到大面积推广和应用。

上海市嘉定区对185座提水泵站重新布局后,又对301台套的水泵机组进行节能改造,使机泵的平均装置效率由38.45%提高到60.8%。铺设混凝土瓦筒管396 km,使渠道水利用率由65%提高到95%,节约渠道占地4 731亩。对水稻实施节水灌溉,每亩年节水300 m^3。

(7)城郊农业节水灌溉工程技术。城郊农业的特点主要是产值高,生产效率高,为城市生活服务。因此,必须发展高效农业,即资源利用率高、生产效率高、经济效益高的农业。这类地区的节水灌溉模式为:大田建设喷灌、管灌工程以发展喷灌、小畦灌,蔬菜、果园及经济作物发展微灌和喷灌,灌溉用水管理实现自动化控制。这种模式推广应用的对象,主要在中国大中型城市郊区。

北京市大兴县庞各庄,建设了6 885亩城郊农业节水灌溉示范区,其中:粮田管灌、喷灌面积5 200亩,中心示范区微灌325亩,节水示范实验基地滴灌110亩,果树滴灌300亩,菜田保护地滴灌节水950亩。在整个示范区开展大规模整修道路、疏挖排水渠、配套建桥、植树绿化、打井配电等农田水利基本建设的同时,采取喷灌、滴灌、微灌等多种先进节水灌溉技术,取得了年节水150万 m^3、节电17.4万kW、节省投工1.6万个的效果。

山东省威海市环翠区建成的自动化控制喷灌和自动化控制滴灌工程,取得了较好的节水、省工、增产效益。

(8)节水抗旱灌溉工程技术。中国的北方和南方普遍存在季节性缺水地区,主要表现为农作物播种季节或某个生育阶段经常发生干旱,其他生长季节或阶段降雨可满足需水要求,故采取抗旱灌溉极为重要。这类节水灌溉工程技术模式为:选用适宜当地的各种节水灌溉技术,如坐水种、软管灌溉、轻小型移动式喷灌机组等和平整土地、修建梯田、植树种草培肥土壤、覆盖保墒、合理耕作、采取节水灌溉制度相结合。

东北松辽平原和松嫩平原普遍采用坐水种节水抗旱灌溉模式,利用行走式注水点播机,将开沟、注水、点种、施肥、覆土一次作业完成,主要用于玉米、大豆、甜菜的种植。目前,黑龙江西部、吉林西部、辽宁北部和西部、内蒙古东部地区,已把坐水种作为农业生产中最重要的环节。

软管抗旱灌溉和轻小型移动式喷灌机组抗旱喷灌，在豫南、苏北、皖北和南方丘陵地区得到了广泛应用。在山丘区，也可利用水源的自然落差接软管进行浇灌或喷灌、微灌。

以上节水灌溉技术的应用，极大地推动了中国经济和社会的发展。但是，与现代化的发展要求相比，节水灌溉的发展速度、规模和技术水平还处于低水平发展阶段，主要表现在：①采用喷灌、微灌和管道输水等先进节水灌溉技术的比例还很低，其中喷、微灌面积不足全国有效灌溉面积的5%；②节水灌溉设备质量差、配套水平低，技术创新与推广体系不健全；③占全国有效灌溉面积95%以上的地面灌溉，普遍存在着土地平整精度差、田间工程不配套、管理粗放等问题；④灌溉用水管理技术落后，信息技术、计算机、自动控制技术等高新技术，在灌溉用水管理方面的应用还很少，远低于发达国家。

五、节水灌溉应注意的问题

（一）注重田间工程建设

发展节水灌溉，不能重骨干工程而轻田间工程。中国斗渠以下田间灌溉技术相对落后，是当前节水灌溉的主要薄弱环节。自20世纪50年代开始，中国长期实行国家投资灌溉骨干系统，而斗渠以下或支渠以下由群众负担，田间典型设计仅投资一小部分。灌区田间工程长期不能配套，既影响了骨干工程效益的发挥，也造成了田间用水无法节制。

田间工程作为供水与作物需水之间的交汇点，是实现供需平衡、杜绝浪费、保护环境、促进增产的一个最基本环节。灌溉系统的设计，不论采用何种灌溉方法，都应自下而上从田间开始。根据自然资源和社会经济状况，先确定分区灌溉方法，制定包括供水、排水、土地平整、改善土壤性质在内的分区土地改良方案，并按管理体制确定田间工程布局，然后确定骨干工程或全流域灌溉规模和布局。

（二）做好相应的技术储备

发展节水灌溉，必须做好相应的技术储备。实行节水灌溉，用新灌溉技术取代不适合生产力发展的旧灌溉技术，是一次大规模的技术革新。在构建具有中国特色的发展道路同时，还应做好相应的技术储备。

目前，中国发展旱作节水灌溉，应用最为广泛的为喷灌和微灌（包括滴灌和微喷灌）技术。从20世纪70年代开始，我国用了近20年的时间，经过引进、试用、筛选和独立研制，已批量生产了固定、半固定式喷灌和微灌系统成套设备，如时针式喷灌机、滚移式喷灌机、轻小型喷灌机以及绞盘式喷灌机。

20世纪90年代，中国颁布的国家标准和部颁标准有《喷灌工程技术规范》、《微灌技术规程》。这些标准吸收了近20年国内外积累的成功设计方法、管理经验和试验研究成果，成为指导中国喷灌、微灌发展的技术法规。通过现实和超前性的研究，取得了一批成果，如灌溉管道系统优化设计、大坡度山地喷灌系统立体布局、自动调压供水系统、方形喷嘴喷头、喷洒水量土壤入渗均匀性、地下滴灌、喷灌节能等，对于指导中国喷灌、微灌的持续发展，具有重要的意义。

（三）抓好规划设计

发展节水灌溉，必须抓好规划设计。开展大规模节水灌溉工程建设，必须具有全面的发展规划和具体实施的设计。灌溉工程质量，不仅表现在构件质量上，还要能保证农业增产和节水，保证灌溉系统的长期稳定运作，保证区域农业的可持续发展。

节水灌溉，是一项复杂的系统工程，关系工程控制范围农业的发展，以及上下游、地上与地下水资源合理配置。在这方面过去教训不少，如甘肃石洋河流域上游节水、下游土地沙化；黄河中游大水漫灌、排水成湖，下游河道长期断流等问题。事实证明，发展节水灌溉，应针对不同流域制订有区别的水资源合理配置的全面规划，避免顾此失彼，造成破坏生态平衡的后果。

（四）注重人才培养

发展节水灌溉，必须注重人才培养。要完成大量的规划设计工作，仅依靠现有的科研单位和从事灌溉的技术力量，远远不能满足要求。因此，必须调动各级水利设计院（所）的力量积极参与，通过对他们进行当前先进灌溉技术的学习培训，使之成为节水灌溉建设的技术人才，共同担负起祖国灌溉变革的伟大使命。

第四节　城市防洪

城市的出现是经济、文化发展的结果。由于城市人口密集，人们的生活和生产活动都离不开水，因此水便成了城市选址的依据。地势平坦、交通方便的河湖之滨是合适的位置，但地势平坦的河湖之滨修建城市又不能不考虑洪水的威胁。因此，城市防洪在城市建设中占有非常重要的地位。

古代战争频繁，为巩固城防，大多数城市都筑有坚固的城墙，在城的外围还开挖有相当宽度的护城河。护城河的水源为上游的河、湖、泉等，一般要修建专门的引水工程才能实现引水。其下游要有专门渠道将水排入江河，为控制蓄泄，还要建引水、排水、泄洪等建筑物。护城河工程是一项完整的水利工程体系。

护城河和城墙还能起到防洪排洪的作用。当暴雨成灾和河流泛滥时，城墙可以发挥挡水的作用，城外人口可以在洪水到来之前入城躲避。洪水围城期间，护城河就是排水的通道。在人类社会发展的历史长河中，中国许多城池起过重要的防洪作用，直到现在，某些被保留下来的古城仍以此种功能赢得人们的称誉。1963 年海河流域大水，一些完整的古城令人信服地战胜了洪水的冲击，保护了人民的生命财产安全，与拆毁了古城的城市形成鲜明的对比。

此外，加高加固城市周围河流的堤防系统，也是城市防洪的重要措施。

一、城市防洪规划

目前，在全国范围内正在进行的城市建设规划中，防洪规划就是一项重要的内容。

（一）城市防洪标准的确定

城市防洪标准，与防护对象的重要性、洪水灾害的严重性及其影响直接相关，应与国民经济的发展水平相适应。中国现行的防洪标准规定，城市防洪标准的确定，应根据城市社会经济地位的重要性或非农业人口的数量进行。这里，应妥善处理好中心市区与城市郊区、非农业人数与国民生产总值、经济技术开发区等问题。

堤防工程防洪标准的确定，主要是根据防护对象的防洪要求。确定城市堤防防护对象时，首先应考虑洪水大小及发生概率、堤防决口过程及洪量、淹没区地形与地貌、行洪及退水条件等因素。一般城市行政分区，不能直接作为确定堤防防洪标准的堤防保护区。对于重要城市，城市堤防的防护区可采用历史最大或可能最大的洪水淹没范围，但应结合城市投入堤防建设的经济状况全面进行考虑。

（二）合理确定堤距

随着城市经济的发展，城市土地利用程度不断提高，许多城市土地开发开始向河流逼近，使城市河道行洪断面逐渐缩小。同时，为了城市防洪堤防也在逐渐加高。但是，随着经济的发展，防洪标准不断提高，而河道堤防则不能无限制地加高。城市防洪规划是城市规划的一个重要组成部分，两者应相互协调。长期以来，城市防洪规划一直滞后于城市规划，并且受制于城市规划。因此，在编制城市规划时，应首先编制城市防洪规划。

（三）防洪工程建设与城市功能统一考虑

城市防洪工程建设必须与城市功能建设相结合，这是城市经济迅猛发展的需要。主要体现在：①与城市排水工程相结合。由于管理体制上的原因，往往是城建部门负责市区的排水规划，水利部门负责河道防洪规划，将城市排水与防洪规划截然分开，而且在水文计算上两部门差异很大，使城市排水与城市河道洪水计算不能衔接。②与城市污水处理工程相结合。城市规划应有污水处理规划，对城市污水进行集中处理。③与城市交通工程相结合。堤防与城市交通道路结合建设，与城区交通道路相连接，既可以节省投资，又可缓解城区交通紧张局面。④与城市旅游设施建设相结合。城市的滨河地区，也是重要的旅游风景区，可以使城市防洪工程成为风景线。⑤与城市商业建设相结合。如建设箱式防洪墙，在非汛期可以用作仓库或商业网点等。

（四）重视河流两岸的景观建设

河流两岸是城市最自然的风景线，可供旅游、观光和居民就近接触自然。因此，在城市防洪规划中，应遵循保持自然、回归自然的原则，注意河流两岸的生态环境景观建设。如堤防断面不一定都选择混凝土防洪墙，有条件的可以选择土堤，并在土堤前后进行自然景观建设；堤岸防护应摒弃钢筋混凝土和混凝土结构，建设自然护坡；城市河道不应大量裁弯取直而渠道化，更不应全断面用混凝土衬砌；加强城市水土保持工作；注意保护水质，保护动植物资源等。

二、城市防洪规划的编制

在城市防洪规划的编制、审查过程中，反映出的问题较多，主要有以下几方面。

（一）城市防洪规划与流域和区域防洪规划的关系

城市防洪规划，是流域或区域防洪规划在城市范围内的具体深化，应服从于流域或区域的防洪规划。流域或区域防洪规划，注重于研究整个流域防洪的治理格局，侧重于面上工程及运行方案的研究。而城市仅为流域中的一个点，在流域防洪规划中不可能研究得很深入。

城市防洪规划服从流域或区域防洪规划，是指城市防洪规划应在流域防洪规划指导下进行编制，与流域防洪有关的城市上下游治理方案应与流域或区域防洪规划相一致，城市的流域性工程与流域防洪规划相统一。对城市内行洪河道宽度等参数，应由流域防洪要求作进一步的比选，洪水计算方法和成果也应根据城市所在位置合理选用，允许与流域防洪规划有一定的差异，决非是不经研究、全盘照搬流域防洪规划的成果。

（二）城市防洪规划与城市总体规划的关系

城市是城市防洪规划防护的对象，是一个多元体，与城市防洪工程有关的基础设施较多，主要包括城市路网、城市雨污水排放、城市桥梁、城市景观、城市江滨旅游、城市居民生活设施等方面。城市防洪规划，必须与城市总体规划相协调，既要体现为城市基础设施提供防洪保障，又要与基础设施功能相协调。此外，还应在防洪工程布局时与城市发展总体格局相协调，主要内容包括：城市规模与防洪、除涝的标准，城市建设对防洪的要求，防洪对城市建设的要求，城市景观对防洪工程布局及形式的要求，城市发展与防洪工程的实施程序。

（三）处理好防、排、滞的关系

为了使城市达到洪涝兼治，免遭洪涝灾害，规划中要协调好防、排、滞三者的关系。所谓“防”是指防洪，防城市外河的洪水入城；“排”是指排除城市范围的涝水，是城市防洪规划所研究的重要内容；“滞”是指城区涝水的滞蓄，这是减少城区受涝的重要措施。

根据防洪区的位置不同（上游、中游、下游），一般的防洪措施对水位的影响在横向、纵向以及洪峰的波形上是不同的。如果上游防洪区的防洪措施有利于洪水的滞留，那么下游的水位就会降低。

防洪区内的工程措施能够提高这一区域的泄洪能力，但有时对下游的防洪不利。只有扩大现有的过水断面，才是解决问题的根本途径。其他情况下，积水区减少，则到达下游的洪水会增大。如果负面效应不十分严重，就不必修建一定规模的防洪工程措施。

三、城市防洪规划对城市开发建设的要求

城市防洪工程是为了保护城市防洪的安全。由于自然环境的变化，城市防洪的压力逐年增大，一些原先不需防洪或防洪任务不重的城市，在发展变更中对防洪问题不甚重视，使得现有建成区地面处于洪水位以下，只能通过工程措施加以保护。对于一些旧城区，由于其开发利用程度往往已很高，只能采取事后补救的办法，但实施难度很大。这也给我们以启示，在目前加快城市化进程中，应对新建城区的防洪规划提出要求。这些指导性要求包括：防洪、排涝工程的布局，防洪、排涝工程规划建设用地，滞洪区域，建筑物地面控制高程等，特别是平原城市，如浙江省的绍兴、嘉兴、台州等城市，有效控制地面标高，是解决城市洪涝的一项重要措施，在新区开发建设中应作重点研究，作为主要工程措施在开发过程中逐步解决。

四、城市防洪工程

为了提高防洪区的抗洪能力，江河沿岸必须修建一些工程措施。防洪堤可以有效地保护江河两岸的土地。如果当地不适合修建堤防，就应该加筑防护墙，在那些没有修建有效防洪工程的地方，应该采用沙袋或者其他机动的建筑材料。

堤防的高度取决于洪水位和超高，超高除滨海城市外，内河的中小城市可以作适当的降低。根据目前各地采用的情况，波浪爬高和安全超高在 1 ~ 1.3 m，这一高度是有充分

余地的。首先，波浪爬高在浙江省的大部分城市，特别是内河城市，洪水来势猛，流速大，江面宽度在几十米到几百米之间，吹程短，且高水位持续时间短，与设计风速的组合几率非常稀遇，一般城市在高水位时的波浪壅高与爬高值合计0.2～0.3 m，平原城市则更小。其次，由于城市堤防特别是老城区的堤防，多与道路相结合，堤身经砌护后的安全度较高，允许短时间越浪。又由于浙江省大部分城市洪水涨退速度快，高水位持续时间短，堤防的安全超高也可参照规范作适当降低。建议根据城市的不同情况，堤防波浪爬高加安全超高采用0.6～0.8 m，适当降低堤防的高度，而在堤身结构和基础防渗等方面增加一定的安全度，做到既安全又美观。

堤防的基本功能是挡水。但作为城市堤防，除了要挡住洪水入城外，还应考虑美观和节省土地。堤防的类型本不是规划阶段研究的主要内容，但作为城市防洪规划，初步研究堤防的结构类型具有重要的意义。城市防洪规划需与城市其他规划有机地结合，在城市沿江河这一余地不大的范围内建设堤防，为了城市道路和景观等的要求，其基本的类型需作研究。在很多城市，防洪堤要求建设的高度相当高，有些城市堤防需高出地面2～3 m，如不采取一定的措施，按照一般堤防的建设，将严重影响城市的景观，并将占用在原江边的黄金地带。因此，城市的堤防应根据不同的地理条件采取多种类型。在老城区，宜以直立式挡墙为主，以减少拆迁工作量；在新城区宜建设斜坡式堤防，以降低工程造价，并可结合建设滨江绿化带或道路，以改善城市环境。由于城市沿江地带的景观价值，在规划时应尽量做到不破坏而使之有所改善，在满足防洪的前提下，充分发挥风景旅游效益。又由于城市土地的珍贵，堤防建设中可考虑路堤结合。

此外，防洪堤只是担负了地面建筑物的防洪功能，如果建筑物靠近江河，则遭遇洪水的潜在威胁就较大，或者说这些建筑物更易遭受地下水的威胁。在这些地方，规划大规模的防洪区是不可能的，因此建筑物地下室的防水就显得尤为重要。

由地下水位的抬升引起的洪灾与地面积水以及江河泛滥引起的洪灾不同。由于蓄水层的流速较低，受灾区水流的流速相应地也比较缓慢。例如，在为建筑物修建的各类防洪措施中，建筑物的密封处和排水区发生渗漏的风险程度就很大。由于建筑物的地下部分往往有诸如地下室、地铁以及车站等结构物，因此必须引起足够的重视。

洪灾对下水管道和其他的卫生装置也有所影响。江河泛滥导致洪水流入排水管道，这会破坏整个管道网络和下游的污水处理厂的正常运行，因此必须准备完善的贮水设施。

五、政府和个人的防洪

政府防洪的目的在于实施洪水预警纲要中的防洪措施（如机动防护墙的修建）和处理突发事件（如在溃堤的情况下）。政府防洪包括可靠的洪水预报、总体的洪水警报、人力物力的组织。洪水一旦发生，既按照预定的防洪预案，及时贯彻实施。

对于个人而言，防洪情况下时刻保持清醒的防洪意识是很重要的。洪泛区的居民和其他人员均有防洪的责任和义务。

在个人和政府的防洪中，也包括一部分工程措施。例如，在实施土地利用计划和编制建筑发展规划时，必须以不影响河流的泄洪和自然发展为准则。过去，人类已经过多地侵占了江河的天然洪泛区，只要发生洪水，往往引起洪灾损失，因此必须加强防洪工程措施的建设。如果天然蓄水区由于人类的侵占而不足以防洪,人类必须为此付出代价。

与洪泛区相关的信息对房屋所有人、租赁人以及对热衷于房地产投资的人,都是很重要的。他们应该清楚,在洪水发生的情况下,建筑物所能经受的最大限度和所遭受的最大程度的破坏,以及较高的维修费用。可见,应该鼓励人们积极参加洪水保险。

第五节　水土保持

中国是世界上人均水土资源紧缺的国家之一,又是水土流失最严重的国家之一。水土流失已成为中国农业和国民经济发展的主要障碍之一,并危及到农业发展、社会稳定、国家安全和子孙后代的长远利益。

水土保持,就是指采用植物措施、工程措施和保土耕作措施治理水土流失,以保持水土,营造良好的生态环境。水土保持包括预防保护、综合治理、自然修复和监测预报四方面的内容。在尚未造成水土流失的地区或水土流失轻微地区,通过合理利用水土、植物资源以及加强水土保持法制和管理等措施预防水土流失的发生;在水土流失地区,科学地采用植物措施、工程措施和保土耕作措施以及应用新技术等手段来治理水土流失;对已经治理的地区要做好治理成果的管护和巩固。加强水土保持工作,对保障农业和国民经济的持续、稳定、协调发展,对保护人类生存的环境条件,都具有极其深远的历史意义和现实意义。

一、水土流失概况及成因分析

中国国土面积 960 万 km^2,水土流失遍布全国。截至 2008 年底,全国水土流失面积 356.92 万 km^2,占国土总面积的 37.2%,其中水力侵蚀面积 161.22 万 km^2,占国土总面积的 16.8%,风力侵蚀 195.70 万 km^2,占国土总面积的 20.4%。

水土流失可以分为水力侵蚀、风力侵蚀、重力侵蚀、融冻侵蚀和泥石流 5 种类型,其中:水力侵蚀主要分布在山区、丘陵区;风力侵蚀主要分布在长城以北,其次在黄泛平原沙土区与滨海地带;融冻侵蚀主要分布在高寒山区;重力侵蚀主要分布于广大山丘区;泥石流多发生于山区,中国西南地区是泥石流的多发区。

中国水土流失以水力侵蚀和风力侵蚀为主,主要分布在西北黄土高原、西南云贵高原、北方土石山区、南方丘陵山区和东北黑土地区。中国的水力侵蚀地区,又是中国的主要贫困区和经济欠发达的地区,大多处于干旱半干旱地区,生态环境脆弱,有 3 亿多人口,约占全国总人口的 1/4。水土流失常常与贫困交织在一起,二者互为因果。据统计,全国 271 个贫困县,水土流失区就有 235 个县,占 87%。

从地类分布来看,产生水土流失的土地主要有三种:一是坡耕地。山区、丘陵区的耕地 50% ~90% 分布在山坡上。二是荒山荒坡。山丘区的荒山荒坡一般坡度较陡,大部分用作放牧,如果滥垦和过度放牧,水土流失将更加严重。三是沟壑。黄河流域黄土高原地区有沟壑 14.4 万条,这些沟壑都是水力侵蚀和重力侵蚀最严重的地带。

水土流失从成因上分析,主要是自然因素和人为因素两个方面的作用。自然因素主要包括地形、气候、土壤和植被,这些因素经过复杂组合,同时处于不利状态,如陡坡、暴雨、土松、无植被覆盖等,就会产生严重的水土流失。人为因素主要是人类社会不合理的生产活动,破坏了地面植被和地貌所造成的水土流失。如:陡坡开荒、超载放牧、乱砍滥伐,破坏森林和植被;开矿、修路、采石等生产建设,破坏地表后不加以保护,又随意乱倒废土、弃石、废渣等,都会造成水土流失。自然因素所造成的水土流失是一种自然的客观因素,虽然人类目前还难以控制自然,但可以探寻它的规律,通过各种措施来减缓自然的侵蚀作用,最大限度地减小其危害。人类不合理的社会经济活动加剧水土流失本来是可以防治的,但是由于没有认真贯彻执行水土保持法,人为造成的水土流失依然十分严重,目前已经成为防治水土流失的重点。

二、水土流失的危害

(一)破坏土地资源,蚕食农田,威胁人类生存

土壤是人类赖以生存的物质基础,是环境的基本要素,是农业生产的最基本资源。年复一年的水土流失,使有限的土地资源遭受严重的破坏,地形破碎,土层变薄,地表物质"沙化"、"石化",特别是土石山区,由于土层流失殆尽、基岩裸露,有的群众已无生存之地。据初步估计,由于水土流失,中国每年损失耕地约 6.7 万 hm^2,每年造成的经济损失达 100 亿元左右。更严重的是,水土流失造成的耕地损失已直接威胁到水土流失区群众的生存,其价值是不能单用货币计算的。

(二)削减地力,加剧干旱发展

由于水土流失,使坡耕地成为跑水、跑土、跑肥的"三跑田",致使土地日益瘠薄,土壤理化性状恶化,土壤透水性、持水力下降,加剧了干旱的发展,使农业生产低而不稳。据观测,黄土高原年平均流失的 16 亿 t 泥沙中含氮、磷、钾总量约 4 000 万 t,东北地区因水土流失损失的氮、磷、钾总量约 317 万 t。资料表明:中国多年平均受旱面积约 2 000 万 hm^2,成灾面积约 700 万 hm^2,成灾率达 35%,而且大部分在水土流失严重区,这更加剧了粮食和能源等基本生活资料的紧缺。

(三)泥沙淤积河床,加剧洪涝灾害

水土流失使大量泥沙下泄,淤积下游河道,降低行洪能力,一旦上游来洪量增大,常引起洪涝灾害。随着水土流失的日益加剧,各地大中小河流的河床淤高和洪涝灾害也日益严重。水土流失造成的洪涝灾害,全国各地几乎每年都不同程度地发生。

(四)泥沙淤积水库、湖泊,降低其综合利用功能

水土流失不仅使洪涝灾害频繁,而且产生的泥沙与流失的氮、磷及化学农药等有机污染物,引起水库、湖泊等水体的富营养化,严重威胁到水利设施及其效益的发挥。据初步估计,全国各地由于水土流失而损失的水库、山塘库容累计达 200 亿 m^3 以上,相当于淤废库容为 1 亿 m^3 的大型水库 200 多座,按建设费用每立方米库容 0.5 元计,直接经济损失约 100 亿元,由于水量减少造成的灌溉面积、发电量的损失以及库周生态环境的恶化,损失难以估计。

(五)影响航运,破坏交通安全

由于水土流失造成河道、港口的淤积,致使航运里程和泊船吨位急剧降低,而且每年汛期由于水土流失形成的山体塌方、泥石流等造成的交通中断,在全国各地时有发生。

（六）水土流失与贫困恶性循环，同步发展

中国大部分地区的水土流失是由陡坡开荒、破坏植被造成的，且逐渐形成了"越垦越穷，越穷越垦"的恶性循环，这种情况是历史遗留下来的。1949 年以后，人口增加更快，水土流失与贫困同步发展。如不及时扭转，水土流失面积日益扩大、自然资源日益枯竭、人口日益增多、群众贫困将日益加深。

三、水土保持在国民经济建设中的重要地位

搞好水土保持，保护和合理利用水土资源，是改变山区、丘陵区、风沙区面貌，治理江河，减少水旱、风沙灾害，建立良好的生态环境，发展农林牧业生产的一项根本措施，是国土整治的一项重要内容。因此，水土保持在社会主义现代化建设中具有十分重要的地位，它不仅是当前国民经济建设之所需，而且也是关系国家民族命运、造福子孙后代的一项基本国策。

（一）水土保持对发展山丘区和风沙区生产具有重要意义

全国有 70% 以上的土地分布在山区、丘陵区和风沙区，这些地区居住着全国 1/4 的人口、50 多个民族，这里的耕地面积占全国总耕地面积的 1/2 以上，是主要土、杂、药、果、林、牧产品的集中产区。

山区水力资源和矿产资源丰富，为发展工业和电力等建设事业开辟了广阔的前景。但是，水土流失严重地影响山区生产的发展，风力侵蚀使得发展风沙区的生产更为困难。水土流失的后果，使山区、丘陵区和风沙区的农、林、牧业生产很难按照扩大再生产规律发展下去。因此，水土保持的确是山区发展生产的生命线。

（二）保护国土资源

自然资源和生态环境是人类赖以生存的基础，随着社会的发展，人们索取自然资源的数量与日俱增，许多国家都十分重视对自然资源的保护。中国一些自然资源按人口平均的占有量明显地低于世界平均水平，耕地为世界人均数的 1/3，草原为 1/2，水资源为1/4，森林资源仅为 1/8。中国人口众多，耕地尤为宝贵，特别是土地后备资源少，因此保护土地免受侵蚀，就是保护人类赖以生存的条件，就是保护人类自己。

（三）水土保持是治理江河的一项根本措施

凡是水土流失严重的地区，大量泥沙随水带入河道、水库和湖泊，使河床抬高，过洪量减少，水库、湖泊的调蓄能力降低，影响防洪。如黄河，由于中上游地区每年有大量泥沙倾泄而下，使下游河床每年淤高 10 cm，给防洪带来极为复杂的问题。但是经过 50 多年的治理，黄河下游河床淤积速度明显减缓，充分说明水土保持是治理江河之本。只要真正搞好水土保持，就可以减轻水土流失和入河泥沙。同时，由于节节拦蓄，延长了暴雨径流的汇集时间，有利于削洪缓洪，从而减轻了洪涝灾害。

（四）搞好水土保持可保护下游安全

水土保持不仅对山区有利，而且对下游平原地区也是十分有利的。山区不发生水土流失或者减少水土流失到最低限度，下游平原地区的农田、村镇和交通、工矿就不易遭到水冲沙压，其危害就大为减少。可见，水土保持不仅是山丘区生产发展的生命线，而且也是河流下游平原地区的安全线。

（五）水土保持是城市防洪安全的保障

城市大多濒临江河而建，我国有400多个城市存在着洪水威胁。城市周边地区的水土保持工作不搞好，即易发生洪水灾害。太原市因郊区开发建设不注意水土保持工作，1996年8月上旬洪水、泥沙进入太原市区，迎泽大街中断交通72 h，淤积泥沙达1 m厚，失踪和死亡60人，直接经济损失达2.86亿元。大连、济南、深圳等城市也因开发建设未做好水土保持而遭受洪灾。1996年11月18日至20日，水利部在大连召开了全国城市水土保持工作会议，探讨了城市水土保持存在的问题与对策。水土保持是城市防洪安全的保障，城市水土保持已成为整个水土保持工作的重要组成部分。

（六）搞好水土保持可减轻水质污染

随着化肥和农药的大量施用，土壤里残存的有毒化学元素也随之增多，水土流失带走了大量的可溶性的化学成分，使得水质遭到污染。这种污染是属于难以控制的非点源污染，水中有危害的化学元素难以查明来处，它不像一个化工厂那样的点源污染，人们对这种非点源的污染尚未引起应有的重视。搞好水土保持，可减少污染源，有利于保护水质。

四、中国的水土保持

中国是一个农业历史悠久的国家，由于历史上长期的封建统治，掠夺式的经营土地，造成严重的水土流失，而且水土流失分布很广。据新中国成立初期统计，中国有水土流失面积153万km^2。但是，中国的劳动人民很早就同水土流失作斗争，积累了许多宝贵的经验。远在西周初期就有“平治水土”之说，以后随着人类活动的发展，保持水土的方法和内容也逐渐丰富和提高，特别是梯田的进化和发展，是中国山丘区耕地能保持长期耕种且有稳定生产力的宝贵经验。

新中国成立以来，在各级政府的领导下，中国的水土保持工作，经过试点示范，逐步推广，在全国范围内由点到面地开展起来。特别是改革开放以来，中国水保工作得到突飞猛进的发展。1991年6月29日，第七届全国人大常委会第二十次会议，通过了《中华人民共和国水土保持法》，使中国水土保持工作进入了依法防治的轨道。

从1983年开始，国务院先后批准将水土流失严重，对国民经济有很大影响的黄河中游、长江上游、永定河等区域中的部分地区，列为国家水土保持重点防治区。此外，中国还先后治理了以分水岭为界、面积在100 km^2以下的相对集水区的小流域上万条。从1993年开始，每年治理面积达2.7万km^2以上。1999年《全国生态环境建设规划》颁布后，每年治理面积达5.0万km^2。

从20世纪80年代以来，水土保持工作有了新的进展，主要表现在以下4个方面：

（1）由分散零星治理转入以小流域为单元综合治理。1980年水利部颁布了《水土保持小流域治理办法（草案）》，从此以小流域为单元进行综合治理的工作在全国26个省（区、市）开展起来。从连续治理的老典型和近几年开展综合治理的新典型来看，凡是以小流域为单元进行连续、综合治理的，三五年初见成效，六七年有改观，十多年大改观；在气候条件好的地方，若措施得当，则四五年成效明显。

（2）由集体统一治理和经营管理转向以户、联户或联合体、专业队、开发商等各种形式承包治理和经营管理。1984年中共中央1号文件肯定了户包治理的经验，使水土保持

参考文献

[1] 武汉水利电力学院《中国水利史稿》编写组. 中国水利史稿[M]. 北京:水利电力出版社,1987.
[2] 顾浩. 中国治水史鉴[M]. 北京:中国水利水电出版社,1997.
[3] 冯焱. 海河卷[M]. 北京:水利电力出版社,1993.
[4] 中国农业百科全书编委会. 中国农业百科全书·水利卷[M]. 北京:中国农业出版社,1986.
[5] 中国水利年鉴编委会. 中国水利年鉴[M]. 北京:水利电力出版社,1991.
[6] 中国科学院自然地理编委会. 中国自然地理[M]. 北京:科学出版社,1985.
[7] 方子云. 水资源保护工作手册[M]. 南京:河海大学出版社,1988.
[8] 成松林. 我国的河流[M]. 北京:科学出版社,1983.
[9] 张含英. 明清治河概论[M]. 北京:水利电力出版社,1986.
[10] 邹宝山,等. 京杭运河治理与开发[M]. 北京:水利电力出版社,1990.
[11] 游琪. 中国水利概论[M]. 北京:中国水利水电出版社,1999.
[12] 郭学莽,温新丽,苏万益,等. 中国水利概论[M]. 郑州:黄河水利出版社,1999.
[13] 水利部建设司. 千秋伟业——当代中国大型水利工程建设[M]. 北京:中国水利水电出版社,1998.
[14] 水利部国际合作与科技司. 中国节水农业问题论文集[C]. 北京:中国水利水电出版社,1999.
[15]《水利辉煌 50 年》编纂委员会. 水利辉煌 50 年[M]. 北京:中国水利水电出版社,1999.
[16] 朱道清. 中国水系大辞典[M]. 青岛:青岛出版社,1993.
[17] 中国水利百科全书编委会. 中国水利百科全书[M]. 2 版. 北京:中国水利水电出版社,2006.